板桥水库——
除险加固技术

BANQIAO SHUIKU
CHUXIAN JIAGU JISHU

吴晓荣　冯治刚　朱　旋◎编著

河海大学出版社
HOHAI UNIVERSITY PRESS
·南京·

内容提要

本书重点介绍了板桥水库除险加固阶段的建设过程和技术处理,特别从设计、施工、安全监测等方面进行了全面总结。本书主要内容包括工程建设过程、水文、工程地质、安全复核、土坝及混凝土溢流坝除险加固、安全监测自动化系统改造等。

本书具有较好的实用性,可供水利水电建设领域的业主,设计、施工、监理和工程管理等技术人员参考。

图书在版编目(ＣＩＰ)数据

板桥水库除险加固技术 / 吴晓荣,冯治刚,朱旋编
著. -- 南京 : 河海大学出版社,2023.2
 ISBN 978-7-5630-7894-3

Ⅰ. ①板… Ⅱ. ①吴… ②冯… ③朱… Ⅲ. ①水库-
加固-驻马店 Ⅳ. ①TV698.2

中国国家版本馆 CIP 数据核字(2023)第 025028 号

书　　名	板桥水库除险加固技术	
书　　号	ISBN 978-7-5630-7894-3	
责任编辑	成　微	
特约校对	徐梅芝	
封面设计	徐娟娟	
出版发行	河海大学出版社	
地　　址	南京市西康路 1 号(邮编:210098)	
网　　址	http://www.hhup.cm	
电　　话	(025)83737852(总编室)	
	(025)83722833(营销部)	
经　　销	江苏省新华发行集团有限公司	
排　　版	南京布克文化发展有限公司	
印　　刷	广东虎彩云印刷有限公司	
开　　本	787 毫米×1092 毫米　1/16	
印　　张	15.5	
字　　数	355 千字	
版　　次	2023 年 2 月第 1 版	
印　　次	2023 年 2 月第 1 次印刷	
定　　价	72.00 元	

前言 Preface

板桥水库位于淮河支流汝河上游的河南省驻马店市驿城区板桥镇,是一座以防洪为主,兼有灌溉、城市供水、发电和养殖等综合利用的大(2)型水利枢纽工程。板桥水库主要由土坝、混凝土溢流坝、输水洞、电站及城市供水管道等组成。

板桥水库始建于1951年,是中华人民共和国成立后最早兴建的大型水库之一,1956年经扩建加固。多年来水库在防洪、灌溉、供水及发电方面发挥了显著作用。因存在多种安全隐患,2013年经水利部大坝安全管理中心鉴定为"三类坝",属病险水库,须进行除险加固建设。

本书作者全程参与了板桥水库除险加固的建设过程。本书系统介绍了各个专业工程的设计施工等技术方案,同时对水库加固的技术方案作了评价与建议。本书对类似工程的建设有一定借鉴作用。

本书第一章及第六章由中水淮河规划设计研究有限公司吴晓荣编写,第二章由中水淮河规划设计研究有限公司朱旋编写,第三章由中水淮河规划设计研究有限公司冯治刚编写,第四章由青岛太平洋水下科技工程有限公司单宇焘、陈洋、朱迪发编写,第五章由驻马店市板桥水库管理局张会伟编写,第七章由驻马店市板桥水库管理局杨伟、李文芳编写,第八章由中水淮河规划设计研究有限公司郑直编写,第九章由河南亚都水利工程有限公司李超编写,第十章由河南亚都水利工程有限公司陈爽、宋磊编写。全书由吴晓荣、冯治刚统稿。

由于作者水平和经验有限,书中难免存在不足之处,敬请读者批评指正。

作者

2022 年 12 月

目录 Contents

1 综合说明

1.1 绪言

1.1.1 工程概况

板桥水库位于淮河支流汝河上游的河南省驻马店市驿城区板桥镇,是一座以防洪为主,兼有灌溉、城市供水、发电和养殖等综合利用的大(2)型枢纽工程。

板桥水库控制流域面积 768 km²,多年平均径流量 2.8 亿 m³,水库防洪保护面积 431 km²。设计洪水标准为 100 年一遇,校核洪水标准为可能最大洪水。水库死水位 101.04 m(1985 国家高程基准,下同),汛限水位 110.00 m,兴利水位 111.50 m。本次除险加固重新核算 100 年一遇设计洪水位 117.50 m,可能最大洪水位 119.35 m,水库总库容 6.75 亿 m³。水电站装机 4×1 000 kW,设计灌溉面积 45 万亩(1 亩约 667 m²),城市供水 1.5 m³/s,养殖水面 3.3 万亩。下游河道安全泄量 2 800 m³/s,标准内洪水最大控泄流量 2 000 m³/s,超标准洪水自由泄流,最大泄量 14 194 m³/s。板桥水库为 Ⅱ 等大(2)型工程,主要建筑物级别为 2 级,次要建筑物级别为 3 级。板桥水库主要由土坝(包括北主坝、南主坝、北副坝、南副坝、南岸原副溢洪道堵坝及秫马沟副坝)、混凝土溢流坝、输水洞、电站及城市供水管道等组成。大坝全长 3 769.5 m,其中主坝全长 2 300.7 m(包括 150 m 长混凝土溢流坝),副坝全长 1 468.8 m。

板桥水库始建于 1951 年,是中华人民共和国成立后最早兴建的大型水库之一,1956 年扩建加固。多年来,水库在防洪、灌溉、供水及发电方面发挥了显著作用。目前板桥水库存在多种安全隐患,经水利部大坝安全管理中心鉴定为"三类坝",属病险水库。

1.1.2 现状工程布置

1.1.2.1 土坝

土坝由主坝(北主坝及南主坝)和副坝(北副坝、南副坝、南岸原副溢洪道堵坝及秫马沟副坝)组成。

以混凝土溢流坝为界,主坝分为北主坝和南主坝,主坝均为黏土心墙砂壳坝,坝顶高程 120.00 m,混凝土防浪墙顶高程 121.50 m,最大坝高 21.6 m。坝顶宽度 8.0 m。上游坝坡复建工程中加高部分为 1:2.5,接原残留土坝坝坡为 1:2.6 和 1:3.0,上游设厚 0.4 m 干砌块石护坡,坝壳砾质粗砂与干砌块石护坡之间设有两层各 0.2 m 厚的反滤保护层。下游坝坡为 1:2.5 和 1:3.5,下游设草皮护坡,下游坝脚处设碎石贴坡排水及排水沟,下游坝体或坝基土与碎石贴坡排水之间设两层各 0.25 m 厚的反滤保护层,与上游反滤料类型相同。

北副坝及南副坝为均质土坝,设计坝顶高程 121.50 m,不设防浪墙。最大坝高 4.5 m。北副坝坝顶宽度 8.0 m,南副坝坝顶宽度 7.0 m,上、下游坝坡均为 1:2.0 或 1:2.5,上游设厚 0.4 m 干砌块石护坡,坝体壤土与干砌块石护坡之间设有两层各 0.2 m 厚的反滤保护层。下游设草皮护坡,坡脚设干砌石排水沟。

南岸副溢洪道堵坝位于南岸一天然垭口,该处地面高程 113.7 m 左右。原设计南岸副溢洪道堵坝为黏土斜墙砂壳坝,设计坝顶高程 118.00 m,浆砌石防浪墩顶高程 118.50 m,最大坝高 4.3 m,坝顶宽度 7.0 m,上、下游坝坡均为 1:2.5,上游设厚 0.4 m 干砌块石护坡,坝体壤土与干砌块石护坡之间设有两层各 0.2 m 厚的反滤保护层。下游设草皮护坡,坡脚设干砌石排水沟。复建工程设计当洪水超过 1 000 年一遇,水库水位超过 118.00 m 时,副溢洪道堵坝即自溃泄洪。复建工程施工已将南岸副溢洪道堵坝顶加高至高程 120.00 m,坝顶宽度 4.5 m,最大坝高 6.6 m,上设浆砌石防浪墙,防浪墙顶高程 121.5 m。

现状秫马沟副坝断面型式不完整,无护坡。

板桥水库复建工程枢纽平面布置见图 1.1.2-1。

1.1.2.2　混凝土溢流坝

混凝土溢流坝位于主坝桩号 K1+337.0～K1+487.0 处,即原水库垮坝时的最大冲坑处(河床段)。溢流坝为斜缝实体重力坝,由 8 个表孔坝段(表 1～表 8)和 1 个底孔坝段组成,底孔坝段位于中间,两边各 4 个表孔坝段。溢流坝为开敞式实用堰面,采用 WES 曲线,溢流坝全长 150.0 m,堰顶高程 104.00 m,最大坝高 50.5 m,最大坝底宽 52.5 m。溢流坝表孔每孔净宽 14.0 m,闸墩及边墩厚均为 3.0 m。底孔尺寸为 6.0 m×6.0 m,底坎高程 93.00 m,两侧闸墩厚 4.0 m。表孔及底孔均采用消力戽消能,下游为淹没混合流态。溢流坝基础设一排 15 m 深帷幕灌浆及主、副排水孔。

表孔设 8 扇 14.0 m×14.0 m 弧形工作钢闸门和 1 扇 14.0 m×8.0 m 的平板检修门,工作闸门启闭机房设在闸墩下游顶部,采用 2×630 kN 后拉卷扬式启闭机启闭(通过设在闸墩上的定滑轮转向),检修闸门采用 2×500 kN 单向门式启闭机启闭。底孔设 1 扇 6.0 m×6.0 m 的弧形工作钢闸门和 1 扇 6.0 m×7.34 m 的平板检修门,工作闸门启闭机房设在闸墩中部顶,采用 2×630 kN 后拉卷扬式启闭机启闭,检修闸门启闭与表孔检修闸门共用门式启闭机。溢流坝坝顶设交通桥(门机桥)及启闭机房,下游两侧各设长 120 m 导水墙。

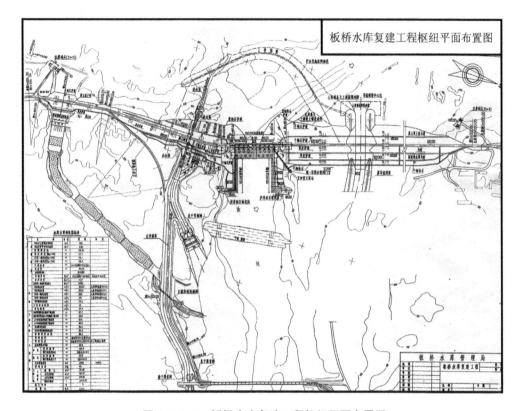

图 1.1.2-1　板桥水库复建工程枢纽平面布置图

溢流坝与土坝的连接采用混凝土重力式刺墙插入两侧的南、北主坝,两侧刺墙各长 65 m,分为 4 段,最大高度 48.5 m。南、北裹头内部与刺墙接触部位设有壤土心墙,心墙外侧设有砾质粗砂(下游)或块石(上游),南裹头上游坡度由土坝段的 1∶2.5 渐变至裹头部位的 1∶2.0,南裹头下游坡度由土坝段的 1∶2.0 渐变至裹头部位的 1∶2.5;北裹头上游坡度由土坝段的 1∶2.5、1∶2.6、1∶3.0 渐变至裹头部位的 1∶2.0,北裹头下游坡度由土坝段的 1∶2.5、1∶3.5 渐变至裹头部位的 1∶2.5。裹头坝面上游坡均采用浆砌石护坡,下游采用草皮与干砌石护坡。南、北裹头除了类似主坝、副坝坝面设置双层反滤层外,对裹头上游土坡心墙外由块石填筑(南裹头)或由块石与砾质粗砂共同填筑,在心墙壤土与块石之间、砾质粗砂与块石之间分别设置了三层反滤层。为防止接触渗漏,同时在刺墙与壤土心墙接触带 2.0 m 宽度范围内高程 110.00 m 以下沿心墙与块石接触面设三层各厚 0.6 m 的反滤层。

1.1.2.3　输水洞及电站

输水建筑物(即输水洞)为原水库失事后目前唯一保存并加以改建后仍利用的建筑物,输水洞位于南主坝桩号 K1+659.6 处,主要由进口取水塔、输水洞及出口弧门闸室组成。

现状进水塔为 1969 年重建,进水塔设拦污栅、检修门和事故闸门。进水塔进口段洞身为钢筋混凝土两孔箱涵,顺水流方向长 14.31 m,单孔净尺寸为 1.6 m×3.4 m(宽×

高），底板顶高程为 92.99 m，底板厚 1.5 m，侧墙厚 2.55～3.20 m，中墩厚 1.2～1.4 m，顶板厚 0.5 m，顶板以四分之一圆弧段抬高渐变至高程 102.84 m。闸室段底板顺水流方向长 4.4 m，垂直水流方向宽 11.0 m。闸底板顶高程为 92.99 m，底板厚 2.0 m。

输水洞由长 53.66 m 的隧洞段、长 10.3 m 的叉管段及长 14.0 m 的渐变段组成。出口闸室底板顺水流方向长 5.8 m，垂直水流方向宽 5.4 m。闸底板顶高程为 93.06 m，底板厚 2.0 m，采用现浇钢筋混凝土结构。闸室孔口内径净尺寸为 3.0 m×1.5 m（宽×高），闸室侧墙在胸墙底高程以下厚 1.2 m，以上厚 0.8 m。输水洞工作闸门采用弧形钢闸门，螺杆式启闭机启闭。闸室墩墙顶设 30.6 m² 的启闭机房。

原水电站拆除后就地重建。输水洞出口新建发电厂房内安装 4 台 1 000 kW 的水轮发电机组，厂房宽 13.6 m，全长 46.7 m，尾水渠接灌溉总干渠。

1.1.2.4　城市供水管道

板桥—驻马店供水管道设计流量 1.5 m³/s，取水口位于主坝 K1+330.0 处，布置两根直径 1.0 m 的钢管穿过北刺墙，原设计后接直径 1.0 m 的预应力混凝土管穿过裹头到坝后泵房。由于坝体不均匀沉陷，导致穿坝混凝土管断裂漏水，引起北裹头下游护坡塌陷，影响大坝安全。2005 年，由驻马店市水利勘测设计院设计，驻马店市水利工程局施工，对板桥—驻马店供水管道进行除险加固，废除裹头内的混凝土埋管，取水钢管引出刺墙后接沿裹头布置的钢管引向坝后泵房，并对北裹头下游塌陷护坡进行整修。

1.1.3　水库下游防护对象

板桥水库直接防洪范围从水库到宿鸭湖水库入水口，主要保护有石武高铁、京广铁路、107 国道、京港澳高速公路及驿城区、遂平县、汝南县等 15 个乡镇 572 个自然村。防洪保护范围 431.1 km²，耕地 44 万亩，人口 26.16 万人，同时还承担着下游宿鸭湖水库的错峰任务。

1.1.4　水库建设过程

（1）初建工程（1951—1952 年）

1951—1952 年水库初建时总库容 2.44 亿 m³，坝长 1 700 m。大坝河床段为黏土心墙砂壳坝（K1+250.0～K1+550.0），两岸台地段为均质土坝（K0+000.0～K0+250.0，K1+550.0～K1+700.0），最大坝高 21.5 m，坝顶高程 113.34 m，上游坝坡 1∶3、1∶5，下游坝坡 1∶2.5、1∶3。

溢洪道位于大坝右岸，共 4 孔，每孔净宽 10.0 m，由高 4.5 m 的弧形闸门控制，堰顶高程为 110.34 m，最大泄流量 450 m³/s；大坝右岸基岩内设 3.8 m×3.8 m 的马蹄形输水洞，最大泄流量 132 m³/s，供下游两岸灌溉和坝后电站发电用。

（2）加固扩建工程（1956 年）

1952 年水库建成后，水库蓄水运行不久，坝体因沉陷而发生严重纵向裂缝，且防洪标准偏低。因此，1956 年进行加固与扩建，按 100 年一遇洪水标准设计，1 000 年一遇洪水标准校核。加固时,在原坝顶开挖长约 1 300 m、宽约 30 m、最大挖深 29.5 m 的土槽,并重新回填土料压实,同时坝顶加高 3.0 m。加固后,大坝坝型变为黏土心墙砂壳坝,坝长 2 020 m,坝顶宽 6.0 m,最大坝高 24.5 m,坝顶高程 116.34 m,坝顶设有 1.3 m 高防浪墙,总库容增至 4.92 亿 m³。此外,右岸天然山凹处增建一座宽 300 m、长 340 m 的副溢洪道,堰顶高程 113.94 m,最大泄流量 1 160 m³/s。

（3）复建工程(1978—1993 年)

板桥水库复建工程于 1978 年第三季度开工,进行了临时设施的施工、导流明渠部分开挖、交通桥部分浇筑及北主坝的部分填筑。1981 年 1 月,因国家压缩基建投资规模,复建工程缓建停工。1987 年 2 月 15 日,复建工程再次开工。1991 年 1 月底进行水下工程中间验收,1991 年 3 月实现二期导流,1991 年 12 月主体工程基本完工,1992 年 6 月 10日进行初步验收,1993 年 6 月 5 日通过竣工验收。

复建前后各典型时期大坝工程特性对比情况见表 1.1.4-1。

表 1.1.4-1　板桥水库复建前后大坝工程特性对比表

项目	坝顶高程/m	最大坝高/m	坝长/m	总库容/亿 m³	副坝数	坝型
1952 年初建	113.34	21.5	1 700	2.44	0	河床部位心墙砂壳坝;台地段为均质坝
1956 年加固扩建	116.34	24.5	2 020	4.92	0	河床部位心墙砂壳坝;台地段为均质坝
1992 年复建	120.00	50.5	3 720	6.75	4	河床部位混凝土溢流坝;台地段为心墙砂壳坝;两侧副坝为均质土坝

1.1.5　工程复建后运行管理及历年险情

1.1.5.1　运行管理

（1）复建工程开工建设之初,1987 年成立了板桥水库管理局,参与工程建设,做好水库管理运用的各项准备工作。管理局自成立以来,板桥水库管理组织机构完善,各类管理人员满足水库运行管理需要。

（2）水库调度运用服从河南省防汛抗旱指挥部统一指挥,严格执行省防指下达的《板桥水库汛期调度运用计划》,并制定有调度方案、调度规程和调度制度。严格执行调度方案,并有记录,做好每一场洪水的预报。

（3）水库管理设施基本完善,管理运行情况较好。水库建设有专用的水文遥测及洪水预报调度系统和微波通信电话,水文测报和通信设施完善。但水文遥测及洪水预报调度系统落后,生产、生活设施陈旧,存在安全隐患。

（4）坚持"经常养护,随时维修,养重于修,修重于抢"的原则,经常对大坝进行养护维修,及时消除大坝表面缺陷和局部工程问题,但由于大坝维修资金不足,不能对工程所有设施进行正常维修养护,致使部分设施老化,存在安全隐患,使用寿命缩短。

（5）水库大坝安全监测基本按照规范要求,对现有的检查观测项目进行巡视检查和仪器监测,监测资料及时进行整编分析。但监测设施布置不够完善,监测仪器损坏较多。

1.1.5.2 历年险情

（1）护坡修理。水库大坝迎水坡 K0＋050.0～K0＋900.0 及 K1＋600 以南，105.00 m 高程以下为原残留干砌石护坡，K0＋900.0～K1＋600.0 为复建新砌干砌石护坡。由于新砌干砌块石护坡厚度不够，一遇风浪冲击，护坡即遭水毁。1995 年 1 月，南裹头护坡滑塌；1995 年 11 月，南主坝护坡遭水毁；2000 年 12 月，南北主坝护坡遭水毁塌陷；2006 年 4 月，南主坝护坡水毁；2010 年 12 月，北裹头护坡遭水毁塌陷。为保证工程安全运用，水库均及时进行了抢修。1997 年对复建新砌干砌块石护坡 105.00～110.00 m 高程范围利用 100♯ 水泥砂浆进行表面黏结。2001 年对 110.00～115.30 m 高程范围内复建新砌干砌块石护坡利用 200♯ 细石混凝土进行了灌缝黏结；对 2006 年之后出现的坝坡水毁及塌坑也做了简单修复，基本保证了护坡安全。

（2）1993 年水库工程交付管理运用后，水库副坝及南主坝坝顶路面均为泥结石路面，由于雨水冲刷，车辆碾压，一遇雨天，路面泥泞，人车难行，不能满足汛期抢险需要。2006—2007 年先后将南主坝及北副坝坝顶道路硬化为混凝土路面，后又将北主坝坝顶路面铺设了沥青混凝土。

（3）水库每年汛前汛后对排水沟进行详细检查，编报工程岁修计划，及时对冲刷破坏的部位进行修整恢复，基本保持功能良好。

（4）板桥水库复建工程于 1991 年 9 月下闸蓄水，1992 年 10 月水库管理局开始对混凝土坝渗漏量进行观测，1993 年 11 月 23 日测得渗漏量超设计允许值 32 倍。为此于 1994 年 1 月 14 日—3 月 4 日对混凝土坝进行了堵漏补强灌浆处理。1995 年 1 月 3 日渗漏量再次超过设计值，1995 年 1 月 9—27 日，又进行了补充灌浆，灌浆处理后渗漏量大幅减小。但近几年来，渗流量有增大的趋势，2008 年 1 月 29 日实测坝体渗流量为 7.445 m^3/h，是设计值（2.562 m^3/h）的 2.9 倍，漏水部位主要集中在表 2、表 6 坝段 93.00 m 高程以上。

（5）坝下防汛道路经几十年运用，现道路分缝损毁，路面断裂，部分地段路基水毁路面沉陷，不能满足防汛抢险需要。

1.1.6 工程存在的问题

板桥水库复建工程自竣工验收后已安全运行 20 多年，但由于大坝维修费用不足，部分工程设施老化，水库一直带病运行，工程存在安全隐患。为全面系统地掌握水库大坝运行状态，2008 年及 2012 年，驻马店市板桥水库管理局委托南京水利科学研究院从防洪安全标准、工程质量、结构安全、渗流安全、金属结构安全、大坝运行管理等方面，通过工程现状的调查分析、现场安全检测和工程复核计算等，对板桥水库安全性进行了全面复核和综合评价，现状板桥水库存在如下主要问题。

1.1.6.1 土坝

（1）上游砌石护坡表面凹凸不平，局部块石粒径及砌缝不满足设计要求，一遇较大风浪冲击,护坡即遭水毁。下游草皮护坡腐殖土流失,抗雨水冲刷能力差。下游坝脚纵横向排水沟均为浆砌块石,砌筑质量较差,砂浆脱落风化,部分损毁。

(2) 南主坝防浪墙为浆砌石结构,防浪墙存在多处贯穿性裂缝,南主坝及副坝坝顶混凝土道路断裂破碎,坝顶浆砌石路缘石损毁严重。

(3) 溢流坝与土坝连接处,南裹头渗流性态总体基本正常,桩号 K1+517.0~K1+538.0 附近基础存在局部渗流薄弱环节;北裹头渗流性态总体较差,尤其是北刺 4 墙坝段与土坝接触部位渗流性态不佳,存在渗流安全隐患,并有向不利方向发展迹象。

(4) 土坝渗流监测设施失效较多。

(5) 秣马沟副坝断面型式不完整,无护坡。

(6) 土坝存在白蚁危害。

1.1.6.2 混凝土溢流坝

(1) 溢流坝混凝土内部存在裂缝、蜂窝、空洞等局部缺陷,廊道内渗水严重,大部分排水孔有钙质析出物,渗漏量与温度变化密切相关,冬季低温坝体坝基渗漏量较大,说明并缝廊道以上坝体至上游排水孔间存在渗流通道。自 2008 年以来,渗漏量有明显增加并超设计值。坝体混凝土防渗性能严重下降,其裂缝已较严重,大大增加了坝体渗漏,影响大坝结构安全。

(2) 南、北刺墙与表孔边墙分缝渗水。尤其是溢流坝表 8 边墩与南刺 1 接缝下游面102.08 m 高程处有渗流出现,出逸点较高,低温时流量较大。

(3) 安全监测设施失效较多,大部分观测管不能有效反映坝基扬压力变化。

(4) 闸墩、溢流面存在多条裂缝,缝上有白色析出物。

(5) 启闭机房之间不连通,启闭机连杆均置于启闭房外,管理不便,现状启闭机房破旧不堪,裂缝严重。

(6) 溢洪道出口狭窄阻水,河床游淤积严重,行洪不畅。

1.1.6.3 输水洞

(1) 现状输水洞启闭机房高程为 117.84 m,低于校核防洪水位,不满足防洪要求。

(2) 进口排气不足,事故闸门漏水,出口闸门倾斜,工作闸门老化卡阻,严重影响防洪安全。

(3) 出口闸墙表面风化。

1.1.6.4 水情遥测预报调度系统

板桥水库现使用的水文遥测系统和洪水预报调度系统,2001 年分别由水利部南京水利水文自动化研究所和大连理工大学开发建设,至今已 20 余年之久。水库上游流域范围内共设有 1 个中心站、1 个水位雨量站、14 个雨量站,分别为板桥中心站(水库管理局院内),板桥水库水位雨量站(北坝头),火石山、霍庄、双庙、立新、贾楼、蚂蚁沟、毛胡张、夏陈、上曹、何庄、和庄、梅林、陡岸、松缘雨量站。上游各站数据通过超短波或移动数据网络传送。数据先传到板桥水库中心站服务器的水情软件数据库,然后洪水预报调度软件再从水情软件数据库提取数据,进行洪水预报和调度,为领导决策和科学调度提供依据。目前,该水情遥测系统和预报调度系统以及中心站的配套硬件设备汛期频繁出现故障,存在设备老化、软件落后等诸多问题,不能满足防汛工作的需要,急需进行更新改造。

1.1.6.5　安全监测设施

(1) 板桥水库大坝安全监测项目目前全部采用人工观测,特别是混凝土坝内部观测项目,由于廊道潮湿,集线箱损坏,现只能对每只仪器逐线连接测量,急需对观测设施进行更新改造,逐步实现大坝监测自动化。

(2) 混凝土坝扬压力表量程偏大,造成读数误差较大,现有压力表由于进水损坏较多。

(3) 土坝未设渗流观测设施。

1.1.6.6　管理设施

(1) 防汛道路经几十年运用,现道路分缝损毁,路面断裂,部分地段路基水毁,路面沉陷,不能满足防汛抢险需要。

(2) 水库管理局现有管理房属危房。

(3) 库区现有防汛码头较小,防汛调度使用困难。

1.1.7　安全鉴定、鉴定审定结论及鉴定成果核查意见

1.1.7.1　安全鉴定

2012 年 6 月,受驻马店市板桥水库管理局的委托,鉴定承担单位南京水利科学研究院依据《水库大坝安全鉴定办法》和《水库大坝安全评价导则》(SL 258)的要求,通过对水库大坝工程质量、运行管理、防洪能力、结构与渗流安全性、观测资料分析等综合评价,得出如下结论:大坝工程质量不合格;防洪安全性满足规范要求;溢流坝强度和稳定满足规范要求,土石坝变形基本正常,抗滑稳定满足规范要求;大坝混凝土坝段总体抗渗性能较差,混凝土溢流坝总渗漏量低温时超过设计值,混凝土坝与土坝结合部位存在渗漏病险。根据《水库大坝安全鉴定办法》和《水库大坝安全评价导则》(SL 258),应为"三类坝"。建议尽快进行除险加固,加固前应加强监测与巡视检查。

1.1.7.2　鉴定审定结论

2012 年 8 月,鉴定审定单位河南省水利厅的鉴定意见为:

(1) 板桥水库位于淮河支流汝河上游,保护下游驻马店市区,遂平、汝南两座县城及石武高铁、京广铁路、107 国道、京港澳高速公路和宿鸭湖水库等重要基础设施,地理位置十分重要。

(2) 经复核,大坝坝顶高程及土坝土质防渗体顶高程均满足规范要求。水库防洪安

全性为 A 级。

（3）混凝土溢流坝存在蜂窝、麻面、裂缝，低温时坝体渗漏严重，廊道析出物多，防浪墙和坝顶存在贯穿性裂缝。土坝填筑质量总体基本满足设计要求，上游护坡块石粒径不满足设计要求，北裹头填筑干密度合格率偏低。

（4）混凝土溢流坝坝基扬压力系数小于设计值，但坝体裂缝、渗漏严重，虽经多次处理，近年渗漏量又逐渐增加，超设计允许值，且廊道内局部存在射流现象；底孔坝段基础透水性有向不利方向发展趋势；溢流坝右边墩与南刺墙接缝处低温渗水明显，出逸点较高；北刺 4 坝段与土坝接触渗流存在严重安全隐患；土坝渗流状态基本正常，下游坡脚排水沟损毁严重。渗流安全性为 C 级。

（5）大坝变形基本稳定，混凝土溢流坝强度和稳定性满足规范要求，泄流能力和消能防冲满足设计要求，土坝坝坡抗滑稳定性满足规范要求。但溢流坝混凝土存在质量缺陷，上游面、闸墩及启闭机房等裂缝严重，廊道内析出物较多；土坝上游护坡块石粒径不满足设计要求，风浪淘刷严重；土坝存在白蚁危害；进口启闭机房机电层底板高程严重不足；南主坝浆砌石防浪墙存在裂缝。结构安全性为 B 级。

（6）根据《中国地震动参数区划图》（GB 18306），工程区地震动峰值加速度 $0.05g$，相应地震基本烈度Ⅵ度，根据规范要求，可不进行抗震复核。

（7）输水洞工作闸门严重腐蚀，老化、卡阻，事故检修闸门局部漏水，闸门启闭设施陈旧，电气线路老化；溢流坝金属结构局部严重锈蚀，底孔闸门止水破损，漏水严重，启闭机制动器老化；坝顶门机腐蚀，启闭机设备陈旧，供电及电气线路老化。金属结构安全性为 C 级。

（8）水文遥测及洪水预报调度系统落后，监测设施不完善，管理设施陈旧老化、不完备。

综上所述，板桥水库存在严重病险与安全隐患，综合评定为"三类坝"。

详见附录一。

1.1.7.3 鉴定成果核查意见

2013 年 1 月，水利部大坝安全管理中心作为安全鉴定成果核查单位对板桥水库进行了安全鉴定成果的核查工作，并形成如下核查意见：

书面核查意见：水库主要存在的病险为混凝土溢流坝坝体、闸墩及启闭机房裂缝严重，廊道内局部存在射流现象，析出物较多；溢流坝右边墩与南刺墙接缝处低温渗水明显，北刺 4 坝段与土坝接触渗流存在严重安全隐患，部分坝段地质条件差；土石坝浆砌石防浪墙存在裂缝，上游护坡块石粒径不满足设计要求，风浪淘刷严重，下游坡不平整，坡脚排水沟损毁严重，北裹头填筑干密度合格率偏低，土坝存在白蚁危害；输水洞进口启闭机层高程不足，工作闸门严重腐蚀，金属结构局部锈蚀严重，供电及电气线路老化，溢洪道下游出口河道泄洪不畅；水文遥测及大坝安全监测设施不完善，管理设施陈旧老化、不完备，坝下防汛道路不贯通等影响安全的问题。鉴于上述病险，同意其为"三类坝"的鉴定意见。

现场核查意见:根据专家组对现场的检查核查,溢流坝表面蜂窝、麻面、裂缝严重,土石坝上游护坡块石粒径小,防浪墙裂缝,下游坝坡不平、坡脚排水沟损毁严重;溢流坝部分坝段地质条件差,坝体渗漏严重,溢刺墙段渗水出逸点较高;金属结构及电气设施老化锈蚀严重,影响安全使用;土坝存在白蚁危害,坝下防汛道路不贯通,管理设施缺失、陈旧落后,大坝安全监测设施不完备等影响安全的问题。安全鉴定的主要结论符合工程实际情况,鉴定和核查指出的工程问题存在,"三类坝"的结论正确。

核查单位意见:根据专家组书面与现场核查结果认为,该水库存在的主要病险为混凝土溢流坝裂缝、渗漏严重;混凝土坝与土坝接触渗流存在严重安全隐患;土石坝上下游坝坡不平整,上游护坡块石粒径小;溢流坝闸墩及启闭机房裂缝严重,金属结构及电气设施老化锈蚀严重;安全监测和管理设施缺失、陈旧老化;水库还存在其他安全隐患,不能按设计正常运行。同意"三类坝"鉴定结论和建议。

详见附录二。

1.1.8　除险加固的必要性

（1）满足防洪、灌溉和城市供水需要

板桥水库复建后,为保证区域防洪、农业灌溉、城市供水和促进区域经济发展发挥了非常重要的作用。由于年久失修,板桥水库大坝存在诸多病险与安全隐患,需进行除险加固。

（2）工程本身运行安全需要

根据安全鉴定分析成果以及现场调查情况可知,板桥水库大坝为三类坝,为确保工程安全运行,需进行除险加固,确保板桥水库安全运行。

（3）改善工程运行管理条件发挥综合效益

板桥水库运行期间,局部或配套设施存在着不同程度的安全隐患,管理房已经超过安全使用年限;部分设施老化严重,有些是目前已经淘汰的设备,存在极大的安全隐患,急需更新以满足水库安全运行管理的需要。

综上所述,为消除工程安全隐患,保证区域防洪、农业灌溉及城市供水的需要,充分发挥板桥水库的效益,对板桥水库大坝进行除险加固是非常必要的。

1.1.9　除险加固任务

根据安全鉴定成果,本次板桥水库除险加固的任务包括:

（1）加固土坝。

（2）加固混凝土溢流坝。

（3）加固输水洞。

（4）增设水文测报系统。

（5）增设安全监测设施。

（6）拆除重建办公楼、增设管理设施。

（7）新建防汛码头。

1.2 水文

1.2.1 气象

板桥水库所在流域属温带季风气候区,夏秋两季受太平洋副热带高压控制,多东南风,炎热多雨;冬春两季受西伯利亚和蒙古高压控制,盛行西北风,干燥少雨。多年平均年降雨量为 902.0 mm,降水年内年际变化较大。多年平均水面蒸发 1 300 mm。据驻马店市气象站历年资料统计,多年平均气温 14.8℃,极端最高气温 41.9℃(1966 年 7 月 19日),极端最低气温−17.4℃(1969 年 2 月 5 日);多年平均风速为 2.6 m/s,历史最高风速为 25 m/s(1970 年 6 月 13 日,风向 NNW),全年最多风向为 NNW;历史上最大冻土深度为 16 cm(1970 年 1 月)。

1.2.2 设计年径流

本次在《板桥水库复建工程扩大初步设计补充报告》的基础上,根据板桥水文站水文资料将入库年径流系列延长至 2010 年,并对其进行频率曲线适线,得板桥水库设计入库年径流。本次计算的水库设计年径流与《板桥水库复建工程扩大初步设计补充报告》中采用的成果有一定差别,但差别不大。因此,板桥水库入库设计年径流采用本次计算成果,具体见表 1.2.2-1。

表 1.2.2-1 板桥水库设计入库年径流成果表

统计参数			不同频率设计值/亿 m³		
均值/亿 m³	C_v	C_s/C_v	50%	75%	95%
2.66	0.7	2	2.24	1.29	0.48

1.2.3 设计洪水

本次在《板桥水库复建工程扩大初步设计补充报告》的基础上,根据板桥水文站水文资料将入库洪水系列延长至 2010 年,并对其进行频率曲线适线,得板桥水库设计入库设计洪水。本次计算的设计洪水与《板桥水库复建工程扩大初步设计补充报告》中的采用成果相比,偏小。为了工程安全起见,板桥水库设计洪水采用原成果,具体见表 1.2.3-1。

表 1.2.3-1 板桥水库设计洪水采用成果表

项目		$Q_m/(m^3/s)$	$W_{24h}/亿 m^3$	$W_{3d}/亿 m^3$	$W_{7d}/亿 m^3$	$W_{15d}/亿 m^3$
统计参数	$\bar{X}$	2 360	0.6	0.85	0.92	1.2
	C_v	0.82	1	1	1	0.9
	C_s/C_v	2.5	3	3	3	3

项目		$Q_m/(m^3/s)$	$W_{24\,h}/亿\,m^3$	$W_{3\,d}/亿\,m^3$	$W_{7\,d}/亿\,m^3$	$W_{15\,d}/亿\,m^3$
设计值/%	0.01	18 500	6.81	9.65	10.43	11.7
	0.1	13 950	4.89	6.93	7.53	8.55
	1	9 400	3.03	4.29	4.65	5.45
	2	8 020	2.5	3.52	3.82	4.54
	5	6 220	1.8	2.55	2.76	3.38

1.2.4 可能最大洪水

《板桥水库复建工程扩大初步设计补充报告》中的可能最大洪水是采用可能最大降水法计算的。本次可能最大洪水直接采用《板桥水库复建工程扩大初步设计补充报告》中的成果,具体为:入库洪峰流量 20 000 m^3/s,24 h 洪量 7 亿 m^3,3 d 洪量 10 亿 m^3。

1.3 工程地质

1.3.1 地形地貌

板桥水库位于豫西丘陵东部边缘,汝河由此向东流入豫东平原。坝址区在第四纪以前,地貌上由于长期剥蚀和夷平,已初具雏形。新近纪末至第四纪初,接受新的沉积,中更新世以后地形下切,发育了近南北走向的垄岗和近东西走向的汝河河谷,坝址区汝河河谷宽 280~300 m,现代河床在筑坝前宽 70~80 m,非汛期水位 90.30 m,谷底基岩面高程 70.00~74.50 m,并接受 Q_3、Q_{4-1} 沉积形成宽约 1.1 km 的汝河一级阶地,阶地面高程 98.00~102.00 m,属堆积阶地。第四系沉积厚度 20.07~30.18 m,具双层结构,上部为重粉质壤土,厚 13~18 m;下部为砂卵砾石层,厚 5~15 m。河谷继续下切形成高、低漫滩,叠置于 Q_{4-1} 砂、卵、砾石层上,地面高程分别为 93.00 m 和 90.00~91.00 m,谷底基岩面高程 71.00~74.00 m,两侧为近南北向的基岩垄岗地形,北岸有新近系泥质砂卵砾石层覆盖。

1.3.2 地层岩性

工程区出露地层岩性主要有中元古界变质岩、新近系黏土岩、砂岩、砂砾岩及第四系松散沉积层。

(1)中元古界变质岩。中元古界变质岩系(Pt_2)由黑云母角闪斜长片麻岩(主要分布在河床坝基)、条带状混合岩(南岸河边有出露)、混合花岗岩(主要分布在南坝头与原主溢洪道之间)及眼球状片麻岩。全强风化厚度在河床段一般为 0~2 m,两岸约 10~20 m。

(2)新近系上新统。新近系上新统(N_2)主要分布在北山山前地带,组成北坝头以北的垄岗地貌,岩性主要为灰白色、灰色和棕色黏土岩、砂岩、砂卵砾石及漂砾,水平互层,有时具有交错层状。卵石为次圆形至带棱角形,粒径一般为 2~20 cm,砾石成分以乳白色石英岩为主,砂粒成分以石英和长石颗粒为主,灰白色黏土或钙质胶结,黏土多灰白色,遇水膨胀润滑,本层与下伏地层呈不整合接触,残留厚度在北坝头一带为15～20 m。

（3）第四系。下更新统（Q_1）为棕黄色泥质砾石层,多分布在北山山前北坝头诸垄岗顶部,不整合覆盖在高程130.00～250.00 m新近系剥夷面上。中更新统（Q_2）为棕色黏土,含铁锰质锈斑和钙质结核,主要分布在基岩或新近系的古剥夷面上,与较老地层呈不整合接触。上更新统（Q_3）构成汝河一级阶地后缘,上部为棕黄色粉质壤土,含大量铁锰质结核,北岸并见钙质空心结核。全新统（Q_4）河流冲积层分三层：

① 古河床沉积层,主要分布在汝河河床底部和北岸一级阶地。下部为含泥砂卵砾石层,一般厚6～8 m,最厚达14.71 m,砾石成分主要为紫红色石英砂岩,粒径最大可达12～13 cm;砾石层内及其顶部常夹有厚度不大的砂层透镜体。上部为黄褐色及棕黄色壤土,一般厚15 m,最大厚度可达20 m。

② 近代河床冲击层分布在近代汝河河床及河漫滩上部,表层为砂,下部为砂砾石及薄层壤土互层,底部有一层青灰色淤泥。

③ 最新淤积层主要指库底淤积层和1975年溃坝淤积层,分布于库区和溃口段、坝下游河床。

1.3.3 地质构造与地震

板桥坝址位于秦岭东西构造带南支,伏牛山复背斜的东延部分和白云山复背斜的东北翼;由于受淮阳山字形构造和北北东向新华夏系构造的影响,北西西和北北东两组构造体系在区内均有反映;前者表现为压性构造,如坝址以南约10 km处延伸长度达45～55 km的白云山逆断层及大寺逆断层等;后者表现为扭性构造,常切断北西西向构造,影响现代地貌的发育。

坝址区断裂走向以NE10°～20°和NW330°～350°为多,前者属扭性,后者属压扭性,但规模都不大,均属高角度断裂,剪切带宽度一般不超过1 m,但右岸输水洞进口处分布有宽达2.6 m的糜棱岩带,其走向为NW330°,倾向西南,倾角70°;坝址区附近无活动性断裂构造分布。坝址区基岩节理主要有四组,其产状为：①NE10°～20°,倾向北西,倾角70°;②NW320°～330°,倾向南西,倾角65°～70°;③NW350°,倾向南西,倾角60°;④NE60°,倾向南东,倾角80°。

据《中国地震动参数区划图》(GB 18306),板桥水库坝址区域地震动峰值加速度为0.05g,相应地震基本烈度为Ⅵ度。

1.3.4 水文地质条件

坝址区含水层分为三层：

（1）基岩裂隙含水层。根据历次勘探资料,透水率小于3 Lu的试段占82.7%,且$q<$ 3 Lu的埋深在10～20 m以下,地下水具有承压性质。

（2）砂卵石层孔隙含水层。主要分布在新近系～第四系砂卵砾石层中,受两岸山区大气降水补给,向汝河排泄。含水层厚5.12～14.7 m,根据钻孔抽水试验资料,渗透系数

为 $7.70 \times 10^{-3} \sim 2.37 \times 10^{-2}$ cm/s。

(3) 表土层孔隙—裂隙含水层。主要分布在两岸阶地粉质壤土层表层,含水层厚度一般仅为 $5 \sim 6$ m。渗透系数为 $1.50 \times 10^{-5} \sim 8.33 \times 10^{-4}$ cm/s,潜水位埋深 $1 \sim 3$ m,受大气降水补给,排往河床。

各层地下水与河水的水化学成分均属重碳酸钙镁水,总矿化度为 $0.13 \sim 0.22$ g/L,pH 值为 $6.97 \sim 8.41$。地下水侵蚀性二氧化碳含量为 18.16 mg/L,地下水对混凝土具有碳酸型弱腐蚀。地表水对混凝土无腐蚀性。

1.3.5　地质条件评价主要结论

(1) 据《中国地震动参数区划图》(GB 18306),板桥水库坝址区域地震动峰值加速度为 $0.05g$,相应地震基本烈度为 Ⅵ 度。

(2) 主、副坝填筑总体满足设计要求,局部反滤料不满足规范要求,上游护坡局部块石粒径及砌缝不满足设计要求,水毁严重;北裹头坝体心墙渗透性偏大。建议进行加固处理。

(3) 板桥水库大坝坝基开挖与处理基本满足设计要求。主、副坝和溢流坝及输水洞进水塔地基地层强度较高,渗透性微弱,工程地质条件较好。

混凝土溢流坝浇筑施工中存在局部漏振、裂缝、局部混凝土蜂窝、混凝土仓面冷缝、混凝土漏浇等缺陷,补强处理不够彻底,坝体存在渗漏通道,低温时渗漏量大于设计值;廊道内坝体渗水析出物较多,长期渗水将影响溢流坝防渗安全,建议采取适当防渗处理措施。

溢流坝底孔段由于受基础破碎夹层影响,存在局部渗流薄弱环节,如今底孔坝段基础透水性稍大,并有向不利方向发展的趋势。为防止以后出现渗漏现象,建议对底孔坝段原坝基坝体接触带附近进行防渗处理。

(4) 新建秣马沟副坝坝基土层以重粉质壤土为主,地层分布稳定,厚度大,强度高,渗透性微弱,坝基工程地质条件良好。

(5) 下游引河的开挖边坡处主要分布第四系全新统地层,大多呈松散到稍密或软塑到可塑状态。按《水利建筑工程概算定额》(水总〔2002〕116 号)中一般工程土类分级表,土层开挖级别以 Ⅱ 级为主,局部为 Ⅲ 级。河道边坡处分布地层除重粉质壤土外,其余均为砂性土层,其抗冲刷能力较差,为保持河道形态稳定,建议采取防护处理措施。

(6) 拟建管理房处有人工填土分布,为近期堆积土,较松散,强度不稳定或较低,设计时应考虑挖除或换填处理。

(7) 料场土料以重粉质壤土为主,土料质量与储量基本满足一般土填筑料质量技术要求,当取土深度较大时,由于地下水位的影响,土料含水率相应增大,施工时应采取适当翻晒措施,控制填筑土料的含水率。砂、石料可就近择优采购,运距为 $20 \sim 30$ km。

(8) 工程区地下水对混凝土具有碳酸型弱腐蚀,地表水对混凝土无腐蚀性。环境水对混凝土中钢筋无腐蚀性,对钢结构具有弱腐蚀性。

1.4 工程现状安全复核

1.4.1 土坝安全复核

1.4.1.1 坝顶高程复核

水库 100 年一遇设计水位 117.50 m,可能最大洪水位 119.35 m,经计算,对应坝顶高程分别为 120.79 m 和 121.32 m。现状坝顶高程 120.00 m,坝顶上游防浪墙实际高程为 120.00+1.50=121.50 m。因此,坝顶高程高于水库校核洪水位,坝顶上游防浪墙顶高程高于计算坝顶高程,满足规范要求。此外,根据规范要求,土石坝土质防渗体顶部高程应计入设计静水位以上超高(超高按 0.3~0.6 m 计),且应不低于校核洪水位。经复核,土质防渗体顶高程为 119.50 m,并与防浪墙底结合紧密,满足规范要求。综上,板桥水库土坝坝顶高程及防渗体顶高程满足规范要求。

1.4.1.2 土坝渗流计算分析

在库水位稳定期间平均水位下,根据实测渗流压力进行反演计算分析调整地质勘察所得的渗透系数,直至有限元计算结果与大坝渗流观测资料基本相符为止,然后再以调整后的渗透系数推算分析高水位下的大坝渗流安全性。计算断面选择最大坝高断面并考虑坝体填土的典型性,选取北副坝 K0+159.0 断面、南副坝 K0+232.0 断面、南副坝溢洪道标准断面、原主坝溢洪道标准断面、北主坝 K0+780.0 断面、南主坝 K1+740.0 断面作为渗流有限元计算分析的典型断面。上游水位分别取可能最大洪水位119.35 m、10 000 年一遇校核洪水位 119.15 m、100 年一遇设计洪水位 117.50 m 和正常蓄水位 111.50 m,下游水位取下游排水沟底或下游地面高程。经计算,坝体渗透坡降满足规范要求,各坝段下游出逸点均处于反滤保护或下游坝脚以下,水库在正常蓄水位 111.50 m 下的年渗流量为总库容的 0.123‰,渗流造成的库水损失很小。

1.4.1.3 边坡抗滑稳定复核

计算断面选择最大坝高断面并考虑坝体填土的典型性,选取南副坝 K0+232.0 断面、南副坝溢洪道标准断面、原主坝溢洪道标准断面、北主坝 K0+780.0 断面、南主坝 K1+740.0 断面作为抗滑稳定计算分析的典型断面,计算分析采用河海大学土木工程学院工程力学系研究所研制的"Slope-土石坝稳定分析系统",按简化毕肖普法计算。计算工况为上游水位分别取可能最大洪水位 119.35 m、10 000 年一遇洪水位 119.15 m、100 年一遇设计洪水位 117.50 m 和正常蓄水位 111.50 m,经计算,土坝各部位边坡抗滑稳定安全系数均满足规范要求。

1.4.1.4　护坡稳定复核

现状北主坝、北副坝、南主坝、南副坝、南副溢洪道土坝上游坡均采用干砌石护坡；秫马沟副坝断面型式不完整，无护坡。原设计要求浆砌块石护坡厚度 0.4 m，干砌块石厚度不小于 0.4 m；现场检查表明南主坝、南副坝干砌块石实际厚度为 0.3～0.35 m，小于原设计要求。

经复核计算，主坝上游护坡块石厚度受设计工况控制，计算厚度为 0.35 m，实际上游护坡块石厚度为 0.3～0.35 m，护坡块石厚度较小，不满足设计要求。而水库实际运行过程中，南、北主坝和南裹头也曾因护坡厚度不足出现护坡水毁和滑塌的情况。

副坝上游护坡块石厚度受设计工况控制，计算厚度为 0.24 m，实际上游护坡块石厚度为 0.3～0.35 m，护坡块石厚度满足设计要求。

1.4.2　混凝土溢流坝安全复核

1.4.2.1　坝顶高程复核

水库 100 年一遇设计水位 117.50 m，可能最大洪水位 119.35 m，经计算，对应坝顶高程分别为 120.68 m 和 121.11 m。现状坝顶高程为 120.00 m，坝顶上游防浪墙实际高程为 120.00＋1.50＝121.50 m。因此，坝顶高程高于水库校核洪水位，坝顶上游防浪墙顶高程高于计算坝顶高程，坝顶高程满足规范要求。

1.4.2.2　溢流坝强度复核

结构强度计算采用材料力学法分析，计算工况为上游水位分别取可能最大洪水位 119.35 m、1 000 年一遇洪水位 117.85 m、100 年一遇设计洪水位 117.50 m 和正常蓄水位 111.50 m，由应力计算结果可以看出，板桥水库混凝土溢流坝表孔坝段及底孔坝段在基本组合和特殊组合荷载工况下，坝基面坝踵垂直应力没有出现拉应力，坝趾垂直应力小于坝基容许压应力；坝体上游面垂直应力没有出现拉应力，坝体最大主压应力小于混凝土的允许压应力值。故混凝土溢流坝强度满足规范要求。

1.4.2.3　溢流坝稳定复核

依据《混凝土重力坝设计规范》(SL 319)，采用抗剪断公式对板桥水库混凝土溢流坝典型坝段剖面进行抗滑稳定分析。计算工况为上游水位分别取可能最大洪水位 119.35 m、1 000 年一遇洪水位 117.85 m、100 年一遇设计洪水位 117.50 m 和正常蓄水位 111.50 m。经计算，典型坝段在设计和校核工况下，坝体沿坝基面抗滑稳定最小安全系数均大于允许最小安全系数 $[K']$，溢流坝稳定满足规范要求。

1.4.2.4　水力计算复核

溢流坝水力计算复核主要进行泄流能力计算、消力庡水力计算和空化空蚀评价。

在设计洪水位 117.50 m 及可能最大洪水位 119.35 m 工况下,8 孔表孔加底孔总泄量分别为 12 337 m³/s 及 15 507 m³/s,溢流坝泄流能力满足设计要求。

在消力戽水力计算中,选取设计洪水位 117.50 m 及可能最大洪水位 119.35 m 工况下溢流坝泄流时的界限水深,从而判断其流态。经计算,两种不同频率下的下游水深均大于最大界限水深,属于部分处于淹没戽流区运行。因此,板桥水库溢流坝的消能满足要求。

洪水下泄时,会发生高速水流冲刷,在溢洪道闸墩、门槽、溢流面、陡坡变坡处等部位和区域需进行空化空蚀评价。经计算,溢洪道各部位的水流空化数均大于该处体型的初生空化数,不发生空化水流,不会产生空蚀破坏。

1.4.3 输水洞安全复核

1.4.3.1 输水洞过流能力复核

输水洞洞身直径 3.2 m,出口为 3.0 m×1.5 m 的矩形,输水洞过流能力采用水工隧洞的水力计算公式确定。隧洞的水力计算要首先依据水流条件判别其流态,然后根据《水力计算手册》(第二版)采用相应的计算公式计算。

经计算,输水洞在各工况下均为有压流。在库区死水位为 101.04 m 时,输水洞过流能力为 42.5 m³/s;兴利水位(正常蓄水位)为 111.50 m 时,输水洞过流能力为 68.6 m³/s;在 100 年一遇设计洪水位时,输水洞过流能力为 79.8 m³/s;在可能最大洪水位为 119.35 m 时,输水洞过流能力为 83.1 m³/s。根据原设计报告,输水洞流量满足在死水位为 101.04 m 时泄放 35 m³/s 及兴利水位为 111.50 m 时泄放 60 m³/s 的要求。

1.4.3.2 进水塔安全复核

(1) 进水塔稳定复核

依据《溢洪道设计规范》(SL 253),采用抗剪断公式对输水洞进水塔进行抗滑稳定分析。计算工况为上游水位分别取可能最大洪水位 119.35 m、1 000 年一遇洪水位 117.85 m、100 年一遇设计洪水位 117.50 m 和正常蓄水位 111.50 m,下游取相应水位。经计算,输水洞进水塔在各工况下,抗滑稳定安全系数均大于允许最小安全系数[K'],满足规范要求。

(2) 进水塔强度复核

依据《溢洪道设计规范》(SL 253),采用材料力学法计算进水塔闸室基底应力,计算工况同稳定复核。经计算,输水洞进水塔在各工况下,闸室基底最大垂直正应力小于地基容许压应力,满足规范要求。

1.4.3.3 出口闸室安全复核

(1) 出口闸室稳定复核

依据《溢洪道设计规范》(SL 253),采用抗剪断公式对输水洞出口闸室进行抗滑稳定分析。计算工况为无水及上游面水位 101.00 m+下游面水位 93.06 m。经计算,出口闸室在 2 种基本组合工况下,抗滑稳定安全系数均大于允许最小安全系数[K'],满足规范要求。

（2）出口闸室强度复核

依据《溢洪道设计规范》（SL 253），采用材料力学法计算输水洞出口闸室基底应力，计算工况同稳定复核。经计算，输水洞出口闸室在各工况下，闸室基底最大垂直正应力小于地基容许压应力，满足规范要求。

1.5　工程任务和规模

板桥水库复建后，为保证区域防洪、农业灌溉、城市供水和促进区域经济发展发挥了非常重要的作用。但由于年久失修，板桥水库大坝存在诸多病险与安全隐患，需进行除险加固。2012 年，驻马店市板桥水库管理局委托南京水利科学研究院对水库枢纽工程进行安全鉴定，根据安全鉴定分析成果以及现场调查情况可知，板桥水库大坝为三类坝，为确保工程安全运行，需进行除险加固，确保板桥水库安全运行；板桥水库在运行期间，闸的局部或配套设施存在着不同程度的安全隐患，管理房已经超过安全使用年限；部分设施老化严重，有些是目前已经淘汰的设备，存在极大的安全隐患，急需更新以满足水库安全运行管理的需要。综上所述，为消除工程安全隐患，保证区域防洪、农业灌溉及城市供水的需要，充分发挥板桥水库的综合效益，对板桥水库大坝进行除险加固是非常必要的。

对照《水利水电工程等级划分及洪水标准》（SL 252），板桥水库枢纽属 Ⅱ 等工程，为大（2）型水库，主要建筑物级别为 2 级，挡水建筑物包括土石坝和混凝土坝。对照"山区、丘陵区水利水电工程永久性水工建筑物洪水标准"，2 级建筑物的设计洪水标准为 100～500 年一遇，土石坝的校核洪水标准为 2 000～5 000 年一遇，混凝土坝为 1 000～2 000 年一遇。综合考虑，本次板桥水库除险加固采用 100 年一遇洪水标准设计，可能最大洪水校核。

本次除险加固对 2015 年复核水位-库容曲线和 1985 年水位-库容曲线进行了比较；根据 1951—2010 水文系列对不同频率的洪水进行了复核，本次仍采用 1985 年成果，对于 100 年一遇以下的设计洪水过程仍采用"63·8"洪水为典型，100 年一遇以上（含 100 年一遇）设计洪水过程仍采用"75·8"洪水为典型，采用分时段控制放大法重新测算了洪峰流量和洪水过程。设计洪水洪峰流量表见表 1.5-1。

表 1.5-1　设计洪水洪峰流量表

设计值/%	Q_m/（m³/s）
PMF	20 000
0.01	19 300
0.1	14 500
1	9 770
2	8 320
5	6 440

本次板桥水库除险加固调洪演算起调水位按汛限水位 110.00 m 计。板桥水库 100

年一遇以下洪水分三级控泄,超过 100 年一遇洪水则视洪水情况,采取不同措施,具体运用原则如下:①遇 20 年一遇洪水("63·8"典型)时,若入库流量小于 100 m³/s,泄量等于入库流量,若入库流量超过 100 m³/s,控泄 100 m³/s。②遇 50 年一遇洪水("63·8"典型)时,控泄 500 m³/s。③遇 100 年一遇洪水("75·8"典型),控泄 2 000 m³/s。④遇超过 100 年一遇洪水,即采取自由泄流。

本次利用 2015 年复核水位-库容曲线进行了调洪演算,并与利用 1985 年水位-库容曲线演算的调洪结果进行了比较,见表 1.5-2。为了确保工程安全,采用利用 1985 年水位-库容曲线演算的调洪结果。

表 1.5-2　板桥水库除险加固调洪结果汇总表

频率		5%	2%	1%	0.1%	0.01%	PMF
最大入库流量/(m³/s)		6 440	8 320	9 770	14 500	19 300	20 000
采用 2015 年水位-库容曲线演算的调洪结果	最大下泄流量/(m³/s)	100	500	2 000	11 712	13 319	13 635
	最高库水位/m	115.07	115.88	117.05	117.70	118.77	119.00
采用 1985 年水位-库容曲线演算的调洪结果	最大下泄流量/(m³/s)	100	500	2 000	12 056	13 817	14 194
	最高库水位/m	115.25	116.10	117.50	117.85	119.15	119.35

本工程拟对板桥水库进行除险加固,设计洪水标准为 100 年一遇,设计防洪水位 117.50 m;校核洪水标准为可能最大洪水,校核水位 119.35 m。

1.6　工程加固方案

1.6.1　工程等别与建筑物级别

板桥水库加固后总库容为 6.75 亿 m³,依据《防洪标准》(GB 50201)和《水利水电工程等级划分及洪水标准》(SL 252),板桥水库工程等别为Ⅱ等,主坝、混凝土溢流坝、副坝及输水洞等主要建筑物级别为 2 级,次要建筑物级别为 3 级,临时建筑物级别为 4 级。

1.6.2　洪水标准

对照《水利水电工程等级划分及洪水标准》(SL 252),本次板桥水库除险加固采用的洪水标准为 100 年一遇洪水设计,可能最大洪水校核。

1.6.3　工程总体布置

由于本次为除险加固工程,加固后坝轴线沿原坝轴线布置,主要建筑物的位置基本不变。

1.6.4　工程加固方案

1.6.4.1　土坝

针对安全评价结论及存在的主要问题,结合本次安全复核及水库的实际情况,板桥水库土坝加固设计内容如下:

(1) 板桥水库为驻马店市唯一水源,为保证供水正常,加固施工时水库水位不能低于108.00 m高程,故本次除险加固根据现状护坡质量情况对土坝上游护坡进行处理:拆除主坝及北副坝上游108.00 m高程以上粒径较小的块石,以C25细石混凝土进行灌缝黏结处理,形成灌砌块石护坡。针对主坝上游复建工程导流明渠以北,即主坝K0+000.0~K0+900.0桩号间高程114.50 m以下为溃坝时遗留干砌石护坡,单体块石较大,块石堆放紧密,质量较好,故保留该部位干砌石,仅拆除114.50 m高程以上粒径较小的块石,以C25细石混凝土进行灌缝黏结处理,形成灌砌块石护坡。

(2) 保留南副坝及南岸原副溢洪道堵坝上游干砌石护坡。

(3) 保留主坝南、北裹头上游浆砌石护坡。

(4) 清除主坝及北副坝下游草皮护坡及腐殖土,新建C20混凝土预制块护坡。保留南副坝及南岸原副溢洪道堵坝下游草皮护坡。

(5) 修复下游贴坡排水,拆除下游浆砌石贴坡排水沟,新建浆砌石排水沟。

(6) 拆除南主坝及南岸原副溢洪道堵坝坝顶现有浆砌石防浪墙,新建C20混凝土防浪墙。北主坝现有混凝土防浪墙为2011年新建,上游护坡施工时需拆除部分防浪墙,而且路面需拆除重建,故防浪墙也需拆除重建。

(7) 拆除北副坝、北主坝、南主坝、南副坝及南岸原副溢洪道堵坝坝顶现有路面,新建沥青混凝土路面,并新增主坝坝顶照明。

(8) 新增安全监测设施。

(9) 对南、北裹头处进行高压旋喷防渗处理。

(10) 加培加高秣马沟副坝,新建上、下游草皮护坡,新建坝顶混凝土路面。

1.6.4.2　混凝土溢流坝

(1) 水下浇筑防渗面板防渗漏处理。

(2) 廊道裂缝高聚物注浆防渗漏处理。

(3) 南北裹头防渗漏处理:对南北刺墙与裹头进行高压旋喷灌浆防渗处理。

(4) 表面裂缝及防碳化处理:在溢流坝表面、闸墩及下游导水墙表面涂刷环氧砂浆。

(5) 拆除重建启闭机房。

(6) 新增安全监测设施。

1.6.4.3　输水洞

(1) 保留进水塔,仅更换闸门及启闭设备和拆除重建排架及启闭机房。

（2）拆除重建出口弧门闸室。

1.6.4.4 水文测报系统

板桥水库所需各种水文数据主要依靠水文站提供，由于经济条件、技术水平所限，水库至今未建立"水文自动测报及洪水调度系统"。现有的洪水预报方案是手工方案，由于未实现洪水调度自动化，洪水预报有一定的滞后，给洪水调度带来了困难。因此需在现有设备的基础上，完善自动测报系统。

1.6.4.5 安全监测及自动化系统

主坝观测点已经安装较长时间，现已报废较多，本次除险加固过程中，要对上下游护坡进行拆除重建，现有的监测点基本报废，需重新布设观测点及观测仪器。溢流坝段中原有观测仪器可继续使用的将集中进行数据自动采集，更换测压管中的渗压计。另外，根据本次加固特点，新增监测项目及相应仪器。

主坝设置表面变形观测、坝体浸润线观测、坝基渗压观测及绕坝渗流观测等项目。混凝土溢流坝设置坝顶水平位移和垂直位移观测、廊道内垂直位移观测、坝体水平位移和挠度监测、廊道内扬压力观测、坝基渗漏量观测及防渗面板接缝开合度监测等项目。采用智能分布式安全监测系统来实现自动化监测。

1.6.4.6 管理设施

（1）拆除重建管理房。

（2）新增防汛码头。增设的防汛码头位于北副坝终点桩号 K0+268.0 西北处，码头尺寸为 20 m×80 m，利用溢流坝下游河道开挖土方填筑，码头采用重力式，顶高程分别为 112.50 m 和 115.30 m，挡土结构采用 C25 混凝土扶壁式式挡土墙，最大断面挡土墙挡土高度为 9.6 m。

1.7 金属结构加固方案

现状金属结构设备除输水洞出口工作闸门建造于 1956 年外，其余设备均建造于 1991 年。根据安全鉴定报告和 2013 年 1 月安全鉴定核查意见表，金属结构存在问题如下：溢流坝金属结构局部严重锈蚀，底孔闸门止水破损，漏水严重，启闭机制动器老化，减速箱有油渗漏现象；输水洞工作闸门及事故检修闸门严重腐蚀，老化、卡阻、漏水，闸门启闭设施陈旧，进口启闭机平台高程不足；坝顶门机腐蚀，启闭机设备陈旧。

本次加固设计内容：

1. 溢流坝表孔工作闸门加固内容

（1）保留现状工作闸门，对锈蚀严重构件进行更换，更换闸门止水橡皮（含螺栓系统和压板），本次设计按每扇闸门 5.0 t 考虑工程量。

（2）更换闸门支铰轴套，型号采用高强度钢背聚甲醛复合材料 FZB08380×430×560

－2RS,每扇闸门计2只,共计16只。

(3)闸门和预埋件重新防腐。

(4)更换固定卷扬式启闭机,启闭设备选用QH－2×630 kN－16.0 m前拉式弧门启闭机,计8台套,电机功率为2×22 kW。

2. 溢流坝表孔检修闸门加固内容

(1)保留现状检修闸门,对锈蚀严重构件进行更换,更换闸门止水橡皮(含螺栓系统和压板),本次设计按每扇闸门3.0 t考虑工程量。

(2)闸门和预埋件重新防腐。

(3)门机加固,保留原门机架,更换2×500 kN/300启闭设备,更换原50 kg/m钢轨。

3. 溢流坝底孔工作闸门加固内容

(1)保留现状工作闸门,对锈蚀严重构件进行更换,更换闸门止水橡皮(含螺栓系统和压板),本次设计按每扇闸门4.0 t考虑工程量。

(2)更换闸门支铰轴套,型号采用高强度钢背聚甲醛复合材料FZB08350×400×460－2RS,每扇闸门计2只,共计2只。

(3)闸门和预埋件重新防腐。

(4)更换固定卷扬式启闭机,启闭设备选用QH－2×630 kN－10.0 m前拉式弧门启闭机,计1台套,电机功率2×22 kW。

4. 溢流坝底孔检修闸门加固内容

(1)保留现状检修闸门,对锈蚀严重构件进行更换,更换闸门止水橡皮(含螺栓系统和压板),本次设计按每扇闸门3.0 t考虑工程量。

(2)闸门和预埋件重新防腐。

5. 输水洞金属结构设计

本次加固拆除重建,更新输水洞进口拦污栅、进口事故检修闸门、出口工作闸门及各自启闭设备。

(1)进口拦污栅采用(1.6×10.0－26.15)m(宽×高－水头,下同)平面焊接钢结构,设计水位差4.0 m,计2扇,人工清污;启闭设备选用QP－160 kN－20 m高扬程卷扬式启闭机,计2台套。

(2)进口事故检修闸门采用(1.6×3.4－26.20)m平面定轮钢闸门,计2扇;启闭设备选用QP－250 kN－24 m高扬程卷扬式启闭机,计2台套。

(3)出口工作闸门采用(3.0×1.5－26.13)m潜孔式直支臂弧形钢闸门,计1扇;启闭设备选用QL500/250 kN－4.0 m螺旋伞齿螺杆式启闭机,计1台套。

6. 金属结构防腐设计

除输水洞进口拦污栅、事故检修门、出口工作闸门更新外,其余均对原设备进行加固。

(1)在役金属结构表面处理和防腐

为节约工程投资,与基体结合牢固且保存完好的金属涂层,清理出金属涂层光泽后予以保留,锈蚀部位应清到基体,喷锌保证总锌层 160 μm。

再涂厚浆型环氧底漆 2C6(Penguard Primer SEA)50 μm,中间漆采用改性耐磨环氧漆(Jotamastic 87)100 μm,面漆采用聚氨酯面漆(Hardtop AS)100 μm。

(2)新增金属结构表面处理和防腐

喷砂除锈达到 Sa2.5 级,粗糙度为 60～100 μm,喷锌 160 μm,涂厚浆型环氧底漆 2C6(Penguard Primer SEA)50 μm,中间漆采用改性耐磨环氧漆(Jotamastic 87)100 μm,面漆采用聚氨酯面漆(Hardtop AS)100 μm。

1.8 电气

(1)板桥水库 35 kV 枢纽变电所是板桥水库生产、生活用电的枢纽变电所,泄洪闸、水电站、输水洞、管理局等生产、生活用电均取自该变电所。泄洪闸 6 kV 变电所始建于20 世纪 70 年代,主要为泄洪闸供电。本次电气设计主要内容包括:拆除重建水库 35 kV枢纽变电所;新建泄洪闸 10 kV 变电所,更新泄洪闸电控设备;更新输水洞电控设备;更新改造 35 kV 枢纽变电所、泄洪闸、进水洞闸门监控系统及库区视频监视系统,完善大堤、防汛道路电气照明设施;新建板桥水库管理局信息化管理系统;更新改造生产、生活区供配电设施等。

(2)本次电气设计,35 kV 中心变电所只负责溢流坝、水库管理局、大坝照明等负荷供电,其他生活、生产供电全部由农网供电。本次设计对水库 35 kV 中心变电所拆除重建,变电所设 35/10.5 kV 主变 2 台,35 kV 母线采用单母线分段接线。35 kV 配电装置选用 KYN61-40.5 型铠装移开式交流金属封闭开关设备,共 11 台。其中 35 kV 电源进线柜 3 台、计量柜 2 台、主变压器出线柜 2 台、35 kV 过电压抑制柜 2 台、35 kV 右联络柜1 台、35 kV 左联络隔离柜 1 台。10 kV 母线采用单母线分段接线。10 kV 配电装置选用 KYN28A-12 型铠装移开式交流金属封闭开关设备,共 9 台。其中 10 kV 电源进线柜 2台、10 kV 电源出线柜 3 台、10 kV 过电压抑制柜 2 台、10 kV 联络柜 1 台、10 kV 站用变压器柜 1 台。主变选用 SCB11-800/35/10.5 kV 新型节能变压器。

(3)水库管理局管理房设水库管理局 10 kV 变电所 1 座。10 kV 母线采用单母线接线,10 kV 配电装置选用 KYN28A-12 型铠装移开式交流金属封闭开关设备,共 2 台。其中 10 kV 电源进线柜 1 台、10 kV 主变出线柜 1 台。0.4 kV 母线采用单母线接线,0.4 kV 配电装置选用 MNS 型低压抽出式开关柜,共 3 台。其中 0.4 kV 电源进线柜 1台、0.4 kV 出线柜 1 台、0.4 kV 无功功率自动补偿柜 1 台。主变选用 1 台 SC11-315/10/0.4 kV 干式变压器。配 1 台 160 kW 柴油发电机组作为溢流坝备用电源,柴油发电机组和变压器低压电源在低压进线柜内采用电气闭锁和机械闭锁的电源进线方式供电。

(4)溢流版设 10 kV 变电所 1 座。10 kV 母线采用单母线分段接线。10 kV 配电装置选用 HXGN15-12 型户内高压环网柜,共 8 台。其中 10 kV 电源进线柜 2 台、主变压器 10 kV 电源出线柜 2 台、10 kV 站用变压器柜 1 台、10 kV 出线柜 1 台、10 kV 母线左联柜 1 台、10 kV 母线右联柜 1 台。0.4 kV 母线采用单母线接线。0.4 kV 配电装置选用 MNS 型低压抽出式开关柜,共 4 台。其中 0.4 kV 电源进线柜 2 台、0.4 kV 出线柜 1 台、0.4 kV 无功功率自动补偿柜 1 台。主变选用 2 台 SC11 - 315/10/0.4 kV 干式变压器。配 1 台 330 kW 柴油发电机组作为溢流坝备用电源,柴油发电机组和变压器低压电源在低压进线柜内采用电气闭锁和机械闭锁的电源进线方式供电。

(5)为适应水利工程自动化与信息化发展的要求,提高水利工程建设与运行管理水平,板桥水库设立水库信息化管理系统。水库信息化管理系统由计算机监控系统、视频监视系统、大坝安全监测系统、防汛视频会商系统、防洪调度系统、办公自动化和管理局信息中心组成。

(6)本次通信系统的建设充分利用现有的通信资源,将新建板桥水库防汛通信系统纳入已有的驻马店市水利局防汛通信系统,并与淮河水利防汛专网相接。在板桥水库建设 1 套无线接入基站,基站信号可覆盖大坝和库区水面及大坝 8 km 范围,在信号覆盖的大坝和库区水面建立无线移动式用户终端,在信号覆盖站点(管理单位、水文站、闸门、堤防等),安装无线固定式通信终端或配备移动式终端,提供数据、语音、视频等传输等业务。

1.9　施工组织方案

1.9.1　施工概况

板桥水库位于淮河支流汝河上游,河南省驻马店市西 35 km 的板桥镇境内,是一座以防洪为主,兼有灌溉、城市供水、发电和养殖等综合利用的大(2)型水利枢纽工程,水库总库容 6.75 亿 m³。

板桥水库加固工程主要工程内容包括:拆除重建大坝上、下游护坡,溢流坝及裹头防渗处理,拆除重建输水洞启闭机房及排架,新修库区交通道路,等等。主要主体工程量包括:土方开挖 21.56 万 m³,土方填筑 1.14 万 m³,混凝土浇筑 3.83 万 m³,砌石及垫层 4.18 万 m³。

本工程对外交通便利,施工期间的物资材料及机械设备可通过高速公路 S49 和省道 S333 进场。工程所需水泥、钢材、木材、汽油、柴油等建筑材料可从驻马店市物资部门采购。

1.9.2　施工导流

板桥水库为大(2)型水库,工程等别为 Ⅱ 等,主要建筑物级别为 2 级,次要建筑物级别为 3 级。土坝、溢流坝和输水洞工程为主要建筑物,级别为 2 级,导流建筑物级别为 4 级,导流标准取 10 年一遇;防汛码头为次要建筑物,级别为 3 级,导流建筑物级别为 5 级,考虑到其规模小,施工时间短,围堰规模不大,失事后果不严重,导流标准采用下限,即 5 年一遇,导流时段取 11 月—次年 4 月。

本工程溢流坝防渗面板采用水下施工,坝体灌浆和背水坡护坡施工,利用现有坝体挡水,迎水侧护坡水下采用抛石护坡,以上工程均不需采用导流措施,仅输水洞进口工程和防汛码头施工均位于库区内,需考虑施工导流措施。

输水洞工程进口闸门门槽处理采用临时钢围堰封堵施工,不需采用其他导流措施;防汛码头施工时,考虑到非汛期上游来水量不大,在基坑上游筑围堰挡水,上游洪水可通过溢流坝底孔控泄。

1.9.3 料场的选择与开采

主体工程填筑主要为防汛码头墙后回填,利用护坡拆除的弃渣;临时工程填筑主要为围堰填筑,利用溢洪道下游出口河道开挖土方,其质量和数量均能满足要求。

施工用砂和石料可从驻马店市或泌阳县砂石料场采购,运距约 20～30 km。

1.9.4 主体施工方法

土方开挖采用 1 m³ 挖掘机配 8 t 自卸汽车挖运,土方填筑利用开挖土方,2.8 kW 蛙夯或 74 kW 拖拉机压实。

混凝土浇筑由布置在坝后的 HZ50 型拌和站拌制,混凝土搅拌车或 5 t 自卸汽车运输,混凝土泵或汽车吊输送入仓,人工平仓,振捣器振捣密实。

高喷截渗墙采用旋喷成墙,施工工艺如下:平整场地→挖排泥沟→放线定位→钻机就位→钻孔→高喷台车就位下喷管→送水、送气、喷水泥浆液→高喷台车退出→注浆回灌。

坝前防渗面板混凝土浇筑采用水下施工,均由潜水员完成,施工工序:淤积清理→坝面检查、凿毛→钻锚孔、植锚筋→布设钢筋网→支立模板→浇筑混凝土→拆除模板→新浇混凝土结构缝表面处理→施工缝处理。

廊道裂缝注浆施工工艺:注浆孔布置→施工注浆孔→下注浆管→安装注射帽→注浆。

砌石拆除采用人工配钢钎拆除,机动翻斗车运输,全部用于土坝抛石护坡;反滤料、碎石和草皮护坡拆除采用推土机推运,再用挖掘机配自卸汽车运输,弃至弃土区内。

1.9.5 施工总布置

本工程施工总布置主要为生产生活区和弃土区布置。本工程生产生活区布置于土坝坝后,紧靠坝脚公路,亦可租用水库管理局的房屋和附近村庄的民房;弃土区就近布置在原溢洪道附近的空地上。

1.9.6 施工总工期

本工程施工总工期为 30 个月,跨三个年度,第一年 1 月开工,第三年 6 月完工。

2 工程现状安全复核

2.1 工程现状

板桥水库主要建筑物由土坝(包括北主坝、南主坝、北副坝、南副坝、南岸原副溢洪道堵坝及秫马沟副坝)、混凝土溢流坝、输水洞及电站等组成。大坝全长 3 769.5 m,其中主坝全长 2 300.7 m(包括 150 m 长混凝土溢流坝),副坝全长 1 468.8 m。

2.2 现状洪水调节计算

对照《水利水电工程等级划分及洪水标准》(SL 252),板桥水库枢纽属Ⅱ等工程,为大(2)型水库,主要建筑物级别为 2 级,挡水建筑物包括土石坝和混凝土坝。对照"山区、丘陵区水利水电工程永久性水工建筑物洪水标准",2 级建筑物的设计洪水标准为 100~500 年一遇,土石坝的校核洪水标准为 2 000~5 000 年一遇,混凝土坝为 1 000~2 000 年一遇。综合考虑,本次板桥水库除险加固采用的设计洪水标准为 100 年一遇,可能最大洪水校核。

本次除险加固对 2015 年复核水位-库容曲线和 1985 年水位-库容曲线进行了比较;根据 1951—2010 年水文系列对不同频率的洪水进行了复核,本次仍采用 1985 年成果,对于 100 年一遇以下的设计洪水过程仍采用"63·8"洪水为典型,100 年一遇以上(含 100 年一遇)设计洪水过程仍采用"75·8"洪水为典型,采用分时段控制放大法重新测算了洪峰流量和洪水过程。设计洪水洪峰流量见表 2.2-1。

表 2.2-1　设计洪水洪峰流量表

设计值/%	$Q_m/(m^3/s)$
PMF	20 000
0.01	19 300
0.1	14 500
1	9 770
2	8 320
5	6 440

本次板桥水库除险加固调洪演算起调水位按汛限水位 110.00 m 计。板桥水库 100 年一遇以下洪水分三级控泄，超过 100 年一遇洪水则视洪水情况，采取不同措施，具体运用原则如下：①遇 20 年一遇洪水（"63·8"典型）时，若入库流量小于 100 m³/s，泄量等于入库流量，若入库流量超过 100 m³/s，控泄 100 m³/s，此时仅开启底孔闸门或者结合发电控泄洪水。②遇 50 年一遇洪水（"63·8"典型）时，控泄 500 m³/s，此时也仅开启底孔闸门加之电站发电泄洪。③遇 100 年一遇洪水（"75·8"典型）时，控泄 2 000 m³/s，此时底孔闸门全开。溢流坝表孔开启 1♯、3♯、6♯、8♯四孔，因受坝顶变压器容量限制，只能每两孔为一组（1♯、8♯；3♯、6♯）依序同步开启，并随库水位调整 4 孔闸门开度，使下泄量不超过 2 000 m³/s。④遇超过 100 年一遇洪水，即采取自由泄流，除底孔闸门全开外，8 个溢流表孔全开泄洪，为避免对下游形成人造洪峰，在开启闸门过程中，应严密监控库水位，如在闸门某一开度情况下库水位停滞或开始下降，说明入库流量已等于或小于出库流量，应维持开度不变，直至库水位回落至汛限水位时，再关闭 8 个表孔。如又遇新洪水，按以上原则进行防洪调度。

本次利用 2015 年复核水位-库容曲线进行了调洪演算，并与利用 1985 年水位-库容曲线演算的调洪结果进行了比较，见表 2.2-2。为了确保工程安全，采用利用 1985 年水位-库容曲线演算的调洪结果。

表 2.2-2 板桥水库除险加固调洪结果汇总表

频率		5%	2%	1%	0.1%	0.01%	PMF
最大入库流量/(m³/s)		6 440	8 320	9 770	14 500	19 300	20 000
采用 2015 年水位-库容曲线演算的调洪结果	最大下泄流量/(m³/s)	100	500	2 000	11 712	13 319	13 635
	最高库水位/m	115.07	115.88	117.05	117.70	118.77	119.00
采用 1985 年水位-库容曲线演算的调洪结果	最大下泄流量/(m³/s)	100	500	2 000	12 056	13 817	14 194
	最高库水位/m	115.25	116.10	117.50	117.85	119.15	119.35

本工程拟对板桥水库进行除险加固，设计洪水标准为 100 年一遇，设计防洪水位 117.50 m；校核洪水标准为可能最大洪水，校核水位 119.35 m。

2.3 土坝安全复核

2.3.1 土坝坝顶高程复核

2.3.1.1 土坝坝顶超高计算

坝顶超高计算以《水利水电工程等级划分及洪水标准》（SL 252）和《碾压式土石坝设计规范》（SL 274）为依据。

1. 坝顶超高计算

坝顶超高按下式计算：

$$Y = R + e + A$$

式中：Y——坝顶在静水位以上的超高（m）；

R——最大波浪在坝坡上的爬高（m）；

e——最大风壅水面高度（m）；

A——安全加高（m），按《碾压式土石坝设计规范》（SL 274）表5.3.1采用，设计运用情况取1.00 m，丘陵区非常情况取0.50 m。

2. 波浪要素h_m、T_m、L_m的计算

波浪要素采用莆田试验站公式计算：

$$\frac{gh_m}{W^2} = 0.13\text{th}\left[0.7\left(\frac{gH_m}{W^2}\right)^{0.7}\right]\text{th}\left\{\frac{0.0018\left(\frac{gD}{W^2}\right)^{0.45}}{0.13\text{th}\left[0.7\left(\frac{gH_m}{W^2}\right)^{0.7}\right]}\right\}$$

$$T_m = 4.438h_m^{0.5}$$

$$L_m = \frac{gT_m^2}{2\pi}$$

式中：h_m——平均波高（m）；

T_m——平均波周期（s）；

L_m——平均波长（m）；

H_m——水域平均水深（m）；

W——计算风速（m/s）；

设计风速按如下取值：板桥水库风速依据泌阳县气象局提供的资料，本次除险加固将风速系列延长至2011年，收集了1974—2011年共38年的风速资料，计算多年平均年最大风速值为10.7 m/s。根据《碾压式土石坝设计规范》（SL 274）规定，正常运用条件下，2级建筑物采用多年平均年最大风速的1.5～2.0倍，本次取1.5倍，计算的正常运行条件下的风速值为16.1 m/s，非常运用条件下，采用多年平均年最大风速值10.7 m/s。

D—风区长度（m）；

g—重力加速度。

3. 平均波浪爬高R_m的计算

根据水库上游坡的坡度系数$m=2.5$，选用正向来波在单坡上的平均波浪爬高公式：

$$R_m = \frac{K_\Delta K_w}{\sqrt{1+m^2}}\sqrt{h_m L_m}$$

式中：R_m——平均波浪爬高（m）；

m——单坡的坡度系数；

K_Δ——斜坡的糙率渗透性系数，$K_\Delta = 0.50\sim1.00$；

K_w——经验系数，$K_w = 1.00\sim1.30$。

4. 波浪爬高 $R_{1\%}$ 的计算

设计波浪爬高值根据工程等级确定,2 级坝采用累积频率为 1% 的爬高值 $R_{1\%}$。累积频率下的爬高与平均爬高比值可查表取得。

5. 风雍水面高度 e 的计算

$$e = \frac{KW^2D}{2gH_m}\cos\beta$$

式中:e——计算点处的风雍水面高度(m);

K——综合摩阻系数;

β——计算风向与坝轴线法线的夹角(°);

其余符号意义同前。

6. 坝顶超高及坝顶高程计算结果

板桥水库土坝坝顶超高及坝顶高程计算结果见表 2.3.1-1。

表 2.3.1-1 板桥水库土坝坝顶高程计算结果表

运用工况	水位/m	R/m	e/m	A/m	Y/m	计算坝顶高程/m
设计洪水位	117.50	2.276	0.016	1.00	3.292	120.79
最大可能洪水位	119.35	1.448	0.007	0.50	1.955	121.32

2.3.1.2 坝顶高程复核结论

水库 100 年一遇设计水位为 117.50 m,可能最大洪水位为 119.35 m,经计算,对应坝顶高程分别为 120.79 m 和 121.32 m。现状坝顶高程为 120.00 m,坝顶上游防浪墙实际高程为 120.00+1.50=121.50 m。因此,坝顶高程高于水库校核洪水位,坝顶上游防浪墙顶高程高于计算坝顶高程,满足规范要求。此外,根据规范要求,土石坝土质防渗体顶部高程应计入设计静水位以上超高(超高按 0.3~0.6 m 计),且应不低于校核洪水位。经复核,土质防渗体顶高程为 119.50 m,并与防浪墙底结合紧密,满足规范要求。综上,板桥水库土坝坝顶高程及防渗体顶高程满足规范要求。

2.3.2 土坝渗流计算分析

2.3.2.1 坝体填筑质量

(1) 1951—1952 年初建工程

1951—1952 年初建土坝设计中,坝体土孔隙比 0.586、湿密度 2.0 g/cm³、饱和密度 2.07 g/cm³、干密度 1.70 g/cm³、内摩擦角 $\varphi=21°$、黏聚力 $c=68$ kPa、渗透系数 $k=2.2\times10^{-7}$ cm/s,坝基壤土层 $k_h=k_v=2.2\times10^{-7}$ cm/s。

施工过程分两期:第一期工程(1951 年 4—9 月)以清基为主,将台地部分乱石、污物、杂草和树根等加以清除,河槽段挖断淤泥层;第二期工程(1951 年 10 月—1952 年 6 月),筑坝土料含水量超过规定含水量 3%~5%,致使施工期间试验检查约 50% 干容重不满足设计标准。

自1952年6月蓄水后,同年8月K0+800.0断面背水坡表面发现裂缝,1953年裂缝遍布几乎整个坝段,最严重坝段为北台地和南坝段,中间河床坝段裂缝较少。从分布部位看,主要分布在坝顶及上、下游坡。裂缝主要表现为表面裂缝和坝内裂缝两种,其中,坝内裂缝主要位于坝体下部,南坝段坝内裂缝一般在105.5 m高程以下,北台地坝段坝内裂缝一般在98.00~103.00 m高程范围内。为进一步查明坝内裂缝情况,1953年6月—1954年3月在坝顶及上、下游坡105.84 m高程处平均每7 m坝长布置一钻孔,共钻孔180个,同时在重点部位做探坑取样。钻孔与探坑取样情况表明,土坝坝心裂缝最多,101个钻孔中有缝者72个,占71.3%;下游坡次之,42个钻孔中有缝者17个,占40.5%;上游坡最少,37个钻孔中有缝者4个,占10.8%。从取样干密度情况看,普遍存在干密度达不到设计标准的问题,坝顶101个钻孔取样中76.0%试样干密度小于1.70 g/cm^3,上游坡37个试样中93.1%不足1.70 g/cm^3,下游坡42个试样中88.81%不足1.70 g/cm^3。由此可见,1951—1952年初建工程施工质量较差,北台地坝段、南坝段坝体填土密实度不足,致使坝体沉陷量较大,最终导致坝体发生严重裂缝。

对土坝180个钻孔取样物理、力学试验指标的统计结果表明,干容重、天然含水量、孔隙比e平均值分别为1.64 g/cm^3、22.2%、0.65,则湿容重、饱和容重平均值分别为2.00 g/cm^3、2.03 g/cm^3;抗剪强度内摩擦角φ、黏聚力c的平均值分别为31.45°、85.0 kPa。

1954年5—8月底,对板桥土坝坝体进行了灌泥浆加固处理,灌浆孔布置九排平行坝轴线,分别为坝顶,上、下游坡各三排,孔距10 m,布置为梅花状;根据坝体裂缝规模,泥浆土水配合比主要采用2∶1或1.5∶1或7∶3。灌浆后经1~2月后,经挖探坑检查发现泥浆将裂缝填筑较好,泥浆与土结合较好,且泥浆含水量降低,其干密度、抗剪强度与附近土体渐趋相近,且并未因灌浆而出现新的裂缝,大坝整体性和防渗性能增强,1954年安全度汛。

(2)1956年加固工程

基于1951—1952年初建工程质量低、坝体严重裂缝的教训,严格控制工程质量,1956年加固及扩建工程施工质量好。心墙取样12 233个,平均干密度1.75 g/cm^3,仅13个试样干密度低于控制标准1.70 g/cm^3,干密度合格率为99.97%;砂壳取样4 491个,相对密度低于0.72者仅3个,相对密度合格率接近100%;砂料护坡取样2 420个,相对密度全部合格,合格率为100%。

(3)1978—1992年复建工程

心墙填土:心墙土料设计要求为干密度1.64 g/cm^3,最优含水量约19%,根据心墙土料击实试验结果,其平均最大干密度为1.69 g/cm^3,则设计控制压实度为0.97。

施工单位按《碾压式土石坝施工技术规范》(SDJ 213)要求在施工中分两类取样:一类是坝面填筑取样,干密度范围为1.65~1.71 g/cm^3,平均值为1.661 g/cm^3,相应压实度为0.983,取样合格率为96.4%~99.6%;另一类是坝体施工上升过程中取样,干密度范围为1.53~1.73 g/cm^3,经统计其平均值为1.66 g/cm^3,相应压实度为0.982,取样合格率为91.9%。

质检部门抽检情况与施工单位取样试验统计情况基本一致。质检部门取样也分两类:一类是坝面取样,共取样129个,平均干密度为1.66 g/cm³,平均含水量为21.8%;另一类是坝体施工上升过程中取样,根据对3129个试样的统计,平均干密度为1.67 g/cm³,合格率为95.9%,干密度均方差S为0.0225,离差系数C_v为0.0135,说明心墙填土压实质量较为均匀,离散程度较小。

以上统计结果表明,心墙土料压实度、合格率均满足设计及规范要求。

心墙土料按塑性图分类法属中液限黏土,按三角坐标法分类属粉质黏土,黏粒含量为23%~43%,平均为33%,土质均匀。抗剪强度折合为三轴试验强度,小值均值为内摩擦角$\varphi=16.1°$,黏聚力$c=29.3$ kPa,压缩系数平均值为0.132 MPa^{-1},渗透系数$k_v=1.53\times10^{-7}$ cm/s(大值均值)、$k_h=1.74\times10^{-7}$ cm/s(平均值)。

砂壳填料:坝壳土料设计要求为控制相对密度不低于0.67,关键部位不低于0.70,设计干密度根据粗粒含量控制不小于1.65~1.86 g/cm³;含泥量小于5%;不均匀系数不小于3。

施工单位按规范要求在施工过程中分两类取样,实际取样干密度均大于相应控制标准。一类是坝面填筑取样,北、南主坝砂壳干密度范围分别为1.68~1.86 g/cm³、1.72~1.88 g/cm³,平均值分别为1.77 g/cm³、1.79 g/cm³,按相对密度衡量大于0.8,合格率均为100%;另一类是坝体施工上升过程中取样,北、南主坝砂壳干密度范围分别为1.58~1.93 g/cm³、1.65~1.96 g/cm³,平均值分别为1.77 g/cm³、1.76 g/cm³,按相对密度衡量大于0.8,合格率分别为98.5%、99.54%。砂壳坝料填筑质量及物理、力学试验成果见表2.3.2-1。

质检部门抽检情况与施工单位取样试验统计情况基本一致。质检部门取样也分两类:一类是坝面取样,共取样65个,平均干密度1.70 g/cm³,相对密度衡量大于0.8;另一类是坝体施工上升过程中取样,根据对776个试样的统计,干密度平均值为1.78 g/cm³,按相对密度衡量大于0.8,干密度合格率为98.3%,平均含泥量为4%,平均不均匀系数3.9。

以上统计结果表明,砂壳土料相对密度、合格率均满足设计及规范要求。

坝壳填料绝大部分是砾质粗砂,具有强度高、压缩性低、透水性好的特点,总体来看质量较好。砾质粗砂压缩系数为0.035~0.07 MPa^{-1},三轴试验的抗剪强度建议值:内摩擦角$\varphi=32°$,黏聚力$c=0$,渗透系数$k=1.13\times10^{-1}\sim7.25\times10^{-3}$ cm/s。

堆石填料:南、北裹头和南主坝下游坡局部填料为堆石,堆石填料设计要求为干密度1.90~2.10 g/cm³,孔隙率不大于30%,小于5 mm的细粒含量不超过30%。

根据堆石料试验资料,南、北裹头上游堆石采用新鲜的花岗岩质片麻岩石料,岩块致密坚硬,取样采用挖坑灌水法。根据8个试样的试验统计结果,平均干密度为2.13 g/cm³,小于5 mm的粒径含量平均值为6.1%,平均孔隙率为20.2%,均满足设计要求。

表 2.3.2-1　复建工程南、北主坝砂壳土料填筑质量及物理、力学试验统计表

坝段	统计内容		坝面取样统计结果	施工上升过程中取样统计结果
北主坝	取样个数		686	10
	干密度范围/均值/(g/cm³)		1.58～1.93/1.77	1.68～1.86/1.77
	含水量范围/均值/%		2.10～15.0/6.3	5.3～8.7/6.5
	粗粒含量范围/均值/%		0～33.6/7.7	1～23/5.8
	不均匀系数均值		3.85	4.29
	含泥量均值/%		3.27	2.85
	合格率/%		98.5	100
	抗剪强度	内摩擦角 φ/(°)	未做相关试验	35°～38°40′
		黏聚力 c/kPa		0～10
	渗透系数 k/(cm/s)			1.13×10^{-1}～7.25×10^{-3}
	压缩系数/MPa⁻¹			0.035～0.070
南主坝	取样个数		198	5
	干密度范围/均值/(g/cm³)		1.65～1.96/1.76	1.72～1.88/1.79
	含水量范围/均值/%		2.7～12.6/7.5	2.7～8.7/5.46
	粗粒含量范围/均值/%		0～30.6/8.4	1.0～10.0/5.4
	不均匀系数		3.19	4.27
	含泥量/%		3.4	4.25
	合格率/%		99.5	100
	抗剪强度	内摩擦角 φ/(°)	未做相关试验	35°～38°40′
		黏聚力 c/kPa		0～10
	渗透系数 k/(cm/s)			1.30×10^{-1}～6.71×10^{-3}
	压缩系数/MPa⁻¹			0.035～0.050

反滤料:设计要求反滤料应质地致密坚硬,层次清楚,保证反滤层有效厚度,粒径小于 0.1 mm 的颗粒含量不超过 5%。

南、北裹头上游面和堆石之间,设垫层砾质粗砂分别为 40 cm、60 cm 厚,第一层反滤为小石,粒径 0.5～2 cm,第二层反滤是中、大石,粒径 2～8 cm,每层厚分别为 40、60 cm。土坝上游面其他大部分部位,各层反滤均为 20 cm 厚。下游面有贴坡排水,也是双层反滤,厚度均为 25 cm。根据施工时质检记录,反滤层铺筑层次情况,厚度大于有效厚度、粒径符合设计要求,铺筑质量好,各层含泥量均小于 5%,具有良好的透水性。

2.3.2.2　渗流分析方法

板桥水库土坝设有渗流监测设施,监测数据能够满足反演计算要求,因此,在库水位稳定期间平均水位下,根据实测渗流压力进行反演计算分析调整地质勘察所得的渗透系数,直至有限元计算结果与大坝渗流观测资料基本相符为止;再以调整后的渗透系数计算分析高水位下的大坝渗流安全性。

2.3.2.3 渗透系数的反演计算

1. 计算断面及参数确定

计算断面选择最大坝高断面,并考虑坝段填土结构的典型性。选取北副坝 K0+159.0 断面、南副坝 K0+23.02 断面、南岸原副溢洪道堵坝标准断面、原主坝溢洪道标准断面、北主坝 K0+780.0 断面、南主坝 K1+740.0 断面作为渗流有限元计算分析的典型断面。计算断面各区渗透系数初始值根据地质资料及一般工程经验,并结合本次地质勘察成果确定,具体取法如下:

南、北主坝段坝体黏土按复建工程施工中所取原状样渗透试验数据统计确定,坝壳砾质粗砂按施工中制备的室内试样渗透试验数据统计确定。北主坝坝基覆盖层上部壤土与黏土、下部泥质砾石按复建工程地勘资料确定。基岩表层全强风化带渗透性与其上部泥质砾石层渗透性相比可作为相对隔水层,因此渗流分析时不考虑其渗透性。南主坝坝基表层全强风化带主要依据压水试验资料,并参考类似工程经验取值。

南、北副坝及原溢洪道土坝坝体渗透系数参照南、北主坝取值。

南副坝坝基粉质黏土和粉质壤土层、北副坝坝基砂(砾)岩渗透系数根据地勘资料取值。原主、副溢洪道土坝坝基表层壤土渗透系数参照南主坝段坝基壤土取值。

南副坝、原溢洪道土坝下部基岩表层全强风化带作为相对隔水层不考虑其渗透性。

2. 反演计算

反演计算工况:北主坝 K0+780.0 断面反演计算取现状土坝的 19♯ 和 39♯ 测点值,16♯、18♯ 及 20♯ 测点未取用的原因是,16♯ 测点受降雨影响管水位普遍高于库水位,18♯ 及 20♯ 管水位尚低于管底高程,即三测管测值不能反映真实情况;考虑到这样取反演数据不能反映心墙填土的渗透性,则 K0+780.0 断面心墙填土内渗压情况参考 K0+600.0 断面12♯、13♯测点测值。观测资料取库水位相对稳定期且受降雨影响小的 2004 年 1 月 5 日—2004 年 3 月 19 日,平均库水位为 110.53 m,下游水位按 39♯ 测点测值推求。

反演与实测结果对比见表 2.3.2-2,反演调整后的参数见表 2.3.2-3。

除北主坝 K0+780.0 断面有渗流压力观测资料可供反演计算外,其他如北副坝、南主坝、南主坝原主溢洪道断面、南副坝、南副溢洪道土坝等坝体均无渗流观测资料可供反演分析,因此,这些坝段渗流计算参数参考北主坝断面的反演结果确定。

表 2.3.2-2　实测水位和反演调整后的渗压水位比较表

断面	计算情况	渗压力水位/m				下游水位
北主坝 K0+780.0	测点编号	12♯	13♯	19♯	39♯	下游水位按 39♯ 测点渗压水位与库水位相关性推求得 97.64 m。现状排水沟底高程为 98.30 m。计算值取 98.30 m
	实测值	106.13	102.83	98.00	97.64	
	计算值	106.14	102.54	98.41	98.30	

表 2.3.2-3　板桥水库大坝渗透系数初始值、反演后和最终取值表

断面	土层	初始值		反演计算值		最终取用值	
		k_h/(cm/s)	k_v/(cm/s)	k_h/(cm/s)	k_v/(cm/s)	k_h/(cm/s)	k_v/(cm/s)
北主坝 K0+780.0	复建坝体心墙黏土	1.5×10^{-7}	1.74×10^{-7}	6×10^{-6}	4×10^{-6}	5×10^{-6}	2×10^{-6}
	坝壳砾质粗砂	6×10^{-2}	6×10^{-2}	6×10^{-2}	6×10^{-2}	6×10^{-2}	6×10^{-2}
	1952、1956 年坝体填土	2.2×10^{-7}	2.2×10^{-7}	5×10^{-6}	4×10^{-6}	5×10^{-6}	3×10^{-6}
	坝基壤土和黏土上层	1.2×10^{-5}	1.2×10^{-5}	1.2×10^{-5}	1.2×10^{-5}	1.2×10^{-5}	1.2×10^{-5}
	坝基壤土与黏土下层	5.5×10^{-8}	5.5×10^{-8}	2×10^{-7}	2×10^{-7}	2×10^{-7}	2×10^{-7}
	坝基含泥质砾石层	1.6×10^{-2}	1.6×10^{-2}	1.6×10^{-2}	1.6×10^{-2}	1.5×10^{-2}	1.5×10^{-2}
南主坝 K1+740.0	复建坝体心墙黏土	1.5×10^{-7}	1.7×10^{-7}	无观测资料可供反演分析		5×10^{-6}	3×10^{-6}
	坝壳砾质粗砂	6×10^{-2}	6×10^{-2}			6×10^{-2}	6×10^{-2}
	1952、1956 年坝体填土	2.2×10^{-7}	2.2×10^{-7}			4×10^{-6}	4×10^{-6}
	坝基壤土	1.2×10^{-5}	1.2×10^{-5}			5×10^{-6}	5×10^{-6}
	基岩表层全强风化带	5×10^{-5}	5×10^{-5}			5×10^{-5}	5×10^{-5}
原主坝溢洪道标准断面	坝体心墙黏土	1.5×10^{-7}	1.7×10^{-7}	无观测资料可供反演分析		3×10^{-6}	4×10^{-6}
	坝体砾质粗砂	6×10^{-2}	6×10^{-2}			6×10^{-2}	6×10^{-2}
	坝基壤土	2.2×10^{-7}	2.2×10^{-7}			1.7×10^{-4}	1.7×10^{-4}
	基岩表层全强风化带	1.2×10^{-5}	1.2×10^{-5}			5×10^{-5}	5×10^{-5}
北副坝 K0+159.0	坝体填土	1.5×10^{-7}	1.7×10^{-7}	无观测资料可供反演分析		5×10^{-6}	3×10^{-6}
	坝基壤土	5.5×10^{-5}	5.5×10^{-5}			5×10^{-6}	4.5×10^{-6}
	泥质胶结砂砾石	1.2×10^{-5}	1.2×10^{-5}			2×10^{-6}	2×10^{-6}
南副坝 K0+232.0	坝体填土	1.5×10^{-7}	1.7×10^{-7}	无观测资料可供反演分析		4×10^{-6}	3×10^{-6}
	下游坝基壤土	1.7×10^{-4}	1.7×10^{-4}			5×10^{-6}	3×10^{-6}
	基岩表层全强风化带	5×10^{-5}	5×10^{-5}			5×10^{-5}	5×10^{-5}
南副坝溢洪道标准断面	坝体壤土斜墙	1.5×10^{-7}	1.7×10^{-7}	无观测资料可供反演分析		3×10^{-6}	4×10^{-6}
	坝体砾质粗砂	6×10^{-2}	6×10^{-2}			6×10^{-2}	6×10^{-2}
	坝基壤土	1.7×10^{-4}	1.7×10^{-4}			1.7×10^{-4}	1.7×10^{-4}
	基岩表层全强风化带	5×10^{-5}	5×10^{-5}			5×10^{-5}	5×10^{-5}

2.3.2.4　渗流计算

渗流计算分析采用河海大学力学研究所研制的水工结构有限元分析系统 Auto-BANK 进行。

1. 计算原理

程序采用有限元分析法求解渗流场。稳定渗流方程为：

$$k\left(\frac{\partial^2\varphi}{\partial x^2}+\frac{\partial^2\varphi}{\partial y^2}\right)=0$$

式中：k——土的渗透系数；

　　φ——势函数，$\varphi=(P/\gamma_w)+\gamma$，$\gamma_w$ 为水的容重，P 为水压力。

对于土石坝的无压渗流情况，先假设一个大致的自由表面初始位置，程序通过反复迭代和修改自由表面位置，使其满足规定的边界条件，得到新的自由表面，此线即为第一条流线即浸润线。程序同时给出每个单元的渗流量、渗透坡降等信息。

2. 计算工况

根据初步设计阶段设计深度，参照《碾压式土石坝设计规范》(SL 274)，坝体渗流计算工况为：

可能最大洪水位 119.35 m＋相应下游水位(下游排水沟底高程)形成的稳定渗流；

10 000 年一遇洪水位 119.15 m＋相应下游水位(下游排水沟底高程)形成的稳定渗流；

100 年一遇设计洪水位 117.50 m＋相应下游水位(下游排水沟底高程)形成的稳定渗流；

正常蓄水位 111.50 m＋相应下游水位(下游排水沟底高程)形成的稳定渗流。

渗流计算及渗透稳定分析水位组合见表 2.3.2-4。

表 2.3.2-4　渗流计算工况水位组合表

计算断面	上游水位/m		下游水位/m(测点)	
北主坝 K0+780.0	可能最大洪水位	119.35	98.30	下游排水沟底高程
	10 000 年一遇洪水位	119.15		
	100 年一遇设计洪水位	117.50		
	正常蓄水位	111.50		
南主坝 K1+740.0	可能最大洪水位	119.35	102.40	下游排水沟底高程
	10 000 年一遇洪水位	119.15		
	100 年一遇设计洪水位	117.50		
	正常蓄水位	111.50		
原主坝溢洪道标准断面	可能最大洪水位	119.35	109.40	下游排水沟底高程
	10 000 年一遇洪水位	119.15		
	100 年一遇设计洪水位	117.50		
	正常蓄水位	111.50		
北副坝 K0+159.0	可能最大洪水位	119.35	116.20	下游排水沟底高程
	10 000 年一遇洪水位	119.15		
	100 年一遇设计洪水位	117.50		
	正常蓄水位	111.50		

计算断面	上游水位/m		下游水位/m(测点)	
南副坝 K0+232.0	可能最大洪水位	119.35	113.60	下游排水沟底高程
	10 000 年一遇洪水位	119.15		
	100 年一遇设计洪水位	117.50		
	正常蓄水位	111.50		
南副坝溢洪道标准断面	可能最大洪水位	119.35	113.40	下游排水沟底高程
	10 000 年一遇洪水位	119.15		
	100 年一遇设计洪水位	117.50		
	正常蓄水位	111.50		

渗流稳定计算结果见表 2.3.2-5。

表 2.3.2-5 各断面渗流计算成果表

位置	计算工况	渗透坡降	发生部位	单宽渗流量/$[m^3/(s \cdot m)]$
北副坝 K0+159.0	最大洪水位 119.35 m	0.15	坝脚	8.05×10^{-7}
		0.10	坝基	
	10 000 年一遇洪水位 119.15 m	0.14	坝脚	7.51×10^{-7}
		0.10	坝基	
	设计洪水位 117.50 m	0.10	坝脚	2.66×10^{-7}
		0.05	坝基	
南副坝 K0+232.0	最大洪水位 119.35 m	0.54	坝脚	2.55×10^{-6}
		0.20	坝基	
	10 000 年一遇洪水位 119.15 m	0.49	坝脚	2.42×10^{-6}
		0.22	坝基	
	设计洪水位 117.50 m	0.32	坝脚	1.64×10^{-6}
		0.26	坝基	
南副坝溢洪道标准断面	设计洪水位 117.50 m	0.21	坝脚	6.23×10^{-7}
		0.15	坝基	
原主坝溢洪道标准断面	最大洪水位 119.35 m	0.48	坝脚	1.34×10^{-6}
		0.26	坝基	
	10 000 年一遇洪水位 119.15 m	0.47	坝脚	1.29×10^{-6}
		0.26	坝基	
	设计洪水位 117.50 m	0.39	坝脚	1.02×10^{-6}
		0.26	坝基	

位置	计算工况	渗透坡降	发生部位	单宽渗流量/[m³/(s·m)]
北主坝 K0+780.0	最大洪水位 119.35 m	0.29	坝脚	2.66×10⁻⁶
		1.00	心墙下部坝基壤土与黏土层	
	10 000 年一遇洪水位 119.15 m	0.26	坝脚	2.60×10⁻⁶
		0.98	心墙下部坝基壤土与黏土层	
	设计洪水位 117.50 m	0.18	坝脚	2.05×10⁻⁶
		0.94	心墙下部坝基壤土与黏土层	
	正常蓄水位 111.50 m	0.12	坝脚	1.45×10⁻⁶
		0.45	心墙下部坝基壤土与黏土层	
南主坝 K1+740.0	最大洪水位 119.35 m	0.27	坝脚	2.79×10⁻⁶
		1.44	心墙下部坝基壤土与黏土层	
	10 000 年一遇洪水位 119.15 m	0.26	坝脚	2.73×10⁻⁶
		1.35	心墙下部坝基壤土与黏土层	
	设计洪水位 117.50 m	0.24	坝脚	2.33×10⁻⁶
		1.24	心墙下部坝基壤土与黏土层	
	正常蓄水位 111.50 m	0.20	坝脚	1.10×10⁻⁶
		0.68	心墙下部坝基壤土与黏土层	

2.3.2.5 成果分析

根据计算成果,主坝为黏土心墙砂壳坝,黏土心墙防渗效果显著,下游出逸点均位于反滤保护范围内。副坝为均质土坝,坝体内浸润线均较低,各坝段下游出逸点均处于反滤保护或下游坝脚以下。

各坝段坝内较大渗透坡降出现在北主坝和南主坝坝基表层壤土与黏土层内,其值为0.68~1.24,小于坝体内黏土的允许水力坡降,坝脚处最大渗透坡降出现在南副坝K0+232.0 断面,其值为 0.54,基本小于黏土的允许水力坡降 0.5~0.8。且大坝下游坡坝脚均设有反滤,因此渗透坡降满足规范要求。

在正常蓄水位 111.50 m 时,北主坝 K0+780.0 计算断面的渗流量为 1.45×10⁻⁶ m³/(s·m),坝长按 1 272 m 计;南主坝 K1+740.0 断面的渗流量为 1.10×10⁻⁶ m³/(s·m),坝长按733 m 计;其余坝段渗漏量很小,忽略不计。经计算,板桥水库在正常蓄水位 111.50 m 下的年渗流量约为 83 592 m³,约为总库容的 0.123‰,因此,渗流造成的库水损失很小。

2.3.3 边坡抗滑稳定复核

计算断面选择最大坝高断面并考虑坝段填土结构的典型性,选取南副坝 K0+232.0 断面、南副坝溢洪道标准断面、原主坝溢洪道标准断面、北主坝 K0+780.0 断面及南主坝 K1+740.0 断面作为抗滑稳定计算分析的典型断面,计算分析采用河海大学土木工程学院工程力学系研究所研制的"Slope-土石坝稳定分析系统",按简化毕肖普法计算。

1. 计算原理

简化毕肖普法计算公式如下：

$$K = \frac{\sum \{[(W \pm V)\sec\alpha - ub\sec\alpha]\tan\varphi' + c'b\sec\alpha][1/(1 + \tan\alpha\tan\varphi'/K)]}{\sum[(W \pm V)\sin\alpha + M_C/R]}$$

$$M_C = Qh_Q$$

式中：W——土条重量；

M_C——水平地震惯性力对圆心的力矩；

Q、V——水平与垂直向地震力；

h_Q——水平地震力和滑弧圆心的垂直距离；

u——作用于土条底面的孔隙压力；

α——条块重力线与通过此条块底面中点的半径之间的夹角；

b——土条宽度；

c'、φ'——土条底面的有效应力抗剪强度指标；

R——圆弧半径。

2. 计算工况

参照《碾压式土石坝设计规范》(SL 274)，选定坝体渗流计算的工况如下：

(1) 上游坡

坝前 1/3 坝高水位(107.00 m)＋相应下游水位(下游排水沟底高程)；

正常蓄水位 111.50 m＋相应下游水位(下游排水沟底高程)；

正常蓄水位 111.50 m 骤降至死水位 101.04 m＋相应下游水位(下游排水沟底高程)；

最大可能洪水位 119.35 m 骤降至汛限水位 110.00 m＋相应下游水位(下游排水沟底高程)。

(2) 下游坡

设计洪水位 117.50 m＋相应下游水位(下游排水沟底高程)；

最大可能洪水位 119.35 m＋相应下游水位(下游排水沟底高程)；

10 000 年一遇洪水位 119.15 m＋相应下游水位(下游排水沟底高程)。

指标参数主要根据复建工程地勘资料及本次除险加固工程地质报告计算，计算参数见表 2.3.3-1。

表 2.3.3-1　板桥水库土坝坝体主要物理力学指标表

位置	坝料分区	湿容重	饱和容重	总强度指标		有效强度指标	
				黏聚力	内摩擦角	黏聚力	内摩擦角
		γ	γ_{sat}	c	φ	c'	φ'
		kN/m³	kN/m³	kPa	(°)	kPa	(°)
南副坝 K0+232.0	坝体填土	20.2	20.5	29.5	13.2	26.0	16.0
	下游坝基壤土	19.4	20.0	20.5	16.5	17.0	17.0
	基岩表层全强风化带			30.0	20.0		

位置	坝料分区	湿容重	饱和容重	总强度指标		有效强度指标	
		γ	γ_{sat}	黏聚力 c	内摩擦角 φ	黏聚力 c'	内摩擦角 φ'
		kN/m³	kN/m³	kPa	(°)	kPa	(°)
南副坝溢洪道标准断面	坝体壤土斜墙	20.3	20.6	30.2	13.2	25.5	15.9
	坝体砾质粗砂	18.9	21.0	0	32.0	0	32.0
	坝基壤土	19.4	20.0	20.5	16.5	17.0	17.0
	基岩表层全强风化带			30.0	20.0		
原主坝溢洪道标准断面	坝体心墙黏土	20.6	20.6	32.0	14.8	26.7	17.7
	坝体砾质粗砂	18.9	21.0	0	32.0	0	32.0
	坝基壤土	19.4	20.0	20.5	16.5	17.0	17.0
	基岩表层全强风化带			30.0	20.0		
北主坝 K0+780.0	复建坝体心墙黏土	20.2	20.5	32.0	13.6	26.5	16.5
	坝壳砾质粗砂	18.9	21.0	0	32.0	0	32.0
	1952、1956 年坝体填土	20.2	20.5	37.1	14.3	31.3	17.3
	坝基壤土与黏土上层	19.4	20.0	20.5	16.5	17.0	17.0
	坝基壤土与黏土下层	19.7	20.0	20.5	16.5	17.0	17.0
	坝基含泥质砾石层	20.0	21.5	0	38.0	0	38.0
南主坝 K1+740.0	复建坝体心墙黏土	20.2	20.5	32.0	13.5	28.0	15.0
	坝壳砾质粗砂	18.9	21.0	0	32.0	0	32.0
	1952、1956 年坝体填土	20.0	20.3	34.4	13.5	33.8	15.4
	坝基壤土	19.4	20.0	20.5	16.5	17.0	17.0
	基岩表层全强风化带			30.0	20.0		

抗滑稳定计算结果见表 2.3.3-2。

表 2.3.3-2　土坝抗滑稳定计算成果表

位置	运用条件	计算工况		抗滑安全系数	允许抗滑安全系数
南副坝 K0+232.0	非常运用Ⅰ	最大可能洪水位 119.35 m	下游坡	1.72	1.25
		10 000 年一遇洪水位 119.15 m	下游坡	1.73	1.25
	正常运用	设计洪水位 117.50 m	上游坡	2.70	1.35
南副坝溢洪道标准断面	正常运用	设计洪水位 117.50 m	下游坡	1.55	1.35

续表

位置	运用条件	计算工况		抗滑安全系数	允许抗滑安全系数
原主坝溢洪道标准断面	正常运用	设计洪水位 117.50 m	下游坡	1.56	1.35
	非常运用Ⅰ	最大可能洪水位 119.35 m	下游坡	1.53	1.25
		最大可能洪水位 119.35 m 骤降至无水	上游坡	1.56	
		10 000 年一遇洪水位 119.15 m	下游坡	1.51	
北主坝 K0+780.0	正常运用	107.00 m	上游坡	1.47	1.35
		正常蓄水位 111.50 m	上游坡	1.59	
		设计洪水位 117.50 m	下游坡	1.44	
	非常运用Ⅰ	最大可能洪水位 119.35 m	下游坡	1.43	1.25
		正常蓄水位 111.50 m 骤降至死水位	上游坡	1.38	
		最大可能洪水位 119.35 m 骤降至汛限水位 110.00 m	上游坡	1.48	
		10 000 年一遇洪水位 119.15 m	下游坡	1.42	
南主坝 K1+740.0	正常运用	107.00 m	上游坡	1.76	1.35
		正常蓄水位 111.50 m	上游坡	1.78	
		设计洪水位 117.50 m	下游坡	1.56	
	非常运用Ⅰ	最大可能洪水位 119.35 m	下游坡	1.56	1.25
		正常蓄水位 111.50 m 骤降至死水位	上游坡	1.94	
		最大可能洪水位 119.35 m 骤降至汛限水位 110.00 m	上游坡	1.27	
		10 000 年一遇洪水位 119.15 m	下游坡	1.56	

根据计算结果,土坝各部位边坡抗滑稳定安全系数均满足规范要求。

2.3.4 坝顶宽度复核

根据《碾压式土石坝设计规范》(SL 274),坝顶宽度应根据构造、施工、运行和抗震等因素确定,如无特殊要求,高坝的顶部宽度可选用 10～15 m,中、低坝可选用 5～10 m。现状主坝、副坝坝顶宽度 8.0 m,南副溢洪道土坝坝顶宽度 7.0 m,坝顶宽度满足规范要求。

2.3.5 土坝护坡稳定性复核

2.3.5.1 现状护坡

现状北主坝、北副坝、南主坝、南副坝、南副溢洪道土坝上游坡均采用干砌石护坡;秣马沟副坝断面型式不完整,无护坡。原设计要求浆砌块石护坡厚度 0.4 m,干砌块石厚度不小于 0.4 m;现场检查表明现状土坝干砌块石实际厚度为 0.3～0.35 m,小于原设计要求。

2.3.5.2 护坡厚度复核

土坝干砌块石护坡厚度按《碾压式土石坝设计规范》(SL 274)A.2.1 式计算。

砌石护坡在最大局部波浪应力作用下所需的换算球形直径和质量、平均粒径、平均质量和厚度可按下列公式确定:

$$D = 0.85D_{50} = 1.018K_t \frac{\rho_w}{\rho_k - \rho_w} \cdot \frac{\sqrt{m^2+1}}{m(m+2)} h_p$$

$$Q = 0.85Q_{50} = 0.525\rho_k D^3$$

当 $L_m/h_p \leqslant 15$ 时

$$t = \frac{1.67}{K_t} D$$

当 $L_m/h_p > 15$ 时

$$t = \frac{1.82}{K_t} D$$

式中: D——石块的换算球形直径(m);

Q——石块的质量(t);

D_{50}——石块的平均粒径(m);

Q_{50}——石块的平均质量(t);

t——石块的厚度(m);

K_t——随坡率变化的系数, $K_t = 1.3 \sim 1.4$。

ρ_k——块石密度;

ρ_w——水的密度,取 $\rho_w = 1$ t/m³;

L_m——平均波长(m);

h_p——累积频率为 5% 的波高(m)。

经计算,主坝干砌石厚度在设计运用工况下为 0.36 m,在校核运用工况下为 0.23 m;南副坝干砌石厚度在设计运用工况下为 0.24 m,在校核运用工况下为 0.15 m。

2.3.5.3 护坡复核结论

经计算,主坝上游护坡块石计算厚度受设计工况控制,计算厚度为 0.36 m,实际上游护坡块石厚度为 0.3~0.35 m,护坡块石厚度较小,不满足规范及设计要求。而水库实际运行过程中,南、北主坝和南裹头也曾因护坡厚度不足,出现护坡水毁和滑塌的情况。

南副坝上游护坡块石计算厚度受设计工况控制,计算厚度为 0.24 m,实际上游护坡块石厚度为 0.3~0.35 m,护坡块石厚度满足设计要求。

2.4 混凝土溢流坝安全复核

2.4.1 溢流坝坝顶高程复核

坝顶超高计算以《水利水电工程等级划分及洪水标准》(SL 252)和《混凝土重力坝设

计规范》(SL 319)及《水工建筑物荷载设计规范》(SL 744)为依据。

1. 坝顶超高的计算

$$\Delta h = h_{1\%} + h_z + h_c$$

式中：Δh——防浪墙顶至正常蓄水位或校核洪水位的高差(m)；

$h_{1\%}$——累积频率为1%的波浪高度，按照SL 744的有关规定计算(m)；

h_z——波浪中心线至正常蓄水位或校核洪水位的高差，按照SL 744的有关规定计算(m)；

h_c——安全加高，取决于坝的级别和计算情况的安全超高(m)，按SL 319表4.2.1采用，正常蓄水位时取0.5 m，校核洪水位时取0.4 m。

2. 波浪中心线至水位的高差h_z的计算

$$h_z = \frac{\pi h_{1\%}^2}{L_m} \text{cth} \frac{2\pi H}{L_m}$$

式中：L_m——平均波长(m)；

H——挡水建筑物迎水面前的水深(m)。

3. 波浪要素h_p、L_m的计算

根据《水工建筑物荷载设计规范》(SL 744)，因板桥水库处于内陆丘陵区，故波浪要素采用鹤地水库公式计算。

$$\frac{gh_{2\%}}{v_0^2} = 0.006\,25 v_0^{1/6} \left(\frac{gD}{V_0^2}\right)^{1/3}$$

$$\frac{gL_m}{v_0^2} = 0.038\,6 \left(\frac{gD}{V_0^2}\right)^{1/2}$$

式中：$h_{2\%}$——累积频率为2%的波浪高度(m)；

v_0——计算风速(m/s)；

D——风区长度(m)；

g——重力加速度。

根据《混凝土重力坝设计规范》(SL 319)G.2.2累积频率为$P(\%)$的波高与平均波高的比值，和已求得的波高$h_{2\%}$，可单变量试算求解平均波高h_m，再查表可求得波高$h_{1\%}$。

4. 坝顶高程复核结论

坝顶高程复核结果见表2.4.1-1。

表2.4.1-1　板桥水库混凝土溢流坝坝顶超高计算结果表

运用工况	水位/m	$h_{1\%}$/m	h_z/m	h_c/m	ΔH/m	计算坝顶高程/m
设计洪水位	117.50	1.959	0.659	0.50	3.118	120.68
最大可能洪水位	119.35	1.060	0.290	0.40	1.750	121.11

水库100年一遇设计水位117.50 m，可能最大洪水位119.35 m，经计算，对应坝顶高程分别为120.68 m和121.11 m。现状坝顶高程为120.00 m，坝顶上游防浪墙实际高

程为 120.00+1.50＝121.50 m。因此,坝顶高程高于水库校核洪水位,坝顶上游防浪墙顶高程高于计算坝顶高程,坝顶高程满足规范要求。

2.4.2 溢流坝强度复核

2.4.2.1 计算原理

依据《混凝土重力坝设计规范》(SL 319),对混凝土溢流坝段大坝结构强度进行分析评价,复核应力与稳定是否满足规范要求。结构强度计算采用材料力学法计算大坝应力和稳定。

$$\sigma_y^u = \frac{\sum W}{T} + \frac{6\sum M}{T^2}$$

$$\sigma_y^d = \frac{\sum W}{T} + \frac{6\sum M}{T^2}$$

式中：σ_y^u、σ_y^d——坝踵和坝址的正应力(kPa)；

$\sum W$——计算截面上全部垂直力之和,以向下为正(kN)；

$\sum M$——计算截面上全部垂直力及水平力对于计算截面形心的力矩之和,以使上游面产生压应力者为正(kN·m)；

T——坝体计算截面上游、下游方向的宽度(m)。

用材料力学法计算坝体应力时,沿坝轴线取单位宽度坝体作为固接于地基上的变截面悬臂梁,按平面问题计算。按规范要求,运用期坝基面应力应满足:在各种荷载组合下,坝踵垂直应力不应出现拉应力,坝趾垂直应力应小于坝基容许压应力。运用期坝体应力应满足:①坝体上游面在计入扬压力时的垂直应力不出现拉应力;②坝体最大主压应力不应大于混凝土的允许压应力值。

2.4.2.2 计算荷载及工况

根据《混凝土重力坝设计规范》(SL 319)中的相关规定和板桥水库混凝土溢流坝的实际情况,选取下列 2 种基本组合和 2 种特殊组合共 4 种工况复核大坝强度。

基本组合 1:正常蓄水位(111.50 m)＋下游水位(90.00)＋扬压力＋淤沙压力＋浪压力＋自重；

基本组合 2:设计洪水位(117.50 m)＋下游水位(93.90)＋扬压力＋淤沙压力＋浪压力＋自重；

特殊组合 1:1 000 年一遇洪水位(117.85 m)＋下游水位(97.40 m)＋扬压力＋淤沙压力＋浪压力＋自重；

特殊组合 2:最大可能洪水位(119.35 m)＋下游水位(97.70 m)＋扬压力＋淤沙压力＋浪压力＋自重。

本次大坝结构安全复核选择表 5 坝段和底孔坝段作为典型断面,进行强度复核计算。

2.4.2.3 计算参数

坝体混凝土容重取 25.0 kN/m³,泊松比为 0.167。本工程中设置有防渗帷幕和排水设施,其中防渗帷幕中心线距离坝踵 6.95 m。为观测溢流坝段的扬压力情况,在表 5 坝段 75.90 m 高程设有扬压力观测廊道,根据观测资料,实际运行中的大坝扬压力系数小于设计值 0.25。为大坝安全计,采用设计扬压力系数 0.25 复核大坝强度与稳定。

2.4.2.4 计算及成果分析

1. 表 5 坝段坝基截面

板桥水库表 5 坝段的计算简图如图 2.4.2-1,图中所示为基本组合 2 时的荷载工况,其余组合的荷载工况与此类似。在上述 4 种荷载工况下混凝土溢流坝段的主要荷载如表 2.4.2-1 所示。

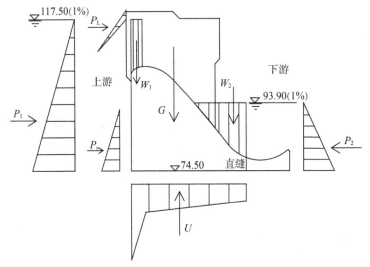

P_1—上游静水压力;P_2—下游静水压力;P_s—淤沙压力;P_L—浪压力;G—坝体自重;U—扬压力;
W_1—上游水体自重;W_2—下游水体自重;下同。

图 2.4.2-1　表 5 坝段坝基截面材料力学法计算简图

表 2.4.2-1　表 5 坝段坝基截面计算荷载表

荷载工况	G/kN	P_1/kN	W_1/kN	U/kN	P_L/kN	P_s/kN	P_2/kN	W_2/kN
基本组合 1	18 202.06	6 845.00	405.63	−7 356.46	118.90	136.69	−1 201.25	967.84
基本组合 2	18 202.06	9 279.43	729.34	−8 948.50	118.90	136.69	−1 881.80	1 535.20
特殊组合 1	18 202.06	9 825.74	812.05	−10 040.01	40.85	136.69	−2 622.05	2 161.27
特殊组合 2	18 202.06	10 107.01	857.08	−10 175.49	40.85	136.69	−2 691.20	2 220.97

2. 表 5 坝段 82.42 m 高程截面

板桥水库表 5 坝段 82.42 m 高程截面的计算简图如图 2.4.2-2,图中所示为基本组合 2 时的荷载工况,其余组合的荷载工况与此类似。在上述 4 种荷载工况下混凝土溢流坝段的主要荷载如表 2.4.2-2 所示。

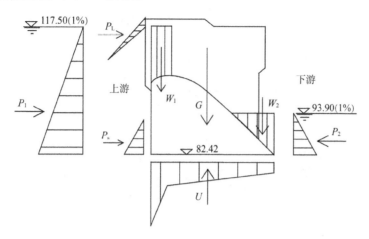

图 2.4.2-2　表 5 坝段 82.42 m 高程截面材料力学法计算简图

表 2.4.2-2　表 5 坝段 82.42 m 高程截面计算荷载表

荷载工况	G/kN	P_1/kN	W_1/kN	U/kN	P_L/kN	P_s/kN	P_2/kN	W_2/kN
基本组合 1	10 850.93	4 228.23	405.63	−3 809.92	118.90	23.35	−287.28	223.48
基本组合 2	10 850.93	6 181.13	729.34	−5 130.33	118.90	23.35	−658.95	515.30
特殊组合 1	10 850.93	6 628.44	812.05	−6 012.30	40.85	23.35	−1 122.00	894.05
特殊组合 2	10 850.93	6 859.81	857.08	−6 125.56	40.85	23.35	−1 167.39	932.38

3. 底孔坝段坝基截面

板桥水库底孔坝段的计算简图如图 2.4.2-3,图中所示为基本组合 2 时的荷载工况,其余组合的荷载工况与此类似。在上述 4 种荷载工况下混凝土溢流坝段的主要荷载如表 2.4.2-3 所示。

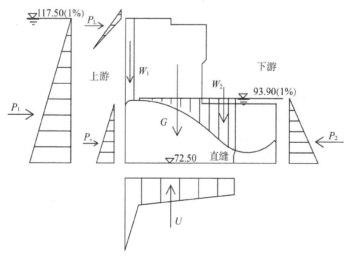

图 2.4.2-3　底孔坝段坝基截面材料力学法计算简图

表 2.4.2-3　底孔坝段坝基截面计算荷载表

荷载工况	G/kN	P_1/kN	W_1/kN	U/kN	P_L/kN	P_s/kN	P_2/kN	W_2/kN
基本组合 1	23 076.23	7 605.00	703.31	−8 083.26	119.73	180.19	−1 531.25	1 355.00
基本组合 2	23 076.23	10 161.03	703.31	−9 675.30	119.73	180.19	−2 289.80	2 391.00
特殊组合 1	23 076.23	10 732.34	703.31	−10 766.81	41.03	180.19	−3 100.05	3 471.00
特殊组合 2	23 076.23	11 026.21	703.31	−10 902.29	41.03	180.19	−3 175.20	3 565.00

4. 底孔坝段 79.00 m 高程截面

板桥水库底孔坝段高程 79.00 m 截面的计算简图如图 2.4.2-4,图中所示为基本组合 2 时的荷载工况,其余组合的荷载工况与此类似。在上述 4 种荷载工况下混凝土溢流坝段的主要荷载如表 2.4.2-4 所示。

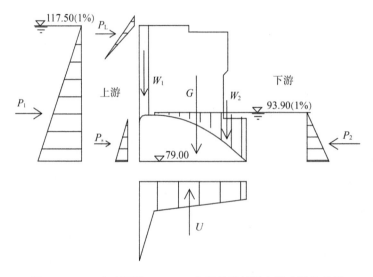

图 2.4.2-4　底孔坝段 79.00 m 高程截面材料力学法计算简图

表 2.4.2-4　底孔坝段 79.00 m 高程截面计算荷载表

荷载工况	G/kN	P_1/kN	W_1/kN	U/kN	P_L/kN	P_s/kN	P_2/kN	W_2/kN
基本组合 1	15 911.71	5 281.25	703.31	−4 830.11	119.73	60.75	−605.00	831.00
基本组合 2	15 911.71	7 442.08	703.31	−6 150.52	119.73	60.75	−1 110.05	1 700.00
特殊组合 1	15 911.71	7 932.14	703.31	−7 032.48	41.03	60.75	−1 692.80	2 632.00
特殊组合 2	15 911.71	8 185.06	703.31	−7 145.75	41.03	60.75	−1 748.45	2 713.00

5. 计算结果及分析

表 5 坝段 2 个计算截面大坝强度计算结果见表 2.4.2-5。

表 2.4.2-5　表 5 坝段强度计算成果表

坝段	荷载工况	计算截面	上游侧/kPa	下游侧/kPa
表 5 坝段	正常蓄水位	坝基	342.40	146.07
		高程 82.42 m	162.32	352.28
	设计洪水位	坝基	205.15	255.30
		高程 82.42 m	131.51	536.82
	校核洪水位	坝基	181.65	263.50
		高程 82.42 m	93.77	546.87
	最大校核水位	坝基	167.09	276.83
		高程 82.42 m	65.28	572.37

底孔坝段 2 个计算截面大坝强度计算结果见表 2.4.2-6。

表 2.4.2-6　底孔坝段强度计算成果表

坝段	荷载工况	计算截面	上游侧/kPa	下游侧/kPa
底孔坝段	正常蓄水位	坝基	514.04	167.60
		高程 79.00 m	243.91	402.51
	设计洪水位	坝基	347.95	311.46
		高程 79.00 m	182.16	598.30
	校核洪水位	坝基	325.78	333.17
		高程 79.00 m	136.60	556.09
	最大校核水位	坝基	307.44	349.86
		高程 79.00 m	74.21	591.54

板桥水库混凝土溢流坝坝体混凝土为 $R_{28}150$ 混凝土,其设计轴心抗压强度为 7.5 MPa,设计轴心抗拉强度为 0.9 MPa。坝基岩体为角闪斜长片麻岩,其允许抗压强度为 6~10 MPa。由应力计算结果可以看出,板桥水库混凝土溢流坝表 5 坝段及底孔坝段在基本组合和特殊组合荷载工况下,坝基面坝踵垂直应力没有出现拉应力,坝趾垂直应力小于坝基容许压应力;坝体上游面垂直应力没有出现拉应力,坝体最大主压应力小于混凝土的允许压应力值。故混凝土溢流坝强度满足规范要求。

2.4.3　溢流坝稳定复核

2.4.3.1　计算原理

依据规范,采用抗剪断公式对板桥水库混凝土溢流坝典型坝段剖面进行抗滑稳定分析,计算公式如下:

$$K' = \frac{f'\sum W + c'A}{\sum P}$$

式中:K'——按照抗剪断强度计算的抗滑稳定安全系数;

    f'——滑裂面上的抗剪断摩擦系数;

    c'——滑裂面上的抗剪断黏聚力(kPa);

    A——滑裂面面积(m^2);

    $\sum W$——抗滑力,为所有荷载沿坝基面法向分力之和(kN);

    $\sum P$——滑动力,为所有荷载沿坝基面切向分力之和(kN)。

对于 2 级建筑物,基本荷载组合时要求 $K' \geqslant 3.0$;特殊荷载组合 1 时要求 $K' \geqslant 2.5$。

2.4.3.2 计算工况及参数

根据《混凝土重力坝设计规范》(SL 319)中的相关规定和板桥水库混凝土溢流坝的实际情况,选取下列 2 种基本组合和 2 种特殊组合共 4 种工况复核大坝强度。

基本组合 1:正常蓄水位(111.50 m)+下游水位(90.00)+扬压力+淤沙压力+浪压力+自重;

基本组合 2:设计洪水位(117.50 m)+下游水位(93.90)+扬压力+淤沙压力+浪压力+自重;

特殊组合 1:1 000 年一遇洪水位(117.85 m)+下游水位(97.40 m)+扬压力+淤沙压力+浪压力+自重;

特殊组合 2:最大可能洪水位(119.35 m)+下游水位(97.70 m)+扬压力+淤沙压力+浪压力+自重。

由于建基面越低,K' 越小,因此选取表 5 坝段和底孔坝段的坝基面进行抗滑稳定复核计算。另外,建坝时的地质勘探表明,溢流坝基岩属于下元古界片麻岩,除表 2 至底孔坝段在建基面以下 2 m 深处局部有缓倾角的风化构造破碎夹层外,其他坝段建基面以下岩体一般新鲜、完整。根据《混凝土重力坝设计规范》(SL 319)之规定,本次大坝安全鉴定不进行坝基深层抗滑稳定复核。

坝基面抗剪断摩擦系数取 $f' = 0.80$,黏聚力取 $c' = 600$ kPa。

2.4.3.3 计算及成果分析

根据各计算工况,对大坝溢流坝的 2 个计算坝段沿坝基面进行坝体抗滑稳定计算,计算结果如表 2.4.3-1 和表 2.4.3-2 所示。

表 2.4.3-1 表 5 坝段坝基面抗滑稳定计算成果表

坝段	荷载工况	抗滑稳定安全系数 K'	允许最小安全系数 $[K']$
表 5 坝段	正常蓄水位	6.75	3.0
	设计洪水位	5.14	3.0
	校核洪水位	5.29	2.5
	最大校核洪水位	5.14	2.5

表 2.4.3-2　底孔坝段坝基面抗滑稳定计算成果表

坝段	荷载工况	抗滑稳定安全系数 K'	允许最小安全系数 $[K']$
底孔坝段	正常蓄水位	6.79	3.0
	设计洪水位	5.25	3.0
	校核洪水位	5.46	2.5
	最大校核洪水位	5.31	2.5

经计算,表 5 坝段和底孔坝段在设计和校核工况下,坝体沿坝基面抗滑稳定安全系数均大于允许最小安全系数 $[K']$,满足规范要求。

2.4.4　溢流坝泄流安全复核

根据《溢洪道设计规范》(SL 253),本次溢流坝泄流安全复核主要进行泄流能力复核、消力戽水力计算和空化空蚀评价。

2.4.4.1　泄流能力复核

(1) 表孔开敞式 WES 型实用堰的泄流能力按《溢洪道设计规范》(SL 253)A.2.1-1 式计算:

$$Q = cm\varepsilon\sigma_s B \sqrt{2g}H_0^{3/2}$$

$$\varepsilon = 1 - 0.2[\zeta_k + (n-1)\zeta_0]\frac{H_0}{nb}$$

式中:Q——流量(m³/s);

　　B——溢流堰总净宽(m);

　　b——单孔宽度(m);

　　n——闸孔数目;

　　H_0——计入行近流速水头的堰上总水头(m);

　　g——重力加速度;

　　m——二维水流 WES 实用堰流量系数,由规范表 A.2.1-1 查得;

　　c——上游堰坡影响系数,上游堰坡铅直时 $c=1.0$;上游堰坡倾斜时,由规范表 A2.1-2 查得;

　　ε——闸墩侧收缩系数;

　　ζ_0——中墩形状系数,由规范表 A.2.1-3 查得;

　　ζ_k——边墩形状系数,边墩形状见规范图 A.2.1-2;

　　σ_s——淹没系数。

(2) 底孔带胸墙孔口实用堰的泄流能力按《溢洪道设计规范》(SL 253)A.2.2-1 式计算:

$$Q = \mu A \sqrt{2gH_0}$$

$$A = BD$$

式中:Q——流量(m^3/s);

$\quad$ A——孔口面积(m^2);

$\quad$ B——孔口总净宽(m);

$\quad$ D——孔口高度(m);

$\quad$ H_0——计入行近流速水头的堰上总水头(m);

$\quad$ μ——孔口自由出流流量系数。

(3)计算成果分析

根据各计算工况,对溢流坝泄流能力进行计算,计算结果如表2.4.4-1所示。

表 2.4.4-1　溢流坝最大泄量计算成果表　　　　　　单位:m^3/s

荷载工况	表孔	底孔	合计
100 年一遇设计洪水位	11 666	671	12 337
最大可能洪水位	14 809	698	15 507

根据本次除险加固洪水复核,溢流坝在可能最大洪水工况下最大泄量为 14 194 m^3/s,根据计算结果,板桥水库溢流坝泄流能力满足设计要求。

2.4.4.2　消力戽水力计算

1. 计算原理

板桥水库为宣泄可能最大洪水 14 194 m^3/s,需 8 个表孔和 1 个底孔同时泄洪才能满足要求。板桥水库下游水位较深,采用戽流消能,主要通过消能过程中水流不断地相互作用掺混和摩擦,由"三滚一浪"大量消耗能量。与此同时,由于水面高速水流在未达到河底之前即扩散,减轻了对下游河床的冲刷,通过底部旋滚将河底泥沙等冲刷物回带至消力戽戽脚,从而形成稳定状态,使得坝脚不受淘刷。本次溢洪道泄流安全复核主要依据《水力计算手册》(第二版)进行消力戽水力计算。

消力戽的水力计算原则是应以其运行区间为稳定戽流(或允许部分处于淹没戽流区),确定发生临界戽流时的下游共轭水深 h_{2k},其值与戽底处的弗里德数 F_r、鼻坎反弧半径 R、坎顶与河床的高差等因素有关,如图 2.4.4-1 所示。

"戽跃"共轭水深 h_{2k} 的计算:

按临界戽流动量方程计算"戽跃"共轭水深 h_{2k}。产生临界戽流时,可用动量方程写出戽底断面与下游尾水断面水力要素之间的关系,得到下列临界戽流动量方程,求解"戽跃"的共轭水深。

动量方程为:

$$2F_{r1}^2\left[\left(1-\frac{1}{\eta}\right)-\beta(1-\cos\theta)\right]=(\eta^2-1)+\frac{R}{h_1}\sin^2\theta-\frac{2a_2}{h_1}\left(\alpha\eta-\frac{a_2}{2h_1}\right)$$

式中:F_{r1}——戽底处的弗劳德数;

$\quad$ β——戽内离心力修正系数,可近似取为 1.0;

$\quad$ θ——戽坎挑角;

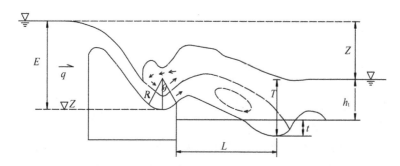

E—以戽底为基准面的上游断面总水头；q—溢流坝鼻坎上单宽流量；ΔZ—戽底高程；
R—戽底鼻坎反弧半径；θ—戽坎挑角；T—下游水位到冲坑底部的高差；
t—从河床高程算起的冲坑深度；Z—上下游水位差；h_t—下游水深；
L—戽末端与冲坑最深点的水平距离。

图 2.4.4-1　消力戽消能计算简图

a_2——自河床算起的戽坎高（m）；

η——共轭水深比（即 $\eta = h_{2k}/h_1$）；

R——戽底反弧半径（m）；

h_1、h_{2k}——戽底及尾水处的水深。

弗劳德数 F_{r1} 的计算：

$$F_{r1} = \frac{q}{\sqrt{g}h_1^{3/2}}$$

式中：q——单宽流量（m²/s）；

g——重力加速度。

戽底水深 h_1 的计算：

$$q = \varphi h_1 \sqrt{2g(E - h_1)}$$

式中：φ——流速系数；

E——以戽底为基准面的上游断面总水头（m）。

流速系数 φ 的计算：

$$\varphi = \sqrt{1 - 0.1\frac{E^{1/2}}{q^{1/3}}}$$

式中：q——单宽流量（m²/s）；

E——以戽底为基准面的上游断面总水头（m）。

产生稳定戽流及淹没戽流的界限水深的计算：

消能戽应以其运行区间为稳定戽流（或允许部分处于淹没戽流区）的原则作为复核的目的。由上述几式已求得临界戽流时的共轭水深 h_{2k}，但从临界戽流区到稳定戽流区有一个过渡区，因此产生稳定戽流的界限水深 h_{t1} 计算公式为：

$$h_{t1} = \sigma_1 h_{2k}$$

式中：σ_1——第一淹没系数，取值为 $1.05 \sim 1.1$。

从稳定戽流进入淹没戽流的界限水深 h_{t2} 计算公式为：

$$h_{t2} = \sigma_2 h_{2k}$$

式中：σ_2——第二淹没系数。

为了保证产生稳定戽流，应使下游水深 h_t 满足 $h_{t1} \leqslant h_t \leqslant h_{t2}$；若允许部分处于淹没戽流区运行时，则允许下游水深 $h_t > h_{t2}$，但以不出现潜底戽流为限。

2. 计算成果分析

根据板桥水库大坝的实际情况，选取不同频率的设计洪水，计算溢流坝泄流时的界限水深（见表 2.4.4-2），从而判断其流态，计算结果见表 2.4.4-3。

表 2.4.4-2　不同频率洪水下泄时的消力戽界限水深计算结果表

频率	流量	上游水位	下游水位	单宽流量	F_{r1}	h_1	h_{2k}	h_{t1}	h_{t2}
	$Q/(\mathrm{m^3/s})$	H_1/m	H_2/m	$q/[\mathrm{m^3/(s \cdot m)}]$					
1%	2 000	117.50	90.0	17.86	9.05	0.735	1.247	1.309	2.494
最大	14 194	119.35	97.0	126.73	3.61	5.010	6.414	6.735	12.828

表 2.4.4-3　不同频率洪水下泄时的流态计算结果表

频率	流量	下游水位	下游水深	h_{t1}	h_{t2}	计算结果
	$Q/(\mathrm{m^3/s})$	H_2/m	h_t/m	$/\mathrm{m}$	$/\mathrm{m}$	
1%	2 000	90.0	15.00	1.309	2.494	$h_t > h_{t2}$
最大	14 194	97.0	22.00	6.735	12.828	$h_t > h_{t2}$

经计算，两种不同频率下的下游水深均大于最大界限水深，属于部分处于淹没戽流区运行。因此，板桥水库溢流坝的消能满足要求。

3. 消能戽下游冲刷坑深度的计算

冲坑深度估算：

$$T = 0.832 q^{0.67} \left(\frac{Z}{d_{50}}\right)^{0.182}$$

式中：T——下游水位到冲坑底部的高差（m）；

d_{50}——相应于级配曲线 50% 的对应粒径（m）；

q——溢流坝鼻坎上单宽流量（$\mathrm{m^3/s}$）；

Z——上下游水位差（m）。

戽末端与冲坑最深点的水平距离：

$$L = 3.0 q^{0.67} \left(\frac{1}{d_{50}}\right)^{0.095}$$

式中：t——从河床高程算起的冲坑深度（m）；

d_{50}——相应于级配曲线 50% 的对应粒径（m）；

q——溢流坝鼻坎上单宽流量（m^3/s）。

计算结果见表 2.4.4-4。

表 2.4.4-4 消能戽下游冲刷坑深度的计算结果表

频率	流量 $Q/(m^3/s)$	下游水深 h_t/m	冲坑深度 T/m	水平距离 L/m
1%	2 000	15.00	至基岩	46.48
最大	14 194	22.00	至基岩	172.77

2.4.4.3 空化空蚀评价

由于洪水下泄时会发生高速水流冲刷，在溢洪道闸墩、门槽、溢流面、陡坡变坡处等部位和区域需进行空化空蚀评价。

1. 计算原理

溢洪道各部位的水流空化数 σ 应大于该处体型的初生空化数 σ_i。水流空化数的计算按下式进行：

$$\sigma = \frac{h_0 + h_a - h_v}{v_0^2/2g}$$

$$h_a = 10.33 - \frac{\triangledown}{900}$$

式中：σ——水流空化数；

h_0——来流参考断面时均压力水头（m）；

v_0——来流参考断面平均流速（m/s）；

h_a——建筑物所在地区的大气压力水柱（m）；

$\triangledown$——当地的海拔高度（m）；

h_v——水的气化压力水柱（m）。

各体型的初生空化数及空蚀发生与否的判别标准见《溢洪道设计规范》（SL 253）A.7.2 和 A.7.3。

2. 计算成果分析

根据《溢洪道设计规范》（SL 253），计算结果见表 2.4.4-5。

表 2.4.4-5 溢流坝典型部位空化空蚀评价表

部位	闸墩墩头		闸门门槽		堰面局部变坡	
水流空化数	σ	σ_i	σ	σ_i	σ	σ_i
	1.68	1.15	1.61	0.6~0.8	1.54	0.3~1.1

经计算，溢流坝各典型部位 $\sigma > \sigma_i$，即不发生空化水流，不会产生空蚀。综上，对溢流坝泄流进行了泄流能力评价、消力戽水力计算、空化空蚀评价。结果表明：各种不同频率

下的下游水深均在最大界限水深和最小界限水深范围内，属于典型戽流态；泄流能力满足设计要求；溢流坝各典型部位不发生空化水流及空蚀。

2.5 输水洞安全复核

2.5.1 输水洞过流复核

2.5.1.1 过流能力复核

输水洞洞身直径 3.2 m，出口为 3.0 m×1.5 m 的矩形，输水洞过流能力可采用水工隧洞的水力计算公式确定。隧洞的水力计算要首先依据水流条件判别其流态，然后根据《水力计算手册》(第二版)采用相应的计算公式计算。

1. 流态判别

根据无压流至半有压流的转换界限值 k_1 及半有压流至有压流的界限值 k_{2m} 判别流态。k_1 取值为 1.2。

$$\frac{H}{a} < 1.2\text{，为无压流}$$

$$\frac{H}{a} > k_{2m}\text{，为有压流}$$

$$1.2 < \frac{H}{a} < k_{2m}\text{，为半有压流}$$

式中：H——进口底高程以上的上游水深(m)；

a——洞高(m)。

半有压流至有压流界限值 k_{2m} 的计算公式为：

$$k_{2m} = 1 + \frac{1}{2}\left(1 + \sum\xi + \frac{2gl}{C^2R}\right)\frac{v^2}{ga} - i\frac{l}{a}$$

式中：$\sum\xi$——自进口上游渐变段至出口断面间的局部能量损失系数之和；

C——谢才系数；

l——洞长(m)；

R——洞身满流时的水力半径(m)；

i——底坡；

a——洞高(m)；

$v^2/(ga)$——出口断面弗劳德数的平方。

板桥水库输水洞洞高 a=3.2 m，进口底高程 92.99 m。各工况下输水洞流态判别计算见表 2.5.1-1。

表 2.5.1-1 流态判别计算表

工况	水位/m	k_1	k_{2m}	H/a	流态
死水位	101.04	1.2	1.91	2.52	有压流
兴利水位	111.50	1.2	3.61	5.78	有压流
100 年一遇设计水位	117.50	1.2	4.59	7.66	有压流
最大可能洪水位	119.35	1.2	4.91	8.27	有压流

经计算,输水洞在各工况下均为有压流。

2. 过流能力计算

输水洞过流能力计算采用如下公式:

$$Q = \mu\omega \sqrt{2g(T_0 - h_p)}$$

$$\mu = \frac{1}{\sqrt{1 + \sum \zeta_i \left(\frac{\omega}{\omega_i}\right)^2 + \sum \frac{2gl_i}{C_i^2 R_i}\left(\frac{\omega}{\omega_i}\right)^2}}$$

式中:Q——流量(m^3/s);

μ——流量系数;

ω——隧洞出口断面面积(m^2);

ζ_i——局部能量损失系数,与之相应的流速所在的断面为 ω_i;

l_i——隧洞某一段的长度(m),与之相应的断面面积、水力半径和谢才系数分别为 ω_i、R_i、C_i。

T_0——上游水面与隧洞出口底板高程差(m);

h_p——出口断面水流的平均单位势能(m);

a——出口断面洞高(m)。

经计算,在死水位 101.04 m 时,输水洞过流能力为 42.5 m^3/s;兴利水位(正常蓄水位)111.50 m 时,输水洞过流能力为 68.6 m^3/s;在 100 年一遇设计洪水位时,输水洞过流能力为 79.8 m^3/s;在可能最大洪水位 119.35 m 时,输水洞过流能力为 83.1 m^3/s。根据原设计报告,输水洞流量满足在死水位 101.04 m 时泄放 35 m^3/s 及兴利水位 111.50 m 时泄放 60 m^3/s 的要求。

2.5.1.2 压坡线计算

洞身压坡线计算中水头损失系数参考《水力计算手册》(第二版)进行计算,洞身混凝土糙率取 0.015。计算工况为库区死水位 101.04 m、正常蓄水位 111.50 m、100 年一遇设计洪水位 117.50 m 及最大可能洪水位 119.35 m 共 4 种工况。计算结果见表 2.5.1-2~表 2.5.1-5。

表 2.5.1-2　压坡线计算表(死水位 101.04 m)

序号	位置	面积/m²	流速水头/m	局部水头损失/m	沿程水头损失/m	总水头损失/m	断面总水头/m	压坡线高程/m	洞身高度/m
1	拦污栅	29.05	0.11	0.01		0.01	8.04	7.93	7.35
2	进口段	12.58	0.58	0.15	0.02	0.17	7.88	7.30	3.40
3	进口门槽	12.58	0.58	0.09		0.26	7.79	7.21	3.20
4	洞身	8.04	1.43		0.36	0.62	7.43	6.01	3.20
5	电站岔管段	8.04	1.43		0.07	0.69	7.36	5.94	3.20
6	岔管处	8.04	1.43	0.71		1.40	6.65	5.23	3.20
7	出口渐变段	8.04	1.43	0.14	0.11	1.65	6.40	4.97	2.35
8	出口	4.50	4.55	0.55		2.20	5.85	1.30	1.50

表 2.5.1-3　压坡线计算表(正常蓄水位 111.50 m)

序号	位置	面积/m²	流速水头/m	局部水头损失/m	沿程水头损失/m	总水头损失/m	断面总水头/m	压坡线高程/m	洞身高度/m
1	拦污栅	29.05	0.28	0.02		0.02	18.49	18.20	7.35
2	进口段	12.58	1.52	0.38	0.04	0.44	18.07	16.55	3.40
3	进口门槽	12.58	1.52	0.23		0.67	17.84	16.32	3.20
4	洞身	8.04	3.71		0.94	1.61	16.90	13.19	3.20
5	电站岔管段	8.04	3.71		0.18	1.78	16.73	13.01	3.20
6	岔管处	8.04	3.71	1.86		3.64	14.87	11.15	3.20
7	出口渐变段	8.04	3.71	0.37	0.30	4.31	14.20	10.49	2.35
8	出口	4.50	11.86	1.42		5.73	12.78	0.92	1.50

表 2.5.1-4　压坡线计算表(100 年一遇设计洪水位 117.05 m)

序号	位置	面积/m²	流速水头/m	局部水头损失/m	沿程水头损失/m	总水头损失/m	断面总水头/m	压坡线高程/m	洞身高度/m
1	拦污栅	29.05	0.38	0.03		0.03	24.48	24.09	7.35
2	进口段	12.58	2.05	0.51	0.06	0.60	23.91	21.86	3.40
3	进口门槽	12.58	2.05	0.31		0.91	23.60	21.55	3.20
4	洞身	8.04	5.03		1.27	2.17	22.34	17.31	3.20
5	电站岔管段	8.04	5.03		0.24	2.42	22.09	17.07	3.20
6	岔管处	8.04	5.03	2.51		4.93	19.58	14.56	3.20
7	出口渐变段	8.04	5.03	0.50	0.40	5.83	18.68	13.65	2.35
8	出口	4.50	16.04	1.93		7.76	16.75	0.71	1.50

表 2.5.1-5　压坡线计算表(最大可能洪水位 119.35 m)

序号	位置	面积/m²	流速水头/m	局部水头损失/m	沿程水头损失/m	总水头损失/m	断面总水头/m	压坡线高程/m	洞身高度/m
1	拦污栅	29.05	0.42	0.03		0.03	26.44	26.02	7.35
2	进口段	12.58	2.23	0.56	0.06	0.65	25.82	23.59	3.40
3	进口门槽	12.58	2.23	0.33		0.98	25.49	23.26	3.20
4	洞身	8.04	5.45		1.37	2.36	24.11	18.66	3.20
5	电站岔管段	8.04	5.45		0.26	2.62	23.85	18.40	3.20
6	岔管处	8.04	5.45	2.73		5.34	21.13	15.68	3.20
7	出口渐变段	8.04	5.45	0.55	0.44	6.33	20.14	14.69	2.35
8	出口	4.50	17.40	2.09		8.41	18.06	0.66	1.50

根据《水工隧洞设计规范》(SL 279)的要求,输水洞在各最运行条件下洞顶上应有不小于 2.0 m 的压力水头。经计算,输水洞在各工况下除出口断面处顶部压力略小于 2.0 m 以外,其余各处均满足规范要求。

2.5.2　进水塔安全复核

2.5.2.1　进水塔稳定复核

1. 基本原理

依据《溢洪道设计规范》(SL 253),采用抗剪断公式对板桥水库输水洞进水塔进行抗滑稳定分析。计算公式如下:

$$K' = \frac{f' \sum W + c'A}{\sum P}$$

式中:K'——按照抗剪断强度计算的抗滑稳定安全系数;

f'——闸体混凝土与基岩接触面的抗剪断摩擦系数;

c'——闸体混凝土与基岩接触面的抗剪断黏聚力(kPa);

A——闸体与基岩接触面的截面积(m²);

$\sum W$——作用于闸体上的全部荷载对计算滑动面的法向分量(kN);

$\sum P$——作用于闸体上的全部荷载对计算滑动面的切向分量(kN)。

基本荷载组合时要求 $K' \geqslant 3.0$;特殊荷载组合 1 时要求 $K' \geqslant 2.5$。

2. 计算荷载及工况

根据《溢洪道设计规范》(SL 253)中的相关规定和板桥水库输水洞进水塔的实际情况,选取下列 2 种基本组合和 2 种特殊组合共 4 种工况复核闸室稳定。

基本组合 1:正常蓄水位(111.50 m)+下游水位(111.50)+扬压力+土压力+淤沙压力+浪压力+自重;

基本组合 2:设计洪水位(117.50 m)+下游水位(117.50)+扬压力+土压力+淤沙

压力＋浪压力＋自重；

特殊组合 1:1 000 年一遇洪水位(117.85 m)＋下游水位(117.85 m)＋扬压力＋土压力＋淤沙压力＋浪压力＋自重；

特殊组合 2:最大可能洪水位(119.35 m)＋下游水位(119.35 m)＋扬压力＋土压力＋淤沙压力＋浪压力＋自重。

3. 计算成果分析

根据各计算工况,对输水洞进水塔沿与基岩接触面面进行抗滑稳定计算,计算结果见表 2.5.2-1。

表 2.5.2-1　输水洞进水塔抗滑稳定计算成果表

工况	抗滑稳定安全系数 K	允许最小安全系数[K]
正常蓄水位	4.74	3.0
设计洪水位	4.14	3.0
1 000 年一遇洪水位	4.26	2.5
最大校核洪水位	3.82	2.5

经计算,输水洞进水塔在设计和校核工况下,抗滑稳定安全系数均大于允许最小安全系数[K],满足规范要求。

2.5.2.2　进水塔强度计算

1. 基本原理

依据《溢洪道设计规范》(SL 253),采用材料力学法计算进水塔闸室基底应力,分析评价闸室的强度性态。计算公式为:

$$\sigma_{\min}^{\max} = \frac{\sum G}{B} \pm \frac{6\sum M}{B^2}$$

式中:$\sigma_{\min}^{\max}$——最大或最小垂直正应力(kPa);

$\sum G$——闸室基底面上全部垂直力之和,以向下为正(kN);

$\sum M$——闸室基底面上全部垂直力及水平力对于计算截面形心的力矩之和,以使上游面产生压应力者为正(kN·m);

B——闸室基底面顺水流方向的宽度(m)。

按规范要求,运用期闸室基底面上的应力应满足:①最大垂直正应力应小于基岩的容许压应力(计算时分别计入扬压力和不计入扬压力);②最小垂直正应力应大于零(计入扬压力)。

2. 计算荷载及工况

进水塔应力计算的计算荷载及工况同稳定计算。计算简图如图 2.5.2-1。

3. 计算成果分析

根据各计算工况,输水洞进水塔闸室基底应力计算结果见表 2.5.2-2。

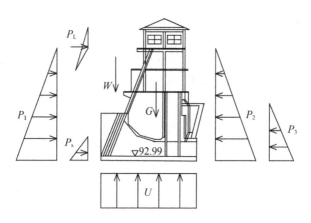

图 2.5.2-1　进水塔闸室基底应力材料力学法计算简图

表 2.5.2-2　输水洞进水塔闸室基底应力计算成果表

工况	最大垂直正应力 （不计扬压力）/kPa	最大垂直正应力 （计入扬压力）/kPa	最小垂直正应力 （计入扬压力）/kPa
正常蓄水位	385.81	304.25	196.64
设计洪水位	325.48	265.34	124.65
1 000 年一遇洪水位	310.52	251.91	112.58
最大校核洪水位	289.49	234.37	103.57

　　输水洞进水塔地基为弱风化混合花岗岩，地基承载力大于 500 kPa。由表可看出，输水洞进水塔在各工况下，闸室基底最大垂直正应力小于地基容许压应力。

2.5.3　出口闸室安全复核

2.5.3.1　出口闸室稳定复核

1. 基本原理

　　依据《溢洪道设计规范》（SL 253），采用抗剪断公式对板桥水库输水洞出口闸室进行抗滑稳定分析。计算公式如下：

$$K' = \frac{f' \sum W + c'A}{\sum P}$$

式中：K'——按照抗剪断强度计算的抗滑稳定安全系数；

　　　f'——闸体混凝土与基岩接触面的抗剪断摩擦系数；

　　　c'——闸体混凝土与基岩接触面的抗剪断黏聚力（kPa）；

　　　A——闸体与基岩接触面的截面积（m²）；

　　　$\sum W$——作用于闸体上的全部荷载对计算滑动面的法向分量（kN）；

　　　$\sum P$——作用于闸体上的全部荷载对计算滑动面的切向分量（kN）。

基本荷载组合时要求 $K' \geqslant 3.0$；特殊荷载组合 1 时要求 $K' \geqslant 2.5$。

2. 计算荷载及工况

根据《溢洪道设计规范》(SL 253)中的相关规定和板桥水库出口闸室的实际情况，选取下列 2 种基本组合工况复核闸室稳定。

基本组合 1：土压力＋自重；

基本组合 2：上游水位(101.00 m)＋下游水位(93.06 m)＋扬压力＋土压力＋自重。

3. 计算成果分析

根据各计算工况，对出口闸室沿与基岩接触面面进行抗滑稳定计算，计算结果见表 2.5.3-1。

表 2.5.3-1　出口闸室抗滑稳定计算成果表

工况	抗滑稳定安全系数 K	允许最小安全系数$[K]$
完建期	5.33	3.0
正常运用期	3.16	3.0

根据计算，出口闸室在 2 种基本组合工况下，抗滑稳定安全系数均大于允许最小安全系数$[K]$，满足规范要求。

2.5.3.2　出口闸室强度计算

1. 基本原理

依据《溢洪道设计规范》(SL 253)，采用材料力学法计算输水洞出口闸室基底应力，分析评价闸室的强度性态。计算公式为：

$$\sigma_{\min}^{\max} = \frac{\sum G}{B} \pm \frac{6 \sum M}{B^2}$$

式中：$\sigma_{\min}^{\max}$——最大或最小垂直正应力(kPa)；

$\sum G$——闸室基底面上全部垂直力之和，以向下为正(kN)；

$\sum M$——闸室基底面上全部垂直力及水平力对于计算截面形心的力矩之和，以使上游面产生压应力者为正(kN·m)；

B——闸室基底面顺水流方向的宽度(m)。

按规范要求，运用期闸室基底面上的应力应满足：①最大垂直正应力应小于基岩的容许压应力(计算时分别计入扬压力和不计入扬压力)；②最小垂直正应力应大于零(计入扬压力)。

2. 计算荷载及工况

出口闸室应力计算的计算荷载及工况同稳定计算。运用期计算简图如图 2.5.3-1。

3. 计算成果分析

根据各计算工况，输水洞出口闸室基底应力计算结果见表 2.5.3-2 所示。

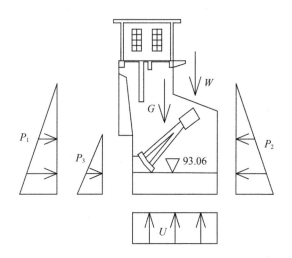

图 2.5.3-1 输水洞出口闸室基底应力材料力学法计算简图

表 2.5.3-2 输水洞出口闸室基底应力计算成果表

工况	最大垂直正应力 （不计扬压力）/kPa	最大垂直正应力 （计入扬压力）/kPa	最小垂直正应力 （计入扬压力）/kPa
完建期	97.15	97.15	97.15
正常运用期	125.57	76.58	52.38

输水洞出口闸室地基为弱风化混合花岗岩,地基承载力大于 500 kPa。由表可看出,输水洞出口闸室在两种设计工况下,闸室基底最大垂直正应力小于地基容许压应力。

3　工程加固方案

3.1　方案设计依据

3.1.1　工程等别与建筑物级别

板桥水库加固后总库容为 2.75 亿 m^3，依据《防洪标准》（GB 50201）及《水利水电工程等级划分及洪水标准》（SL 252），板桥水库工程等别为 Ⅱ 等，主坝、混凝土溢流坝、副坝及输水洞等主要建筑物级别为 2 级，次要建筑物级别 3 级，临时建筑物级别 4 级。

3.1.2　洪水标准

对照《水利水电工程等级划分及洪水标准》（SL 252），板桥水库枢纽属 Ⅱ 等工程，为大（2）型水库，主要建筑物级别为 2 级，挡水建筑物包括土石坝和混凝土坝。对照"山区、丘陵区水利水电工程永久性水工建筑物洪水标准"，2 级建筑物的设计洪水标准为 500～100 年一遇，土石坝的校核洪水标准为 2 000～5 000 年一遇，混凝土坝为 1 000～2 000 年一遇。考虑到板桥水库防洪保护区内存在县城、村镇、铁路、高速铁路、高速公路、国道等重要设施，还保护着大量的人口和耕地，一旦出险失事，损失巨大，影响十分严重，根据《水利水电工程等级划分及洪水标准》2.2.2 条之规定，将其主要建筑物的校核洪水标准提高一级，即土石坝的校核洪水标准为 5 000～10 000 年一遇或可能最大洪水，混凝土坝为 2 000～5 000 年一遇。1986 年国家计委以计农〔1986〕513 号文批准板桥水库复建，批复的设计洪水标准为 100 年一遇，可能最大洪水校核，综合考虑板桥水库的重要性、规范规定和复建批复意见，本次除险加固的洪水标准采用 100 年一遇洪水设计，可能最大洪水校核。

3.1.3　编制依据

3.1.3.1　依据的文件

（1）《关于板桥水库和青天河水库三类坝安全鉴定成果的核查意见》（坝函〔2013〕119

号)(水利部大坝安全管理中心)。

(2)《板桥水库大坝安全鉴定报告书》(河南省水利厅,2012 年 8 月)。

(3)《河南省驻马店市板桥水库大坝安全鉴定综合评价报告》(南京水利科学研究院,2012 年 7 月)。

(4)《河南省驻马店市板桥水库大坝工程质量评价报告》(南京水利科学研究院,2012 年 6 月)。

(5)《河南省驻马店市板桥水库大坝运行管理报告》(驻马店市板桥水库管理局,2012 年 5 月)。

(6)《河南省驻马店市板桥水库大坝现场安全检查报告》(板桥水库现场安全检查组,2012 年 5 月)。

(7)《河南省驻马店市板桥水库洪水复核和防洪安全评价报告》(南京水利科学研究院,2012 年 5 月)。

(8)《河南省驻马店市板桥水库土坝渗流、结构稳定分析报告》(南京水利科学研究院,2012 年 6 月)。

(9)《河南省驻马店市板桥水库混凝土溢流坝安全评价报告》(南京水利科学研究院,2012 年 6 月)。

(10)《河南省驻马店市板桥水库溢流坝及输水洞安全检测报告》(南京水利科学研究院,2012 年 5 月)。

(11)《河南省驻马店市板桥水库大坝原型观测资料分析报告》(南京水利科学研究院,2012 年 6 月)。

(12)《板桥水库复建工程扩大初步设计补充报告》第一章~第四章(原水利电力部天津勘测设计院,1985 年 9 月)。

(13)《板桥水库复建工程扩大初步设计补充报告》第五章~第十章(原水利电力部天津勘测设计院,1985 年 9 月)。

(14)《板桥水库复建工程技术设计说明书(上册):第一篇水工建筑物》(原水利电力部天津勘测设计院,1991 年 12 月)。

(15)《板桥水库复建工程竣工报告》(水利部淮河水利委员会板桥水库工程建设管理局,1992 年 12 月)。

(16)《板桥水库除险加固工程初步设计审查意见》(河南省水利厅,2015 年 8 月)。

(17)《板桥水库除险加固工程初步设计审查意见》(河南省水利厅,2017 年 5 月)。

3.1.3.2 主要规范、规程和标准

(1)《水利水电工程初步设计报告编制规程》(SL/T 619)。

(2)《防洪标准》(GB 50201)。

(3)《水利水电工程等级划分及洪水标准》(SL 252)。

(4)《碾压式土石坝设计规范》(SL 274)。

(5)《混凝土重力坝设计规范》(SL 319)。

(6)《碾压混凝土坝设计规范》(SL 314)。

(7)《溢洪道设计规范》(SL 253)。

(8)《水闸设计规范》(SL 265)。

(9)《水工隧洞设计规范》(SL 279)。

(10)《水利水电工程进水口设计规范》(SL 285)。

(11)《水电站厂房设计规范》(SL 266)。

(12)《堤防工程设计规范》(GB 50286)。

(13)《建筑地基基础设计规范》(GB 50007)。

(14)《水工混凝土结构设计规范》(SL 191)。

(15)《公路桥涵设计通用规范》(JTG D60)。

(16)《公路钢筋混凝土及预应力混凝土桥涵设计规范》(JTG 3362)。

(17)《水工建筑物抗震设计规范》(SL 203)。

(18)《水工建筑物荷载设计规范》(SL 744)。

(19)《水工建筑物水泥灌浆施工技术规范》(SL/T 62)。

(20)《土石坝安全监测技术规范》(SL 551)。

(21)《混凝土坝安全监测技术规范》(SL 601)。

(22)《水利水电工程施工组织设计规范》(SL 303)。

(23)《水库工程管理设计规范》(SL 106)。

(24)《水工混凝土建筑物缺陷检测和评估技术规程》(DL/T 5251)。

(25)《水工混凝土建筑物修补加固技术规程》(DL/T 5315)。

(26)其他专业有关现行规程、规范和规定。

3.1.4 方案设计基本资料

3.1.4.1 水库特征指标

根据调洪演算,水库特征水位及泄量见表 3.1.4-1。

表 3.1.4-1 水库特性指标表

项目		单位	加固前	加固后
流域面积		km²	768	768
水位	死水位	m	101.04	101.04
	汛限水位	m	110.00	110.00
	兴利水位	m	111.50	111.50
	设计洪水位($P=1\%$)	m	117.58	117.50
	校核洪水位($P=0.01\%$)	m	119.19	119.15
	可能最大洪水	m	119.49	119.35

项目		单位	加固前	加固后
流域面积		km²	768	768
泄量	设计洪水位($P=1\%$)	m³/s	2 000	2 000
	校核洪水位($P=0.01\%$)	m³/s	—	13 884
	可能最大洪水	m³/s	14 200	14 194
库容	死库容	亿 m³	0.21	0.21
	兴利库容	亿 m³	2.36	2.36
	总库容	亿 m³	2.75	2.75

3.1.4.2　地震基本烈度

据《中国地震动参数区划图》(GB 18306),板桥水库库区地震动峰值加速度为0.05g,地震基本烈度为Ⅵ度,抗震设防烈度取为Ⅵ度,可不进行抗震计算。

3.1.4.3　混凝土强度等级

水库各部位混凝土抗渗、抗冻等级和设计强度等级见表3.1.4-2。

表 3.1.4-2　混凝土强度、抗渗和抗冻等级表

序号	闸室部位	强度等级	抗渗等级	抗冻等级	备注
1	输水洞进水塔	C25	W6	F100	
2	输水洞出口闸室	C25	W6	F100	
3	挡土墙	C25	W6	F100	
4	启闭机排架	C30	—	F100	
5	检修桥桥板	C25	—	F100	
6	启闭机房	C25	—	F100	
7	垫层	C15	—	—	

3.2　加固基本原则

根据水库除险加固设计的一般要求和板桥水库的工程特点,本次除险加固按以下设计原则进行:

(1)维持现有洪水标准,100年一遇洪水设计,可能最大洪水校核。

(2)维持工程现状汛限水位110.00 m、兴利水位111.50 m、坝顶高程120.00 m及防浪墙顶高程121.50 m不变。

(3)现状溢流坝总净宽满足泄洪要求,本次除险加固维持溢流坝总宽150.0 m不变。

(4)依照"关于板桥水库和青天河水库三类坝安全鉴定成果的核查意见"及《板桥水库大坝安全鉴定报告书》,对水库存在的安全问题及安全隐患进行除险加固,并解决当前

可预见的潜在隐患。

（5）除险加固设计在充分满足工程安全、经济合理和技术先进的前提下，统筹考虑工程维护管理、施工组织、环境协调等各方面因素，力求做到安全、经济、实用、节能、环保。

（6）工程设计结合当地发展实际及水库功能要求，并充分考虑近期及远景规划对本工程的要求。

3.3 工程总体布置

由于本次工程为除险加固，加固后工程总体布置不变，坝轴线为原坝轴线，各主要建筑物的位置不变。现状工程总体布置详见本书 4.1 节。

3.4 土坝加固方案

3.4.1 土坝存在的主要问题及加固设计内容

3.4.1.1 土坝存在问题

综合现场检查、运行管理、观测资料分析、安全复核计算和安全评价报告，土坝（包括主坝、副坝、南岸原副溢洪道堵坝及秣马沟副坝）安全评价结论及存在的主要问题如下：

（1）上游砌石护坡表面凹凸不平，局部块石粒径及砌缝不满足设计要求，一遇较大风浪冲击，护坡即遭水毁。下游草皮护坡腐殖土流失，抗雨水冲刷能力差。下游坝脚纵横向排水沟均为浆砌块石，砌筑质量较差，砂浆脱落风化，部分损毁。

（2）南主坝防浪墙为浆砌石结构，防浪墙存在多处贯穿性裂缝，南主坝及副坝坝顶混凝土道路断裂破碎，坝顶浆砌石路缘石损毁严重。

（3）溢流坝与土坝连接处，南襄头渗流性态总体基本正常，桩号 K1＋517.0～K1＋538.0 附近基础存在局部渗流薄弱环节。北襄头渗流性态总体较差，尤其是北刺 4 墙坝段与土坝接触部位渗流性态不佳，存在渗流安全隐患，并有向不利方向发展迹象。

（4）土坝渗流监测设施失效较多。

（5）秣马沟副坝断面型式不完整，无护坡。

（6）土坝存在白蚁危害。

3.4.1.2 土坝加固内容

针对安全评价结论及存在的主要问题，结合本次安全复核及水库的实际情况，板桥水库土坝加固设计内容如下：

（1）板桥水库为驻马店市唯一水源，为保证供水正常，加固施工时水库水位不能低于108.00 m 高程，故本次除险加固根据现状护坡质量情况对土坝上游护坡进行处理：拆除主坝及北副坝上游 108.00 m 高程以上粒径较小的块石，以 C25 细石混凝土进行灌缝黏结处理,形成灌砌块石护坡。针对主坝上游复建工程导流明渠以北,即主坝 K0+000.0～K0+900.0 桩号间 114.50 m 高程以下为溃坝时遗留干砌石护坡,单体块石较大,块石堆放紧密,质量较好,故保留该部位干砌石,仅拆除 114.50 m 高程以上复建工程粒径较小的块石,以 C25 细石混凝土进行灌缝黏结处理,形成灌砌块石护坡。

(2) 保留南副坝及南岸原副溢洪道堵坝上游干砌石护坡。

(3) 保留主坝南、北裹头上游浆砌石护坡。

(4) 清除主坝及北副坝下游草皮护坡及腐殖土,新建 C20 混凝土预制块护坡。保留南副坝及南岸原副溢洪道堵坝下游草皮护坡。

(5) 修复下游贴坡排水,拆除下游浆砌石贴坡排水沟,新建浆砌石排水沟。

(6) 拆除南主坝及南岸原副溢洪道堵坝坝顶现有浆砌石防浪墙,新建 C20 混凝土防浪墙。北主坝现有混凝土防浪墙为 2011 年新建,上游护坡施工时需拆除部分防浪墙,而且路面需拆除重建,故防浪墙也需拆除重建。

(7) 拆除北副坝、北主坝、南主坝、南副坝及南岸原副溢洪道堵坝坝顶现有路面,新建沥青混凝土路面,并新增主坝坝顶照明。

(8) 新增安全监测设施。

(9) 对南、北裹头处进行高压旋喷防渗处理。

(10) 加培加高秣马沟副坝,新建上、下游草皮护坡,新建坝顶混凝土路面。

3.4.2 坝顶工程加固方案

3.4.2.1 坝顶路面加固方案

南主坝、南副坝及南岸原副溢洪道堵坝坝顶现状为混凝土路面,存在多处不均匀沉降造成的贯穿性裂缝,坝顶浆砌石路缘石损毁严重,因此对坝顶路面拆除重建。北主坝及北副坝现有混凝土路面基层仅 10 cm,经过施工后势必会造成严重损坏,因此对北主坝及北副坝坝顶路面也拆除重建。

重建的坝顶路面采用柔性沥青混凝土路面,由上而下结构层分别为:中粒式沥青混凝土厚 50 mm,改性沥青下封层(厚 10 mm),水泥稳定级配碎石(厚 150 mm),级配碎石底基层厚 150 mm。修复的坝顶路面采用柔性沥青混凝土路面,先铲除损毁的沥青混凝土面层,再铺设改性沥青下封层厚 10 mm 和中粒式沥青混凝土厚 50 mm。主坝、南岸原副溢洪道堵坝及秣马沟副坝路面中心高程为 120.00 m,南北副坝路面中心高程为 121.50 m。主坝及副坝路面宽 8.0 m,南岸原副溢洪道堵坝路面宽 7.0 m,路面设横坡 $i=2\%$,倾向下游。坝顶上游侧设防浪墙,防浪墙顶高程 121.50 m,下游侧设花岗岩路缘石,路缘单块尺寸为 0.6 m×0.3 m×0.5 m(长×宽×高),路面下游侧排水口位置与下游竖向排水沟对应一致。

3.4.2.2 防浪墙加固方案

现状南主坝、南岸原副溢洪道堵坝坝顶防浪墙为浆砌石结构,防浪墙存在多处贯穿性裂缝,故对坝顶防浪墙拆除重建。北主坝现有混凝土防浪墙为2011年新建,上游护坡施工时需拆除部分防浪墙,而且路面需拆除重建,故防浪墙也需拆除重建。

防浪墙设计拟定浆砌石防浪墙和钢筋混凝土防浪墙两个方案进行比选。

方案一:浆砌石防浪墙方案

防浪墙采用M10浆砌石结构,墙顶高程为121.50 m。防浪墙断面尺寸为:总高度2.3 m,上部墙体立墙高1.7 m,宽0.6 m,下部基础分2级,下部高0.3 m,宽1.8 m,上部高0.3 m,宽1.3 m。基础深入防渗体不小于0.2 m,防浪墙基础与心墙紧密连接。

方案二:钢筋混凝土防浪墙方案

防浪墙采用C20钢筋混凝土结构,墙顶高程为121.50 m。防浪墙断面尺寸为:总高度2.3 m,上部墙体立墙高1.8 m,宽0.4 m,下部基础高0.5 m,宽2.0 m。防浪墙基础下设C15混凝土垫层(厚10 cm),并坐在心墙上。防浪墙每15 m设一道沉降缝,缝宽2 cm,填缝材料为聚乙烯闭孔泡沫板,缝内设橡胶止水一道。

防浪墙可比工程量及经济技术比较见表3.4.2-1。

表3.4.2-1　防浪墙可比工程量及经济技术比较表(每延米)

	方案一:浆砌石防浪墙	方案二:C20钢筋混凝土防浪墙
工程量	浆砌石1.99 m³	混凝土1.7 m³,钢筋0.04 t
投资	554元/m	531元/m
优点	外形美观	施工速度快,工期短,不易损坏,耐久性好
缺点	石料来源困难,施工速度慢,耐久性不好	外表为混凝土,颜色质地不美观

通过以上两方案可比工程量及技术经济比较,本次加固工程采用方案二,即C20钢筋混凝土防浪墙方案。

3.4.3　上游护坡加固方案

3.4.3.1　上游护坡现状

现状主坝上游为复建工程新筑干砌石护坡,块石厚度0.3～0.35 m,小于复建工程设计要求的块石护坡厚度0.4 m,且砌石护坡表面凹凸不平。由于主坝干砌块石护坡厚度不够,一遇风浪冲击,护坡即遭水毁。1997年,对复建新砌干砌块石护坡105.00～110.00 m高程范围,利用100♯水泥砂浆进行了表面黏结。2001年,对110.00～115.30 m高程范围内部分复建新砌干砌块石护坡,利用200♯细石混凝土进行了灌缝黏结,均取得了良好效果。工程运行期间,大坝护坡多次出现水毁现象,虽及时进行了抢修,但并没有根本解决问题。

3.4.3.2　护坡方案比选

从上述存在的问题看,遭水毁的护坡部位主要位于主坝,副坝较少,而根据安全复核计算,副坝现状上游干砌石护坡块石厚度在各工况下稳定,也满足规范要求,本次水库除险加固对主坝及北副坝上游护坡进行加固,而保留南副坝及南岸原副溢洪道堵坝上游护坡。

板桥水库为驻马店市唯一水源,为保证供水正常,加固施工时水库水位不能低于 108.00 m 高程,对 108.00 m 高程以上的新建护坡,拟定干砌石、C20 现浇混凝土、C20 混凝土预制块及灌砌块石护坡四种方案进行比选。

方案一:干砌石护坡

干砌石护坡厚度按《碾压式土石坝设计规范》(SL 274)A.2.1 式计算。

砌石护坡在最大局部波浪应力作用下所需的换算球形直径和质量、平均粒径、平均质量和厚度可按下列公式确定:

$$D = 0.85D_{50} = 1.018K_t \frac{\rho_w}{\rho_k - \rho_w} \cdot \frac{\sqrt{m^2+1}}{m(m+2)} h_p$$
$$Q = 0.85Q_{50} = 0.525\rho_k D^3$$

当 $L_m/h_p \leqslant 15$ 时

$$t = \frac{1.67}{K_t}D$$

当 $L_m/h_p > 15$ 时

$$t = \frac{1.82}{K_t}D$$

式中:D——石块的换算球形直径(m);

Q——石块的质量(t);

D_{50}——石块的平均粒径(m);

Q_{50}——石块的平均质量(t);

t——石块的厚度(m);

K_t——随坡率变化的系数,$K_t = 1.3 \sim 1.4$;

ρ_k——块石密度,取 2.6 t/m³;

ρ_w——水的密度;

L_m——平均波长(m);

h_p——累积频率为 5% 的波高(m)。

经计算,干砌石厚度在设计运用工况下为 0.36 m,在校核运用工况下为 0.23 m,设计采用厚度为 0.4 m。

方案二:C20 现浇混凝土护坡

C20 现浇混凝土护坡平面分块尺寸采用 6.0 m×4.0 m,护坡厚度按《碾压式土石坝设计规范》(SL 274)A.2.3 式计算:

$$t = 0.07\eta h_p \sqrt[3]{\frac{L_m}{b}} \frac{\rho_w}{\rho_c - \rho_w} \frac{\sqrt{m^2+1}}{m}$$

式中:η——系数,取 $\eta = 1.1$;

h_p——累积频率为 1% 的波高（m）；

ρ_c——板的密度，取 $\rho_c = 2.4$ t/m³；

ρ_w——水的密度；

b——沿坝坡向板长（m）；

L_m——平均波长（m）；

m——坝坡坡度系数。

经计算，现浇混凝土厚度在设计运用工况下为 0.17 m，在校核运用工况下为 0.11 m，设计采用厚度为 0.2 m。

方案三：灌砌块石护坡

灌砌块石护坡厚度计算参考《碾压式土石坝设计规范》(SL 274)A.2.3 式：

$$t = 0.07 \eta h_p \sqrt[3]{\frac{L_m}{b}} \frac{\rho_w}{\rho_c - \rho_w} \frac{\sqrt{m^2 + 1}}{m}$$

式中：ρ_c——块石的密度，取 $\rho_c = 2.3$ t/m³；其余符号意义同前。

经计算，灌砌块石厚度在设计运用工况下为 0.27 m，在校核运用工况下为 0.18 m，灌砌块石护坡厚度 0.3 m 满足要求。

方案四：C20 混凝土预制块护坡

混凝土预制块护坡厚度计算采用《混凝土砌块护堤技术研究报告》(水利部淮河水利委员会，2004 年 10 月)中推荐的计算公式：

$$\frac{\Delta D}{H_s} = R \bar{\xi}^{0.5}$$

式中：D——混凝土砌块厚度（m）；

H_s——有效波高（m）；

R——系数，对实体块取值为 0.26；

Δ——相对密度，$\Delta = (\rho_c - \rho_w)/\rho_w$，$\rho_c$ 为混凝土护面板密度，ρ_w 为水的密度；

ζ——破波参数。

经计算，C20 混凝土预制块厚度在设计运用工况下为 0.24 m，在校核运用工况下为 0.15 m，设计采用厚度为 0.25 m。

上游护坡经济技术比选表见表 3.4.3-1。

表 3.4.3-1　土坝上游护坡经济技术比选表

	方案一：干砌条石护坡	方案二：现浇混凝土护坡	方案三：灌砌块石护坡	方案四：混凝土砌块护坡
单位投资/(元/m²)	320	135	50	146
优点	外形美观，表面粗糙，消能效果好，抗冻能力强，适应变形能力强，坚固、耐久	施工简单且速度快，修复容易	利用现有块石，造价低，表面粗糙，消能能力好	工程美观，预制块形状标准，施工质量容易控制，可根据要求预制成各种形状

	方案一： 干砌条石护坡	方案二： 现浇混凝土护坡	方案三： 灌砌块石护坡	方案四： 混凝土砌块护坡
缺点	受石料来源影响导致造价较高	适应变形能力差,抗冻融性差	浇筑混凝土表观效果不好	人工施工较困难

干砌条石护坡外形美观,坚固、耐久,抗冲刷及适应变形能力强,施工简单。现浇混凝土护坡施工也较为简单,施工速度快,但适应变形能力差。灌砌块石护坡可充分利用现有块石,其表面粗糙,消浪能力好,且工程运行期间管理单位采用灌砌的方法处理了部分损毁护坡,效果良好。混凝土预制块护坡外形美观,尺寸标准,可根据需要预制成不同形状,预制块间缝隙小,但人工施工较困难。经综合分析比较,设计推荐采用灌砌块石护坡。

3.4.3.3 上游护坡加固方案

本次除险加固根据现状护坡质量情况对土坝上游护坡进行处理:拆除主坝及北副坝上游 108.00 m 高程以上粒径较小的块石,以 C25 细石混凝土进行灌缝黏结处理,形成灌砌块石护坡。针对主坝上游复建工程导流明渠以北,即主坝 K0+000.0~K0+900.0 桩号间 114.50 m 高程以下为溃坝时遗留干砌石护坡,单体块石较大,块石堆放紧密,质量较好,故保留该部位干砌石,仅拆除 114.50 m 高程以上复建工程粒径较小的块石,以 C25 细石混凝土进行灌缝黏结处理,形成灌砌块石护坡。

拆除北副坝上游粒径较小的块石,以 C25 细石混凝土进行灌缝黏结处理,形成灌砌块石护坡。

根据本次安全复核,副坝现状干砌石护坡厚度满足规范要求,故保留南副坝及南岸原副溢洪道堵坝上游干砌石护坡。

保留主坝南、北襄头浆砌石护坡。

3.4.4 下游护坡及坝体排水加固方案

3.4.4.1 下游护坡及排水现状

现状下游草皮护坡腐殖土流失,抗雨水冲刷能力差;下游坝脚纵横向排水沟均为浆砌块石,砌筑质量差,砂浆脱落风化,损毁严重。

现状南、北主坝下游设碎石贴坡排水,碎石粒径为 80~150 mm,下设双层反滤,双层反滤均厚 250 mm,上层粒径为 20~80 mm,下层粒径为 5~20 mm。反滤与坝基壤土接触处设砾质粗砂垫层,厚 250 mm。经现场检查,贴坡排水表层碎石局部受到破坏,块石松动、翻起等。

3.4.4.2 下游护坡加固方案

为方便管理,清除主坝及北副坝下游草皮护坡(局部干砌石护坡)及腐殖土,新建 C20

混凝土预制块护坡,厚度 100 mm,下设 100 mm 厚碎石垫层。为增加护坡的稳定性,在 110.00 m 高程马道及坡脚(贴坡排水顶内侧)设混凝土齿墙 3 道,齿墙断面尺寸均为 0.4 m×0.6 m(宽×高),竖向每隔 20 m 设混凝土格梗一道,格梗断面尺寸为 0.3 m×0.4 m(宽×高)。

修整南副坝及南岸原副溢洪道堵坝下游草皮护坡。

板桥水库存在白蚁危害,影响土坝安全。本次加固设计,根据"以防为主"的原则,确定北副坝及南副坝下游坡及周边 50 m 范围为白蚁防治的重点,采取下列综合防蚁措施:

(1)检查并清除坝体内原有白蚁巢。结合大坝迎水坡取石块,背水坡和坝顶取土工程,对坝体进行全面白蚁检查,若发现有白蚁活动,追挖主巢,并带毒回填。

(2)在背水坡和坝顶做一层防蚁毒土层。具体方法为在背水坡整修后,种植新草皮前,在表层土壤上喷洒适量 10% 的吡虫啉悬浮剂,每平方米用药量为 60 g;在坝顶做路面前,在土壤上用同样浓度和药量进行喷洒。为了使药液均匀浸入土壤,可分两次间隔喷洒。防治药物选用吡虫啉悬浮剂,该药是全国白蚁防治专业委员会推荐使用药物,长效、低毒,对环境无污染,尤其对水生生物低毒,对水库下游鱼塘无危害。还由于吡虫啉悬浮剂有强烈的吸附作用,能与土壤中有机物紧密结合,且不易在微生物作用下降解,对白蚁毒杀效果持续时间长。此方法能保证在整个坝面上形成均匀有效防蚁毒土层,阻止环境中白蚁在纷飞季节飞落到坝面上另立新巢。

(3)在背水坡坝脚做防蚁毒土沟。主要为背水坡两端各挖一条深 1.5 m、宽 1 m 的防蚁毒土沟,在坝脚挖一条深 1 m、宽 1 m 的防蚁毒土沟,阻止大坝两端白蚁通过取食进入坝体。

(4)环境灭蚁。对于距离坝脚 50 m 范围内进行白蚁灭治,主要采取喷粉、投放诱饵包、设置诱杀管等方法进行诱杀白蚁。防治周期为 3 年。

3.4.4.3 下游坝体排水加固方案

《碾压式土石坝设计规范》(SL 274)规定:贴坡排水顶部高程应高于坝体浸润线出逸点,超过的高度应使坝体浸润线在该地区的冻结深度以下,1 级、2 级坝不小于 2.0 m。

坝体浸润线出逸点顶高程根据本书第四章安全复核中渗流计算确定,贴坡排水顶高程计算见表 3.4.4-1。

表 3.4.4-1 贴坡排水顶高程计算成果表

内容	断面		
	主坝 K0+780.0	主坝 K1+740.0	原主坝溢洪道标准断面
浸润线最高出逸点高程/m	98.27	102.00	109.93
安全超高/m	2.0	2.0	2.0
地面高程/m	97.30	102.00	109.60
贴坡排水顶高程不小于/m	100.27	104.00	111.93
现状贴坡排水顶高程/m	102.00	106.00	112.50

由计算结果可知,现状排水顶高程满足规范要求,故本次加固仅对现状下游贴坡排水损毁处进行修复。修复包括拆除重建贴坡排水表层碎石、其下双层反滤及排水沟。重建的贴坡排水表层选用粒径为 80～150 mm 的碎石或块石,厚度同原设计,为 0.3～1.1 m,下游坝体或坝基土与碎石贴坡排水之间设两层各 0.25 m 厚的反滤保护层,下层粒径为 5～20 mm,上层粒径为 20～80 mm。拆除全部浆砌石排水沟,重建浆砌石排水沟,厚 0.2 m,底宽 1.0 m。

3.4.4.4　下游坡面排水加固方案

现状板桥水库坝身排水沟为浆砌块石结构,现状浆砌石砂浆脱落,排水沟内堵塞,排水不畅,因此对坝面排水沟进行拆除重建。设计沿坝坡每 50.0 m 设置一条竖向排水沟。

下游坝坡竖向排水沟拟定三个方案进行比较。

方案一:预制钢筋混凝土矩形排水沟

采用 C20 预制钢筋混凝土矩形排水沟,每块预制块长 1.0 m,槽深 0.3 m,宽 0.4 m,厚 0.15 m。

方案二:钢筋混凝土管

在路面下游侧设浆砌石矩形集水井,长 1.0 m,宽 0.8 m,深 1.0 m,集水井盖采用 C25 钢筋混凝土,在坡面铺设 C25 钢筋混凝土预制管,管内径 0.4 m,壁厚 0.1 m。

方案三:浆砌石矩形排水沟

采用浆砌石矩形排水沟,槽深 0.3 m,宽 0.4 m,砌石厚 0.3 m。每隔 15 m 设一道沉降缝。

竖向排水沟主要可比工程量及投资比较见表 3.4.4-2。

表 3.4.4-2　竖向排水沟主要可比工程量及投资表(每延米)

方案	土方开挖/m³	土方填筑/m³	混凝土及钢筋混凝土/m³	浆砌石/m³	砂垫层/m³	钢筋/kg	可比投资/(元/延米)
方案一	0.6	0.3	0.195	—	—	3.3	141.1
方案二	1.4	0.96	0.31	—	0.12	8.7	193.3
方案三	1.02	0.4	—	0.48	—	—	237.2

以上三个方案中,方案二(钢筋混凝土管)施工方法简单,施工期短,但在坝顶建集水井,不利于坝体稳定,且投资较多。方案三(浆砌石矩形排水沟)施工周期长,投资高,易破坏。方案一(预制钢筋混凝土矩形排水沟)施工方法简单,施工期较短,可在施工现场周围预制,且投资小,故下游坡面排水选用方案一即预制钢筋混凝土矩形排水沟方案。

下游坡面排水设计:土坝下游坡面每隔 50 m 设一条纵向排水沟,沿马道和贴坡排水顶内侧各设一条水平向排水沟,排水沟采用矩形 C20 预制钢筋混凝土结构,每预制块长 1.0 m,槽深 0.3 m,宽 0.4 m,壁厚 0.15 m。

3.4.5　秫马沟副坝加固方案

秫马沟副坝长 131.12 m,现状秫马沟副坝断面型式不完整,坝顶高程不足,不满足防洪要求,无护坡。

本次加固设计采用对现状土坝进行加培加高,坝型采用均质土坝,坝顶高程 120.00 m,坝顶宽 6.0 m,上、下游坡度均采用 1∶3。上、下游采用草皮护坡。坝顶采用混凝土路面,坝顶下游侧设 C20 混凝土路缘石。

秣马沟副坝地势较高,地面高程 118.50 m 左右,坝高 1.7 m,在可能最大洪水时挡水高度仅 0.5 m,根据工程经验,上、下游边坡采用 1∶3,边坡抗滑稳定,可满足规范要求。

3.5　混凝土溢流坝加固方案

3.5.1　溢流坝存在的主要问题及加固内容

3.5.1.1　溢流坝存在的主要问题

综合现场检查、运行管理、观测资料分析、安全复核计算和南京水利科学研究院的安全评价报告,混凝土溢流坝安全评价结论及存在的主要问题如下:

(1)溢流坝混凝土内部存在裂缝、蜂窝、空洞等局部缺陷,廊道内渗水严重,大部分排水孔有钙质析出物,渗漏量与温度变化密切相关,冬季低温坝体坝基渗漏量较大,说明并缝廊道以上坝体至上游排水孔间存在渗流通道。自 2008 年以来,渗漏量有明显增加并超设计值。坝体混凝土防渗性能较严重下降,其裂缝已较严重,大大增加了坝体渗漏,影响大坝结构安全。

(2)南、北刺墙与表孔边墙分缝渗水。尤其是溢流坝表 8 边墩与南刺 1 接缝下游面 102.08 m 高程处有渗流出现,出逸点较高,低温时流量较大。

(3)安全监测设施失效较多,大部分观测管不能有效反映坝基扬压力变化。

(4)闸墩、溢流面多条裂缝,缝上有白色析出物。

(5)启闭机房之间不连通,启闭机连杆均置于启闭房外,管理不便,现状启闭机房破旧不堪,裂缝严重。

(6)溢洪道出口狭窄阻水,河床游淤积严重,行洪不畅。

3.5.1.2　溢流坝加固内容

针对安全评价结论及存在的主要问题,结合本次安全复核及水库的实际情况,板桥水库土坝加固设计项目如下:

(1)水下浇筑防渗面板防渗漏处理。

(2)廊道裂缝高聚物注浆防渗漏处理。

(3)南北裹头渗漏处理:对南北刺墙与裹头进行高压旋喷灌浆防渗处理。

(4)表面裂缝及防碳化处理:在溢流坝表面、闸墩及下游导水墙表面涂刷环氧砂浆。

(5)拆除重建启闭机房。

(6)新增安全监测设施。

3.5.2 坝体渗漏处理

3.5.2.1 存在问题

板桥水库复建工程于 1991 年 9 月 30 日下闸蓄水,1992 年 10 月,水库管理局开始对混凝土坝渗漏量进行观测。1993 年 11 月 23 日,测得渗漏量超设计允许值 32 倍。为此,1994 年 1 月 14 日—3 月 4 日,对混凝土坝进行了堵漏补强灌浆处理。1995 年 1 月 3 日,渗漏量再次超过设计值,1995 年 1 月 9—27 日,又进行了补充灌浆,灌浆处理后渗漏量大幅减小。但近几年来,渗流量有增大的趋势,2008 年 1 月 29 日实测坝体坝基渗流量 2.713 m³/h,远超设计值(1.007 m³/h),漏水部位主要集中在表 2、表 6 坝段 93.00 m 高程以上。

现状溢流坝廊道内渗水严重,大部分排水孔有钙质析出物,渗漏量与温度变化密切相关,冬季低温坝体坝基渗漏量尤大,说明并缝廊道以上坝体至上游排水孔间存在渗流通道。自 2008 年以来,渗漏量有明显增加并超设计值,尤其是表 2 和表 6 坝段 93.00 m 高程渗漏较显著。根据大坝渗流观测资料,坝体混凝土的综合等效渗透系数较大,不满足规范要求,说明坝体混凝土防渗性能严重下降,其裂缝已较严重,大大增加了坝体渗漏,影响大坝结构安全。根据有关资料及渗漏情况实地调查,渗漏的主要因素是横缝止水周边混凝土振捣不密实,施工缝处理欠佳,以及坝体混凝土内部存在裂缝、蜂窝、空洞等局部缺陷等。缺陷渗漏部位大体在横缝、施工水平缝及廊道预制拱顶附近。

2016 年 2 月,我公司(中水淮河规划设计研究有限公司)委托郑州大学水利与环境学院道路检测工程中心对两层廊道内坝体裂缝进行了检测。裂缝深度检测根据《超声法检测混凝土缺陷技术规程》(CECS 21:2000)执行,采用 NM-4A 非金属超声检测分析仪进行裂缝深度检测分析,采用钢卷尺测量裂缝长度,采用读数显微镜测量裂缝宽度。现场详细调查与廊道混凝土检测分析计算表明,并缝廊道存在 24 处渗漏点和 6 处非渗漏裂缝,灌浆与排水廊道存在 18 处渗漏点和 7 处非渗漏裂缝,总计 55 处,具体如下:

1. 并缝廊道裂缝检测结果

① 裂缝在迎水面墙体上,距离表 4 始端南 13 m,裂缝长度 70 cm,缝宽 2 mm,缝深 0.12 m;

② 裂缝在迎水面墙体上,距离表 4 始端南 3 m,裂缝长度 1 m,缝宽 0.5 mm,缝深 0.06 m;

③ 裂缝在迎水面墙体上,距离表 2 始端南 20 m,裂缝长度 55 cm,缝宽 0.2 mm,缝深 0.057 m;

④ 裂缝在迎水面墙体上,距离表 1 始端北 10 m,裂缝长度 70 cm,缝宽 0.2 mm,缝深 0.051 m;

⑤ 裂缝在迎水面拱圈上,距离表 1 始端南 9 m,裂缝长度 50 cm,缝宽 0.2 mm,缝深 0.069 m;

⑥ 裂缝在背水面墙体上,表 1 和北 1 交汇处,裂缝长度 1.5 m,缝宽 2 mm,缝

深0.047 m;

⑦ 裂缝在迎水面墙体上,距离表 1 始端北 15 m,裂缝长度 1.7 m,缝宽 1 mm,缝深0.291 m;

⑧ 裂缝在背水面墙体上,距离北 1 始端北 15 m,裂缝长度 1.7 m,缝宽 1.2 mm,缝深0.192 m;

⑨ 裂缝在迎水面墙体上,距离表 6 始端南 5 m,裂缝长度 21 cm,缝宽 0.2 mm,缝深0.102 m;

⑩ 裂缝在迎水面墙体上,距离表 8 与南 1 结合处,裂缝长度 1.5 cm,缝宽 1.3 mm,缝深 0.111 m;

2. 灌浆与排水廊道裂缝检测结果

① 裂缝在迎水面墙体上,距离北 1 始端北 5 m,裂缝长度 40 cm,缝宽 1.5 mm,缝深0.108 m;

② 裂缝在迎水面墙体上,距离表 2 末端南 5 m,裂缝长度 13 cm,缝宽 1 mm,缝深0.142 m;

③ 裂缝在背水面墙体上,距离表 6 始端南 8 m,裂缝长度 5 cm,缝宽 0.3 mm,缝深0.133 m;

④ 裂缝在背水面墙体上,表 3 与表 4 结合处,裂缝长度 80 cm,缝宽 1.3 mm,缝深0.128 m;

⑤ 裂缝在背水面墙体上,距离北 2 始端北 20 m,裂缝长度 60 cm,缝宽 0.5 mm,缝深0.110 m;

⑥ 裂缝在背水面墙体上,表 1 与表 2 结合处,裂缝长度 85 cm,缝宽 1.5 mm,缝深0.073 m;

⑦ 裂缝在迎水面拱片上,距离北 1 始端北 6 m,裂缝长度 10 cm,缝宽 0.5 mm,缝深0.121 m;

⑧ 裂缝在迎水面墙体上,表 6 与表 7 结合处,裂缝长度 40 cm,缝宽 0.5 mm,缝深0.076 m;

⑨ 裂缝在迎水面墙体上,北 2 与北 3 结合处,裂缝长度 65 cm,缝宽 2 mm,为贯通缝。

3.5.2.2 加固方案

由于板桥水库是驻马店市唯一供水水源,为保证城市供水要求,施工期水库水位不能低于 108.0 m,因此针对坝体渗漏问题及满足城市供水的实际情况,本次加固拟定以下三个方案进行比选:

方案一:水下浇筑钢筋混凝土防渗面板结合廊道裂缝高聚物注浆防渗漏处理

板桥水库混凝土坝的渗漏原因主要为存在坝体裂缝和施工缝处理不佳而形成的渗漏通道,在坝体上游侧浇筑一层混凝土防渗面板可有效解决渗漏通道问题。本方案为在坝体上游面增设一道防水面板,并对廊道裂缝进行高聚物注浆防渗漏处理。

防渗面板的方案为:不设围堰,清理坝前淤泥后在坝体上游面水下直接浇筑 C30 不分散混凝土形成防渗面板。防渗面板设计总宽同溢流坝宽,为 150 m,分缝与溢流坝现有分缝相同,为 17 m(中跨及边跨为 16 m),缝宽 2 cm,分缝间设止水。防渗面板设计顶高程为 102.28 m,为保证面板底部与基岩可靠结合,在面板底部浇筑宽 1.5 m、厚 0.3 m 的 C30 混凝土防渗基础垫层,防渗面板底部与顶部均涂抹水下环氧浆液,以提高防渗性能。防渗面板设计厚度 0.4 m,设 $\varphi12$ 纵横向分布钢筋,钢筋间距 20 cm,防渗面板与溢流坝间设直径 18 mm 锚筋,间距 1 m。

防渗面板的关键在于新浇筑混凝土防渗板和老坝体之间的整体性,设计采取以下措施:通过高压水对老混凝土坝面进行水下冲毛处理,增加新老混凝土界面的黏结性;通过调整新浇筑水下不分散混凝土的材料性能,提高水下不分散混凝土的黏结强度,C30 水下不分散混凝土的黏结强度能达到 1 MPa,可有效保证新浇筑的防渗板与老混凝土之间形成整体;对所有新老混凝土接茬缝外表面涂抹环氧浆液,进行封闭处理,以增强溢流坝段的防渗性能。

防渗面板间的永久缝,采用在新浇混凝土结构缝表面填塞柔性橡胶条、嵌填 SR 柔性填料、粘贴三元乙丙柔性盖片、安装钢压条等方式进行处理。具体结构见图 3.5.2-1。

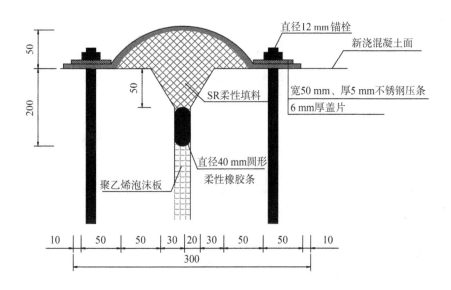

图 3.5.2-1 结构缝堵漏处理剖面图(mm)

止水采用直径 12 mm 锚栓,锚固深度 200 mm,锚栓间距 30 cm。考虑水位骤降为 10 m,为了防止由于水位骤降,坝后的水压力将锚栓顶出,锚栓抗拔力需大于水压力。根据计算,单根锚栓受水压力为 $T=4\,500$ N,单根锚栓的极限抗拔力为 $Tu=15\,826$ N,环氧锚固剂的握裹力 $F=37\,680$ N,水压力 T 远小于锚栓抗拔力 Tu 和握裹力 F,因此锚固深度和锚栓间距满足要求。

为验证防渗面板的可靠性,拟在现场取一坝段提前按照本方案做一个试验段,试验段的施工方法需严格按照主体工程的施工工艺进行。

试验段的目的：①为了验证施工单位是否具备水下大面积施工的条件。②通过试验段施工,确定该项目施工标准,施工方法,解决水下施工中前期未能预料的问题。③通过试验段来完善施工中的各级管理,形成一套适应的管理体系。

试验段的选择：拟选取具有代表性且远离市政供水管口的7#表孔段作为试验段,长度 17 m,浇筑高度 11 m,即 2 个浇筑层,浇筑总方量为 75 m³。施工时可根据业主要求结合实际情况调整。

试验结束后,需对新浇筑混凝土防渗板浇筑质量进行验收,包括水下混凝土钻孔芯样强度试验成果的检验和验收等。

试验段验收完成后,编写试验段总结报告,对施工工艺及现场管理方案进行总结,提出改进建议,报业主方、监理方及设计方或上级主管部门审批,审批通过后,再开展主体工程施工。

溢流坝上游被两侧裹头覆盖的部位,因受条件限制,无法设置防渗面板,工程运行中应对该部位渗流加强观测。

廊道裂缝高聚物注浆方案为：采用按照一定配比的高聚物,向病害处治区内注射双组分高聚物液体材料,材料迅速发生反应后体积膨胀并形成泡沫状固体,达到快速填充脱空、加固结构、防渗堵漏等目的。高聚物注浆技术采用的材料为非水反应类高聚物材料,其主要特点在于材料不需要现场水参与化学反应,而是双组分材料混合后即自身发生反应并膨胀发泡固化,既适用于有水环境,也适用于无水环境。其主要技术性能如下：

高膨胀：高聚物材料的自由膨胀率比达 20 以上,可以迅速填充裂隙和封堵渗漏,同时进一步压密周围介质。

早强：材料可以在数秒内发生反应,并可根据需要调节。材料反应后 15 分钟即可达到 90% 以上的强度,并且具有较好弹性。

防水：形成的泡沫状固体为闭孔材料,防水性能优良。

轻质：材料膨胀固化后,其自重一般不到同体积水泥浆的 10%,极大地减少了自重对结构的附加荷载。

耐久：材料寿命至少 30 年以上,不会发生收缩和变质。

环保：对环境无污染。

多用途：可用于建筑物地基加固、地板沉降修复、道路及机场道面维修、隧道脱空及渗水病害处治、大坝及堤防除险加固等。

施工步骤为：注浆孔布置—施工注浆孔—下注浆管—安装注射帽—注浆。

1. 注浆孔布置

对于裂缝渗漏,可以直接在渗漏处钻斜孔至渗漏处注浆。对于流量比较大的部位纵缝渗漏处注浆可以采用以下布孔方式：距离裂缝两侧(h_2)10 cm 处,交叉布孔,孔间距(h_1)为 30 cm(如图 3.5.2-2 所示)。

2. 施工注浆孔

通过移动式升降平台利用防水钻机进行钻孔。钻孔直径约 1.6 cm。钻孔深度不超

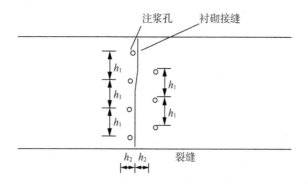

图 3.5.2-2 裂缝处高聚物注浆孔分布图

过 50 cm 为宜,深至裂缝处最佳。一般钻孔采用电动冲击钻施工,深度超过 50 cm 钻孔,可采用便携式浅层取样钻机。对水量较大部位,宜采用风钻钻孔。

3. 下注浆管

根据高聚物注浆技术要求,将 3 cm 长橡胶皮管植入注浆孔中。

4. 安装注射帽

把注射帽凹型边缘使用专用工具清理干净,以便于与注射枪更好的结合,将注浆帽置入注浆管外部端口内。

5. 注浆

使用夹具把注射枪与注射帽夹牢,防止注浆过程中高聚物材料喷出。注浆时压力约 5～7 MPa(可调),通过输料管道分别把 A 及 B 两类高聚物材料输送到注射枪口,两种材料在注射枪内发生化学反应后,通过注浆孔输送到渗漏处,并继续发生化学反应,体积迅速膨胀填充到坝体裂缝中,达到填充缝隙或孔洞、封堵渗水的目的。

6. 注意事项

施工区域作业完成后,注意观察注浆封堵情况,如在注浆处附近出现新的渗漏点,及时进行钻孔补注,直到无明显渗漏为止。

方案二:坝体灌浆结合廊道裂缝高聚物注浆防渗漏处理

坝体灌浆方案为:针对混凝土坝渗漏的特点,首先在坝体上游侧距上游边 2 m 处增设一道阻水帷幕,以封闭渗漏通道,并对横缝两侧坝体加强灌浆;然后再对廊道内的裂缝和渗漏点进行高聚物注浆封闭裂缝和渗漏点。坝体上游阻水帷幕在廊道内用灌浆的方法封堵坝体排水孔,将检修闸门落下挡水,工作闸门开启,然后在溢流坝每个表孔内的堰顶搭设施工平台,在堰顶距上游边 2 m 打一排钻孔,进行水泥灌浆,堵漏并结合补强。坝体灌浆采用单排灌浆,孔距 1.0 m,拟采用三序孔灌浆,总钻孔长度 5 600 m。为防止灌浆孔对坝体排水管和廊道产生影响,灌浆孔需以 2% 孔斜进行施钻,灌浆结束后,对灌浆孔附近的坝体排水管进行疏通,以防止受灌浆影响排水孔堵塞。灌浆材料采用水泥浆,水泥采用 P·O 42.5 普通硅酸盐水泥。灌浆施工工序为钻孔→冲洗→压水试验→灌浆→压水试验→封孔。

廊道裂缝高聚物注浆防渗漏处理同方案一。

方案三：设围堰旱地施工钢筋混凝土防渗面板结合廊道裂缝高聚物注浆防渗漏处理。

该方案为利用复建工程时未拆除的施工围堰，在其上设一道双排钢板桩围堰，以进行旱地防水面板施工。双排钢板桩单根桩长 20 m，桩顶高程为 108.53 m，桩底高程为 88.53 m，厚 14.50 mm。双排桩间距为 10 m，桩内填土，桩顶筑编织袋子堰，顶宽 5 m，顶高程为 110.50 m。围堰共计长 800 m，迎水面设土工膜防渗。

防水面板的施工方案为：凿除上游面碳化层，用高压水清洗干净，在溢流坝上游面现浇 C30 钢筋混凝土面板，面板厚度从上至下为 300～400 mm，为保证面板连接可靠，在坝体内植入直径 20 mm 的锚固钢筋，间距 1.0 m。另外，为减少混凝土面板的温度及收缩裂缝的产生，面板内布设直径 8 mm 的钢筋网，钢筋间距 100 mm。伸缩缝位置与坝体分缝一致，内设一道铜片止水。

针对板桥水库是驻马店市唯一的供水水源地，为保证施工期供水不中断，采用两根内径 1.0 m 的聚乙烯管（PE 管）从围堰北侧的库区取水，利用真空虹吸原理，与坝后供水管相接供水。铺设管道期间仍利用原有管道供水，新建管道与原有管道的对接时安排在夜间施工，首先对接其中一根供水管，利用另一根供水；待对接供水管通水后，再对接另外一根供水管，利用对接好的供水管供水。对接施工时间为 1 d 左右。

廊道裂缝高聚物注浆防渗漏处理同方案一。

三方案优投资及优缺点比较见表 3.5.2-1。

表 3.5.2-1 坝体渗漏处理两方案投资及优缺点比较表

方案	工程量	投资/万元	优点	缺点
方案一：水下浇筑钢筋混凝土防渗面板结合廊道裂缝高聚物注浆	安装锚筋 9 t 布设钢筋网 31 t 防渗面板水下浇筑钢筋混凝土 1 415 m³ 高聚物注浆量 550 kg	2 475	不需临时围堰，直接水下施工防渗面板，防渗效果较好	水下浇筑混凝土施工难度较大
方案二：坝体灌浆结合廊道裂缝高聚物注浆	坝体水泥灌浆 5 600 m 高聚物注浆量 550 kg	683	施工相对简单投资较省	从历次灌浆实践经验看，灌浆后能达到较好效果，大大减少渗漏量，但长时间运行后可能产生新的渗漏点
方案三：设围堰旱地施工钢筋混凝土防渗面板结合廊道裂缝高聚物注浆	钢板桩填土：49 万 m³ 钢板桩：3.36 万 m² 钢管桩：750 m 临时供水管：700 m 高聚物注浆量 550 kg	3 950	防渗效果好，面板与坝体连接可靠，处理后坝面整洁美观，耐久性较好，施工方便，质量易保证	施工需设围堰，临时工程投资较大，总投资大

综合分析比较，选择方案一即水下浇筑钢筋混凝土防渗面板结合廊道裂缝高聚物注浆。

3.5.3　南北刺墙(裹头)渗漏处理

3.5.3.1　存在问题及处理方案

溢流坝与土坝连接处,南裹头渗流性态总体基本正常,桩号 K1+517.0～K1+538.0 附近基础存在局部渗流薄弱环节。北裹头渗流性态总体较差,尤其是北刺 4 墙坝段与土坝接触部位渗流性态不佳,存在渗流安全隐患,并有向不利方向发展迹象。本次加固设计对南北裹头刺墙与土坝间采用高压旋喷浆防渗墙进行延长渗径防渗处理。

3.5.3.2　灌浆方案

南、北裹头连接段,混凝土坝与土坝接触渗流存在严重安全隐患,设计拟对其采用高压旋喷灌浆防渗墙进行延长渗径防渗处理,旋喷墙沿混凝土刺墙端部布孔。

1. 灌浆位置及范围

具体布置为:南、北裹头 4 号刺墙并向外延伸 20 m,在主坝顶部布置旋喷桩,钻孔呈梅花形布置,采用直径 600 mm 双排双重管旋喷桩,桩间距均为 450 mm 咬合布置,相邻桩相互搭接形成防渗墙,搭接厚度为 400 mm,旋喷桩底要求钻孔至黏土心墙。

2. 浆液的选择

同帷幕加固灌浆,浆液采用水泥浆,水泥采用 P·O 42.5 普通硅酸盐水泥。

3. 施工技术参数

由于高压喷射注浆的压力越大,处理地基的效果越好,根据国内实际工程应用经验,初拟裹头接触灌浆施工工艺参数取值如下:压缩空气气压为 0.7 MPa,灌浆浆液压力不小于 25 MPa,从下至上可逐渐减小,但灌浆压力的具体取值需在施工时灌浆试验中加以验证和修订。浆比重为 1.5～1.6 kg/L,提升速度为 12～15 cm/min,旋转速度可取 5～12 r/min。施工过程中应控制好浆液配比、提升速度、喷浆压力及旋转速度四大要素。

3.5.4　溢流坝表面裂缝及防碳化处理

3.5.4.1　溢流坝表面裂缝情况

复建工程溢流堰施工完成后,堰面共发现 141 条裂缝,共长 989.8 m,缝宽 0.2～2 mm,后采取沿缝开槽后填入环氧砂浆的方法进行过修补,但目前堰面尚有许多不规则的细裂缝,缝宽 0.05 mm,缝上有白色析出物,影响结构耐久性。另外,在底孔右闸墩上有 3 条裂缝,缝宽 0.05 mm,其中一条靠近闸门,接近水平,长 4.2 m;另两条靠近牛腿,为竖缝,分别长 1.5 m 及 2.2 m,缝上有白色析出物。

3.5.4.2　修复方案比选

根据现场检查,本工程溢流坝堰面及牛腿处的裂缝宽度均为 0.05 mm,按水工建筑物大体积混凝土裂缝的一般分类方法,裂缝表面宽度在 0.1～0.2 mm 之间属龟裂或细微裂缝,对于此类裂缝不必处理或仅进行表面处理即可。但由于溢流坝堰面为高速水流区,在泄洪时可能会出现空穴负压,对堰面造成更大的危害,故本次除险加固对表面裂缝进行修补。

常用的混凝土裂缝修补加固方法主要有表面修补法、灌浆修补法、嵌缝修补法、结构加固法等。本工程溢流坝堰面及牛腿处的裂缝宽度均为 0.05 mm 左右,采用表面修补法即可,施工程序为:裂缝表面打磨—清理—涂刷封闭材料。

3.5.4.3 修复材料比选

最常用于水工建筑物表面裂缝处理的材料有水泥砂浆(预缩水泥砂浆)、环氧砂浆及丙乳砂浆等。

预缩水泥砂浆对普通水泥砂浆进行了改良,具有强度高、收缩性小、施工简单、成本低、质量易保证等优点,可同时提高抗渗、抗冻及抗侵蚀性能,适用于修补宽度较大的裂缝。

环氧砂浆是最早用于水工混凝土的裂缝修补材料之一,具有强度高、弹模低、极限拉伸大等优良性能,既提高了混凝土的密实性、黏结性,又降低了混凝土的脆性,抗冲耐磨性能高,且与老混凝土的热膨胀系数相近。与水泥砂浆相比,环氧砂浆可提高极限拉伸率、抗拉强度和与老混凝土的黏结度。此外,环氧砂浆还具有基本无毒、施工方便和成本较低等优点。

丙乳砂浆(PAEC)是丙烯酸酯共聚乳液水泥砂浆的简称,水泥砂浆中掺入丙乳乳液后,在水泥水化新生结晶中聚集了丙乳有机聚合物,使刚性无机物之间被坚固连接成有弹性和黏附性的有机聚合物网式结构,但其膨胀系数较大,温度剧烈变化时可使丙乳砂浆与老混凝土脱开,抗冲耐磨性能稍差,另一个缺点是材料易老化,适用于温度变化小、日光不易照射部位的修补。

根据修补材料的特性和本工程的特点,本次除险加固工程对溢流坝表面裂缝的修补采用环氧砂浆。

3.5.4.4 防碳化处理

为提高建筑物的耐久性,结合裂缝处理,在溢流坝面、闸墩及下游导水墙表面均涂刷环氧砂浆,厚度 4 mm。

3.5.5 溢流坝廊道整修

溢流坝内的两层廊道分别为高程 93.00 m 并缝廊道及高程 75.50 m 帷幕灌浆及主排水廊道,现状廊道内由于复建施工时跑模严重导致表面混凝土不平整,拟凿毛后以5 cm 厚 M10 水泥砂浆对其整修。

3.6 输水洞加固方案

3.6.1 输水洞存在的主要问题及加固内容

3.6.1.1 输水洞存在的主要问题

（1）现状输水洞启闭机房高程为 117.84 m，低于校核防洪水位，不满足防洪要求。

（2）进口排气不足，事故闸门漏水，出口闸门倾斜，工作闸门老化卡阻。严重影响防洪安全。

（3）出口闸墙表面风化。

3.6.1.2 输水洞加固内容

输水洞进口启闭机层高程为 117.84 m，高度不足。通过稳定复核，进水塔在各工况下的抗滑稳定满足规范要求。如将进水塔全部拆除重建需建临时围堰，投资较大。故本次除险加固保留进水塔，仅更换闸门及启闭设备和拆除重建排架及启闭机房。

出口闸室为"75·8"洪水前遗留工程，老化、渗水较严重，综合分析，本次除险加固拆除重建出口闸室。

3.6.2 出口闸室加固方案

3.6.2.1 出口闸室布置

出口闸室底板顺水流方向长 5.81 m，垂直水流方向宽 5.4 m。闸底板顶高程为 93.06 m，底板厚 2.0 m，采用现浇 C25 钢筋混凝土结构。闸室孔口内径净尺寸为 3.0 m ×1.5 m（宽×高），闸室侧墙在高程 99.76 m 以下厚为 1.2 m，以上厚为 0.8 m。输水洞工作闸门采用弧形钢闸门，配固定卷扬式启闭机。闸室墩墙顶设置启闭机房，机房地面高程为 102.76 m，启闭机房顺水流方向长 5.59 m，垂直水流方向宽 5.48 m，高 3.8 m，建筑面积为 30.63 m²。启闭机房底板为板梁式结构，机房四周三面设宽 1.8 m 的外廊。闸室前设一挡土墙承担坝体土压力，挡土墙为 C25 钢筋混凝土重力式结构，顶端 0.5 m，底宽 5.0 m，挡土高度 2.68 m。

3.6.2.2 出口闸室稳定计算

1. 基本原理

依据《溢洪道设计规范》(SL 253)，采用抗剪断公式对板桥水库输水洞出口闸室进行抗滑稳定分析。计算公式如下：

$$K = \frac{f' \sum W + c'A}{\sum P}$$

式中:K——按照抗剪断强度计算的抗滑稳定安全系数;

f'——闸体混凝土与基岩接触面的抗剪断摩擦系数;

c'——闸体混凝土与基岩接触面的抗剪断黏聚力(kN);

A——闸体与基岩接触面的截面积(m^2);

$\sum W$——作用于闸体上的全部荷载对计算滑动面的法向分量(kN);

$\sum P$——作用于闸体上的全部荷载对计算滑动面的切向分量(kN)。

基本荷载组合时要求 $K \geqslant 3.0$;特殊荷载组合1时要求 $K \geqslant 2.5$。

2. 计算荷载及工况

根据《溢洪道设计规范》(SL 253)中的相关规定和板桥水库出口闸室的实际情况,选取下列2种基本组合工况计算闸室稳定。

基本组合1:土压力+自重;

基本组合2:上游水位(101.00 m)+下游水位(93.06 m)+扬压力+土压力+自重。

3. 计算成果分析

根据各计算工况,对出口闸室沿与基岩接触面进行抗滑稳定计算,计算结果如表3.6.2-1所示。

表 3.6.2-1　出口闸室抗滑稳定计算成果表

荷载工况	抗滑稳定安全系数 K	允许最小安全系数[K]
完建期	5.56	3.0
设计洪水期	3.19	3.0

根据计算,出口闸室在2种基本组合工况下,抗滑稳定安全系数均大于允许最小安全系数[K],满足规范要求。

3.6.2.3　出口闸室强度计算

1. 基本原理

依据《溢洪道设计规范》(SL 253),采用材料力学法计算输水洞出口闸室基底应力,分析闸室的强度性态。计算公式为:

$$\sigma_{\min}^{\max} = \frac{\sum G}{B} \pm \frac{6 \sum M}{B^2}$$

式中:$\sigma_{\min}^{\max}$——最大或最小垂直正应力(kPa);

$\sum G$——闸室基底面上全部垂直力之和,以向下为正(kN);

$\sum M$——闸室基底面上全部垂直力及水平力对于计算截面形心的力矩之和,以使上游面产生压应力者为正(kN·m);

B——闸室基底面顺水流方向的宽度(m)。

按规范要求,运用期闸室基底面上的应力应满足:①最大垂直正应力应小于基岩的容许压应力(计算时分别计入扬压力和不计入扬压力);②最小垂直正应力应大于零(计入扬压力)。

2. 计算荷载及工况

出口闸室应力计算的计算荷载及工况同稳定计算。运用期计算简图如图 3.6.2-1 所示。

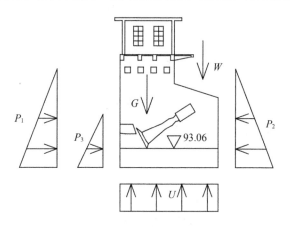

图 3.6.2-1 输水洞出口闸室基底应力材料力学法计算简图

3. 计算成果分析

根据各计算工况,输水洞出口闸室基底应力计算结果如表 3.6.2-2 所示。

表 3.6.2-2 输水洞出口闸室基底应力计算成果表　　　　　单位:kPa

荷载工况	最大垂直正应力 (不计扬压力)	最大垂直正应力 (计入扬压力)	最小垂直正应力 (计入扬压力)
完建期	105.1	105.1	105.1
设计洪水期	152.8	92.1	69.2

输水洞出口闸室地基为弱风化混合花岗岩,地基承载力大于 500 kPa。由表可看出,输水洞出口闸室在两种基本组合工况下,闸室基底应力满足规范要求。

3.6.2.4 挡土墙稳定计算

1. 计算原理

根据《水闸设计规范》(SL 265)计算挡土墙在各工况下的抗滑稳定安全系数、基底应力及不均匀系数。

岸翼墙抗滑稳定计算公式如下:

$$K_c = \frac{f \cdot \sum G}{\sum H} \geqslant [K_c]$$

式中:K_c——抗滑稳定安全系数;

$\sum \sum G$——竖向力的总和(kN);

$\sum H$——水平荷载总和(kN);

f——基底面与地基之间摩擦系数,取 0.35。

基底应力及不均匀系数计算公式如下:

$$偏心距\ e = \frac{B}{2} - \frac{\sum M}{\sum G}$$

$$基底压应力\ \sigma_{\min}^{\max} = \frac{\sum G}{A}\left(1 \pm \frac{6e}{B}\right)$$

$$基底压应力不均匀系数\ \eta = \frac{\sigma_{\max}}{\sigma_{\min}} \leqslant [\eta]$$

式中:$\sum G$——竖向力的总和(kN);

A——闸底板底面面积(m^2);

e——偏心距(m);

L——底板顺水流方向长度(m);

$\sum M$——相对底板上游趾点的弯矩总和(kN·m);

$\sigma_{\min}^{\max}$——最大、最小基底压力(kPa);

η、$[\eta]$——基底应力不均匀系数和允许基底应力不均匀系数。

2. 计算荷载及工况

根据规范的相关规定和板桥水库出口闸室的实际情况,选取下列 2 种基本组合工况复核闸室稳定。

基本组合 1:土压力+自重;

基本组合 2:上游水位(101.00 m)+下游水位(93.06 m)+扬压力+土压力+自重。

3. 计算成果分析

根据各计算工况,对挡土墙与隧洞出口接触面进行抗滑稳定计算,计算结果如表 3.6.2-3 所示。

表 3.6.2-3　挡土墙抗滑稳定计算成果表

工况	水位/m		基底应力/kPa			不均匀系数		抗滑安全系数	
	墙前	墙后	σmax	σmin	σ均	计算值	允许值	计算值	允许值
完建期	无水	无水	98.0	82.6	92.3	1.13	2.0	3.11	1.30
设计洪水期	101.0	101.0	75.3	49.9	62.6	1.51	2.0	2.25	1.30

由表可看出,挡土墙在 2 种基本组合工况下,抗滑稳定安全系数均大于允许最小安全系数,满足规范要求。

3.7　防汛道路加固方案

3.7.1　防汛道路存在的主要问题

坝下防汛道路是水库防洪抢险最重要的通道,现状土坝下游防汛道路分为两段,北段从北副坝桩号 K0+050.0 至北主坝桩号 K1+250.0，长 1361 m，为沥青混凝土路面，路面宽 8.0 m；南段从输水洞下游渠道（对应北主坝桩号 K1+650）至北主坝桩号 K1+980.0，长度 348 m，为混凝土路面，路面宽 6.0 m。南段防汛道路经几十年运用，现道路分缝损毁，路面断裂，部分地段路基水毁路面沉陷，不能满足防汛抢险需要。北段防汛道路为 2011 年加固新建，但在施工时会对路面造成破坏，故也拆除重建。

3.7.2 防汛道路加固内容

新建的防汛道路均为沥青混凝土路面，路面结构从上至下为：中粒式沥青混凝土路面厚 50 mm、改性沥青下封层厚 10 mm、水泥稳定级配碎石厚 150 mm、级配碎石底基层厚 150 mm。路面中心高程均为 100.00 m，路面设横坡 $i=2\%$，倾向下游。路面两侧设花岗岩路缘石，路缘单块尺寸为 0.6 m×0.2 m×0.5 m（长×宽×高）。

3.8 溢洪道下游出口河道疏浚

3.8.1 溢洪道下游出口河道存在的主要问题及加固内容

3.8.1.1 溢洪道下游出口河道存在的主要问题

现状溢洪道下游出口狭窄阻水，基本无河道，河床游淤积严重，行洪不畅，一旦泄洪将危及溢流坝安全，拟扩挖溢流坝导水墙末端以下 200 m 范围内河道。

3.8.1.2 溢洪道下游出口河道加固内容

将溢流坝导水墙末端以下 200 m 范围内遗留的复建工程下游围堰挖除，开挖底高程同河道底高程，为 85.00 m，开挖宽度同溢流坝宽，为 150 m，两岸边坡均为 1∶3，左岸地面高程 97.00～90.00 m，右岸地面高程为 93.00～90.00 m，边坡在高程 90.00 m 处设一条马道，宽度 2.0 m。

3.8.2 边坡稳定计算

选取下游引河左、右岸岸坡作为抗滑稳定计算分析的断面，计算分析采用河海大学土木工程学院工程力学系研究所研制的"Slope-土石坝稳定分析系统"，按简化毕肖普法计算。

各土层物理力学指标见表 3.8.2-1。

表 3.8.2-1 下游引河岩土物理力学指标表

层号	岩性	含水率	湿密度	干密度	孔隙比	塑限	塑性指数 I_P	液性指数 I_L	压缩系数 a_{1-2}	压缩模量 E_{S1-2}	直剪黏聚力	直剪内摩擦角	允许承载力
		%	g/cm³	g/cm³		%			1/MPa	MPa	kPa	(°)	kPa
①	重粉质壤土	22.3	2.00	1.67	0.626	22.0	14.9	0.00	0.17	7.5	32.0	7.0	120

续表

层号	岩性	含水率	湿密度	干密度	孔隙比	塑限	塑性指数 I_P	液性指数 I_L	压缩系数 a_{1-2}	压缩模量 E_{S1-2}	直剪黏聚力	直剪内摩擦角	允许承载力
		%	g/cm³	g/cm³		%			1/MPa	MPa	kPa	(°)	kPa
②	中砂或粗砂	22.0	1.90	1.52	0.670				0.16	10.4	1.0	28.0	125
③	轻粉质壤土	33.6	1.88	1.41	0.930	20.6	11.8	1.0	0.50	4.0	11.0	6.0	90
④	中细砂										0.0	26.0	120

抗滑稳定计算结果见表 3.8.2-2。

表 3.8.2-2　抗滑稳定计算成果表

位置	运用条件	计算工况		抗滑安全系数	允许抗滑安全系数
下游引河左岸岸坡	正常运用	94.00 m	临水面	1.58	1.20(土堤安全系数)
		90.00 m	临水面	1.27	
	非常运用 Ⅰ	完建期	临水面	1.35	1.10(土堤安全系数)
		94.00 m 骤降至 90.00 m	临水面	1.18	
下游引河右岸岸坡	正常运用	94.00 m	临水面	1.40	1.20(土堤安全系数)
		90.00 m	临水面	1.23	
	非常运用 Ⅰ	完建期	临水面	1.32	1.10(土堤安全系数)
		94.00 m 骤降至 90.00 m	临水面	1.13	

根据计算结果,溢流坝下游两岸边坡抗滑稳定安全系数均满足规范要求。

3.9　防汛码头

3.9.1　存在的主要问题及加固内容

3.9.1.1　存在的主要问题

库区现有防汛码头位于主坝桩号 K0＋050.0 处,平面尺寸为 23 m×13 m,面积较小,防汛调度使用困难,且通往码头需经过水库管理区,给库区正常管理带来干扰。拟增设一防汛码头,紧邻现有码头,该处水面平稳、水域较深,便于船只停靠与出行,地形为一长条形,南北走向。

3.9.1.2　加固内容

1. 增设防汛码头

为使防汛码头与现有地形相协调充分发挥作用,设计防汛码头尺寸为 20.0 m×80.0 m,码头采用重力式,顶高程分别为 112.50 m 和 115.3 m,利用溢流坝溢洪道下游出口河道开挖土方填筑,前缘挡土结构采用 C25 钢筋混凝土扶壁式挡土墙。该处库区最低底高程约 105.00 m,最大断面挡土墙挡土高度 9.6 m,底宽 9.5 m,底板厚 0.7 m,前墙厚 0.5~0.7 m,扶壁厚 0.4 m。

2. 拆除重建现有简易道路

现有简易道路从北副坝至现有码头,长度约 190 m,混凝土路面,宽 3.0~4.0 m,拆除后将其加宽至 6.0 m,新建的交通道路为沥青混凝土路面,路面结构从上至下为:中粒式沥青混凝土路面厚 50 mm、改性沥青下封层厚 10 mm、水泥稳定级配碎石厚 150 mm、级配碎石底基层厚 150 mm。共计铺筑沥青混凝土路面长 250 m,路面中心高程同现状,路面设横坡 $i=2\%$,倾向南面。路面两侧设花岗岩路缘石,路缘石单块尺寸为 0.6 m×0.2 m×0.5 m(长×宽×高)。

3.9.2 防汛码头加固方案

3.9.2.1 码头顶高程

码头顶高程参照《开敞式码头设计与施工技术规范》(JTJ 295)中的公式确定:

$$E = HWL + \eta_0 + h + \Delta$$

式中:E——码头顶面高程(m);

HWL——设计高水位(取正常蓄水位 111.50 m 和 20 年一遇水位 115.30 m);

η_0——波峰面高度(取 0);

h——码头上部结构的高度(取 0);

Δ——波峰面以上至上部结构底面的富裕高度,取 0~1.0 m;

经计算,$E_1 = 111.50 + 0 + 0 + 1.00 = 112.50$ m;$E_2 = 115.30 + 0 + 0 + 0 = 115.30$ m。

3.9.2.2 码头前沿设计水深

码头前沿设计水深参照《开敞式码头设计与施工技术规范》(JTJ 295)中的公式确定:

$$D = T + Z_1 + Z_2 + Z_3 + Z_4$$

式中:D——码头前沿设计水深(m);

T——设计船型满载吃水(取 0.5 m);

Z_1——龙骨下最小富裕深度(取 0.3 m);

Z_2——波浪富裕深度(取 0);

Z_3——船舶因配载不均而增加的船尾吃水值(取 0);

Z_4——备淤富裕深度(取 0.4 m);

经计算,码头前沿设计水深 $D = 0.5 + 0.3 + 0 + 0 + 0.4 = 1.2$ m。

3.9.2.3 码头前沿设计池底高程

码头前沿设计池底高程参照《开敞式码头设计与施工技术规范》(JTJ 295)中的公式确定:

$$E_2 = LWL - D$$

式中：E_2——码头前沿设计池底高程(m)；

LWL——设计低水位(取库区正常供水位 108.00 m)；

D——码头前沿设计水深(取 1.2 m)；

码头前沿计算底高程 $E_2 = 108.00 - 1.2 = 102.80$ m，设计码头前沿池底高程为 106.00 m。

3.9.2.4 挡土墙计算

由于本阶段未对拟建的防汛码头处进行地质勘察，该处参照北主坝地质情况，下阶段再进行详细地质勘察。挡土墙持力层为堆积阶地双层结构土层的上部重粉质壤土，承载力标准值 150 kPa，根据地质资料及以往的工程经验，挡土墙与地基间的摩擦系数采用 0.32。

作用在挡土墙上的荷载组合分基本组合和特殊组合。基本组合由基本荷载组成，计算工况包括施工完建期、正常蓄水期和设计洪水期。特殊组合由基本荷载和特殊荷载组成，计算工况为校核洪水期。

根据《水闸设计规范》(SL 265)计算挡土墙在各工况下的抗滑稳定安全系数、基底应力及不均匀系数。

岸翼墙抗滑稳定计算公式如下：

$$K_c = \frac{f \cdot \sum G}{\sum H} \geqslant [K_c]$$

式中：K_c——抗滑稳定安全系数；

$\sum G$——竖向力的总和(kN)；

$\sum H$——水平荷载总和(kN)；

f——基底面与地基之间摩擦系数。

基底应力及不均匀系数计算公式如下：

$$偏心距\ e = \frac{B}{2} - \frac{\sum M}{\sum G}$$

$$基底压应力\ \sigma_{\min}^{\max} = \frac{\sum G}{A}\left(1 \pm \frac{6e}{B}\right)$$

$$基底压应力不均匀系数\ \eta = \frac{\sigma_{\max}}{\sigma_{\min}} \leqslant [\eta]$$

式中：$\sum G$——竖向力的总和(kN)；

A——闸底板底面面积(m^2)；

e——偏心距(m)；

L——底板顺水流方向长度(m)；

$\sum M$——相对底板上游趾点的弯矩总和(kN·m)；

σ_{min}^{max}——最大、最小基底压力（kPa）；

η、$[\eta]$——基底应力不均匀系数和允许基底应力不均匀系数。

挡土墙稳定计算结果见表 3.9.2-1。

表 3.9.2-1 挡土墙稳定计算成果表

部位	工况	水位/m		基底应力/kPa			不均匀系数		抗滑安全系数	
		墙前	墙后	σ_{max}	σ_{min}	$\sigma_{均}$	计算值	允许值	计算值	允许值
挡土墙①（最大断面）	完建期	无水	无水	179.9	115.7	147.8	1.56	2.0	1.70	1.30
	正常蓄水期	111.50	111.50	182.0	98.7	140.3	1.84	2.0	1.43	1.30
	设计洪水期	117.50	117.50	168.6	89.7	129.1	1.88	2.0	1.33	1.30
	校核洪水期	119.35	119.35	170.7	84.0	127.3	2.03	2.5	1.23	1.15
挡土墙②	完建期	无水	无水	134.3	118.6	122.5	1.13	2.0	2.14	1.30
	正常蓄水期	111.50	111.50	139.6	88.1	113.9	1.58	2.0	1.46	1.30
	设计洪水期	117.50	117.50	120.9	68.4	88.1	1.77	2.0	1.32	1.30
	校核洪水期	119.35	119.35	118.1	65.7	88.1	1.8	2.5	1.33	1.15

根据计算结果，挡土墙抗滑稳定安全系数和地基应力不均匀系数均满足规范要求。

3.10 安全监测加固方案

3.10.1 安全监测的必要性

安全监测工作是保证工程正常安全运行、充分发挥工程效益、更好地为工农业生产服务的一项重要手段。板桥水库为Ⅱ等大（2）型工程，其主要建筑物级别为 2 级。为了解水库在运行期及施工期结构的安全性和安全程度，必须对其进行安全监测。

3.10.2 安全监测设施现状

为确保枢纽各建筑物的施工质量以及施工期和运行期安全，同时为验证设计，板桥水库复建工程在各建筑物布置了较为完善的安全监测系统，至今已运行 20 年，由于种种原因，现部分仪器损坏，测量值异常。

3.10.2.1 土坝内部监测

土坝内部监测包括坝体浸润线监测和绕坝渗流监测。

1. 坝体浸润线监测

北台地土坝坝体较长，共设了 5 个观测断面，在每个断面内布置 5 根测压管，测压管共计 25 根。

2. 坝基渗流监测

为了监测坝基渗水压力，在下游台地埋设 18 根测压管，每根分别埋设浅层及深层

（深入沙砾石层）测压管。

3. 绕坝渗流监测

为了解坝基砂砾石透水层承压水的渗水压力，根据土坝与混凝土坝刺墙连接的轮廓线，沿着绕流流线和渗流可能集中的透水层，每侧布置 3 排测压管，共埋设 28 根。北坝头布置了 11 根测压管。

3.10.2.2　土坝外部观测

土坝外部观测包括水平位移观测和竖向位移观测。

1. 水平位移观测

土坝的水平位移观测重点设置在北台地土坝坝顶，工作基点选在北刺墙的倒垂，起测基点设在北坝头深埋于坝下 3 m 的混凝土墩上。每隔 100 m 埋设一觇标墩，觇标墩与防浪墙牢固结合成一整体，标点顶部安置强制对中底盘。由于坝体较长，利用桩号 K0＋700.0 处的临时工作基点，采用分段观测法观测。现已停测。

2. 竖向位移观测

在北台地土坝全坝段每 100 m 设置一个坝面竖向位移标点，为观测方便把竖向位移标点与水平位移观测标点浇注在同一个混凝土墩上，按一等水准测量的方法观测。

3.10.2.3　溢流坝内部监测布置

溢流坝选择表 3 和北 4 坝段作为监测坝段。

溢流坝内部监测包括温度监测、伸缩缝监测、渗压监测、钢筋应力监测，以及土压力监测等。

1. 混凝土温度监测

内部温度监测：在表 3 坝段选择 76.00 m、86.00 m、96.00 m 高程三个监测断面；在北 4 坝段选择 76.00 m、86.00 m、96.00 m、106.00 m 高程四个监测断面。各监测断面内，依高程的不同每隔 10 m 沿水平方向布置一排测点，每排布置 3~5 个测点，共布置 24 个温度计。

坝面温度监测：为了解坝体下游面受日照影响而引起的局部温度变化，在表 3 坝段 86.00 m、96.00 m 高程布置温度计。

基岩温度监测：为了解基岩附近的温度场变化，沿坝体与基岩接触面布置 2 只温度计，进行深层地温监测，在距基岩面 0 m、1.5 m、3 m、5 m 处埋设 4 只温度计。

水温监测：测点布置于距上游坝面 5 cm 处的混凝土内，按死水位以下测点较密、死水位以上测点较稀的原则，在 104.00 m、110.00 m 高程布置 2 只温度计（间距 6 m），在 76.00 m、86.00 m、96.00 m 高程布置 3 只温度计（间距 10 m）。

2. 伸缩缝监测

为了监测斜缝的开合度和混凝土坝块的温度变化，根据一条伸缩缝上测点不少于 2 个的原则，在表 3 坝段斜缝 76.00 m、86.00 m、91.70 m 高程埋设 3 只测缝计。

3. 渗压监测

在表 3 坝段选取 2 个水平断面，靠近上游坝面附近，沿垂直于坝轴线方向于

80.50 m、81.50 m 高程埋设两排 8 支渗压计。

4. 钢筋应力监测

为监测并缝廊道底层、深井泵房顶层、底孔牛腿的钢筋应力,布置 KL-28 钢筋计 7只,为观测表孔扇形筋,表孔中墩侧面、底孔孔口、弧门底坎及底孔扇形筋的钢筋应力,布置 KL-25 钢筋计 1 只,KL-36 钢筋计 3 只。

5. 土压力监测

在北 4 刺墙插入北土坝的坝段内,选择 73.00 m、76.00 m、82.00 m、92.00 m、102.00 m 高程五个监测断面,在 73.00 m、76.00 m、82.00 m 高程上、下游及侧面各布置 2 只土压力计。在 92.00、102.00 m 高程上、下游及侧面各布置 1 只,总计 24 只。

3.10.2.4 溢流坝外部观测布置

1. 变形观测

水平位移观测:在坝顶 K0+003.85 处布置一条视准线,其两端的工作基点由埋设在南 4、北 4 刺墙的倒垂来控制,坝顶埋设两个固定觇标墩。每个坝段闸墩处埋设一个活动觇标墩,采用视准线法观测。观测仪器采用 T3 经纬仪或 SD65 大坝视准仪。现已经停测。

垂直位移观测:混凝土坝垂直位移观测分别为坝顶垂直位移观测和廊道内垂直位移观测。

坝顶垂直位移观测:在坝顶上每个坝段埋设一个沉陷标点,共 17 个标点。采用精密水准测量方法,定期观测坝顶垂直位移标点的位移。观测仪器采用自动安平水准仪。

廊道内垂直位移观测:为了解坝身混凝土在不同高程、不同部位的垂直位移,于灌浆廊道内埋设 17 个沉陷标点,用精密水准测量方法观测。

2. 扬压力监测

根据坝高、地质、运用情况等因素,将南 1、表 2、北 4 三个坝段作为扬压力重点观测坝段。每个坝段测点布置靠上游较密,愈往下游愈稀,共布置 13 个测点。

除重点监测坝段外,其余各坝段只做一般监测。每个坝段在灌浆廊道内帷幕灌浆孔后布置一个测压管,目的在于检查帷幕灌浆的效果,发现问题及时处理。横断面靠上游的测点也包括在纵断面中,共布置 17 个测点。

3. 坝基渗漏量监测

为监测坝基的渗水量,在表 3 坝段灌浆廊道通向集水井的横向排水沟内设置三角形量水堰,由于基岩透水量较小,设一个量水堰。

3.10.3 监测仪器可靠性评价

板桥水库大坝安全监测项目目前全部采用人工观测,特别是混凝土坝内部观测项目,由于廊道潮湿,集线箱损坏,现只能对每只仪器逐线连接测量,急需对观测设施进行更新改造,逐步实现大坝监测自动化。且混凝土坝扬压力表量程偏大,造成读数误差较大,现有压力表由于进水损坏较多。

2012年6月,南京水利科学研究院对板桥水库原型观测数据资料进行了分析,分析报告对除表面变形外的北坝肩、北主坝、北台地、北裹头、南裹头、溢流坝、刺墙等部位的222支仪器进行了现场检测和可靠性评价。现场检测结果及其可靠性汇总见表3.10.3-1。

表 3.10.3-1　安全监测仪器的现场检查结果汇总表

仪器部位		仪器总数/支	有读数/支	无读数/支
土坝部位	北坝肩	10	3	7
	北主坝	25	19	6
	北台地	41	19	22
	北裹头	15	11	4
	南裹头	14	12	2
小计		105	64	41
混凝土坝部位	溢流坝	71	39	32
	刺墙	46	31	15
小计		117	70	47
总计		222	134	88

由上表可以看出,土坝部位的105支仪器中,有读数的仪器有64支,占61.0%,无读数的有41支,占39.1%。混凝土坝部位的117支监测仪器中,有读数的仪器有70支,占59.8%,无读数的47支,占40.2%。总的有读数仪器有134支,占60.1%。目前,板桥水库有39.9%安全监测仪器已损坏。

3.10.4　安全监测系统方案

板桥水库主坝布置有表面变形观测、浸润线观测,溢流坝段布置有表面变形监测、扬压力监测、温度监测、土压力监测、钢筋应力监测等。主坝观测点已经安装较长时间,现已报废较多,本次除险加固过程中,要对上下游护坡进行拆除重建,现有的监测点基本报废,需重新布设观测点及观测仪器。

溢流坝段中原有观测仪器中可继续使用的将集中进行数据自动采集,更换测压管中的渗压计。另外,根据本次加固特点,新增监测项目及相应仪器。

3.10.5　安全监测系统设计原则

针对板桥水库的工程特点,确定本工程安全监测系统的设计原则如下:

(1) 大坝安全监测系统的监测项目、测点布置及系统的功能、性能应满足《土石坝安全监测技术规范》(SL 551)、《土石坝安全监测资料整编规程》(SL 169)、《大坝安全自动监测系统设备基本技术条件》(SL 268)等国家或行业技术标准的要求。

(2) 仪器选型在满足精度要求的前提下,应做到可靠、耐久、经济、实用。

(3) 各类监测设施的埋设应尽量结合现场实际情况,既方便施工又要保证埋设质量。

(4) 监测数据可实现实时自动化采集。

（5）对所测资料应及时进行整理、分析和评价，以便对工程所存在的不安全因素能及时发现和采取处理措施。

（6）系统具备良好的安全性、兼容性、可扩充性、可维护性、高可靠性。

3.10.6 安全监测加固方案

3.10.6.1 主坝安全监测

1. 表面变形观测

为了监测大坝表面的垂直位移和水平位移，根据规范要求，以及本工程的实际情况，沿坝轴线方向每隔 100 m 设置一个观测断面，北主坝选择 12 个横断面，桩号分别为：坝 K0+100.0、坝 K0+200.0、坝 K0+300.0、坝 K0+400.0、坝 K0+500.0、坝 K0+600.0、坝 K0+700.0、坝 K0+800.0、坝 K0+900.0、坝 K1+000.0、坝 K1+100.0 和坝 K1+200.0。南主坝选择 3 个横断面，桩号分别为：坝 K1+600.0、坝 K1+700.0 和坝 K1+800.0。每个断面在坝顶、高程 110.00 m 马道和坝坡上共设置 4 个观测标点，总计表面变形观测标点 60 个。

坝体水平位移采用全站仪观测，工作基点用平面控制网校核。垂直位移采用高精度水准仪进行测量。水平位移点与垂直位移标点结合布置。在北主坝北端、南主坝南段、坝 K0+400.0 坝脚、坝 K0+800.0 坝脚和坝 K1+700.0 坝脚分别布置 5 个工作基点。其具体位置视现场实际情况确定。

2. 渗流监测

坝体浸润线监测：为监测坝体渗流性态分布情况，确保大坝安全，在坝体内埋入测压管，将渗压计安装在测压管内，采用渗压计进行观测，同时监测坝体渗水温度。北主坝选择 5 个横断面，分别为坝 K0+205.0、坝 K0+405.0、坝 K0+605.0、坝 K0+805.0 和坝 K1+005.0，垂直于坝轴线方向布设 5 支测压管，共 25 个测压管。南主坝选择 3 个横断面，分别为坝 K1+605.0、坝 K1+705.0 和坝 K1+805.0 断面，垂直于坝轴线方向布设 4 支测压管，共 12 个测压管。每个测压管内设 1 支振弦式渗压计，渗压计共计 37 支。

坝基渗透压力监测：为监测坝基渗流性态分布情况，确保大坝安全，在坝基内埋入测压管，将渗压计安装在测压管内，采用渗压计进行监测，同时监测坝体渗水温度。北主坝选择 5 个横断面，分别为坝 K0+210.0、坝 K0+410.0、坝 K0+610.0、坝 K0+810.0 和坝 K1+010.0，垂直于坝轴线方向布设 6 支测压管，共 30 个测压管。南主坝选择 3 个横断面，分别为坝 K1+610.0、坝 K1+710.0 和坝 K1+810.0，垂直于坝轴线方向布设 5 支测压管，共 15 个测压管。每个测压管内设 1 支振弦式渗压计，渗压计共计 45 支。

绕坝渗流监测：为监测大坝的绕坝渗流情况，在左岸布设 2 条观测垂线，采用测压管内布设渗压计方式进行观测，共 10 支渗压计。南北主坝与溢流坝段结合部位为渗流的薄弱位置，需进行重点观测，在溢流坝段南北刺墙位置分别布设 4 条观测线，采用测压管内布设渗压计方式进行观测，共 30 支渗压计。渗压计共计 40 支。

3.10.6.2 溢流坝安全监测

1. 变形观测

坝顶水平位移和垂直位移观测:在坝顶布置两条视准线,视准线两端的工作基点由埋设在南 4 刺墙和北 4 刺墙的倒垂线来控制,坝顶埋设两个工作基点。每个坝段闸墩处埋设变形标点,共 28 个监测点。变形观测采用高精度全站仪和水准仪进行。

廊道内垂直位移观测:为了解坝身混凝土在不同高程、不同部位的垂直位移,在灌浆廊道设置变形标点监测墩,共计变形监测点 17 个。工作基点布置在岩层相对较完整的北 4 和南 4 刺墙廊道内,采用 15.0 m 深钢管标。

坝体水平位移和挠度监测:板桥水库目前有两条位于南 4 和北 4 刺墙内的倒垂线用于坝体水平位移和挠度监测,已满足规范对测点数量的要求,但为人工测量。本次拟采用自动化遥测方式,倒垂线仍采用原观测点、垂线孔和铟钢丝,更换垂线坐标仪和垂线装置,实现自动采集和分析功能。

2. 扬压力监测

廊道内扬压力监测:灌浆廊道内已有 27 根测压管,保存完好,本次扬压力监测主要对测压管管口进行改造,更新压力表,并采取在测压管内布设渗压计,进行自动遥测,共计渗压计 27 支和压力表 27 块。

3. 坝基渗漏量监测

为监测坝基的渗水量,在表 3 坝段灌浆廊道通向集水井的 3 个排水孔个设一个量水堰。为监测南 4 刺墙廊道内山体的渗流情况,在南 4 刺墙廊道排水孔设一个量水堰,共设置量水堰 4 个。

5. 其他监测

溢流坝段原有监测仪器 117 支,其中 47 支仪器无法测得数据,已经不能使用,剩余 70 支有读数仪器线缆已经集中在灌浆廊道的 3 个位置,人工测量,本次设计采用 3 台数据采集单元(MCU)进行自动采集。

3.10.7 监测数据采集方案

3.10.7.1 表面变形观测

依据规范和工程实际,变形观测采用人工观测。水平位移采用高精度全站仪进行观测,垂直位移采用高精度水准仪观测,观测精度能满足监测规范要求。本次设计新增 1 套全站仪和 1 套水准仪(配铟钢尺)。

通过表面变形观测资料的自动分析(含观测资料的时空分析和统计模型等数学手段),结合大坝抗滑稳定分析程序包的运行,利用自动化分析程序来分析大坝的裂缝、不均匀变形以及抗滑稳定等安全隐患,及时预警,实现自动分析评价的目的,为工程安全运行服务。

3.10.7.2 自动化监测

根据测点分部情况,在坝 K0+200.0、坝 K0+800.0、坝 K1+263.0、坝 K1+557.0 和坝 K1+700.0 断面下游 110.00 m 高程马道附近各布置观测箱,在观测箱和溢流坝段灌浆廊道内安装现场数据采集单元(MCU),将仪器电缆引入观测房内,接入数据采集单元(MCU)。

1. 主坝自动化监测

坝体浸润线监测:根据测点分部情况,将坝 K0+205.0 和坝 K0+405.0 断面 10 支浸润线管内渗压计电缆分别引入坝 K0+200.0 断面下游 110 m 高程观测箱内的数据采集单元(MCU);将坝 K0+605.0 断面、坝 K0+805.0 断面和坝 K1+005.0 断面 15 支浸润线管内渗压计电缆分别引入坝 K0+800.0 断面下游 110 m 高程观测箱内的数据采集单元(MCU);将坝 K1+605.0 断面、坝 K1+705.0 断面和坝 K1+805.0 断面 12 支浸润线管内渗压计电缆分别引入坝 K1+700.0 断面下游 110 m 高程观测箱内的数据采集单元(MCU)。

坝基渗压监测:根据测点分部情况,将坝 K0+205.0 和坝 K0+405.0 断面 12 支测压管内渗压计电缆分别引入坝 K0+200.0 断面下游 110.00 m 高程观测箱内的数据采集单元(MCU);将坝 K0+605.0 断面、坝 K0+805.0 断面和坝 K1+005.0 断面 17 支测压管内渗压计电缆分别引入坝 K0+800.0 断面下游 110.00 m 高程观测箱内的数据采集单元(MCU);将坝 K1+005.0 断面 1 支测压管内渗压计电缆分别引入坝 K1+263.0 断面下游 110.00 m 高程观测箱内的数据采集单元(MCU);将坝 K1+605.0 断面、坝 K1+705.0 断面和坝 K1+805.0 断面 15 支浸润线测压管内渗压计电缆分别引入坝 K1+700.0 断面下游 110.00 m 高程观测箱内的数据采集单元(MCU)。

绕坝渗流监测:根据测点分部情况,将北主坝北端绕坝渗流 10 支测压管内渗压计电缆分别引入坝 K0+200.0 断面下游 110.00 m 高程观测箱内的数据采集单元(MCU);将溢流坝段北刺墙绕坝渗流 15 支测压管内渗压计电缆分别引入坝 K1+263.0 断面下游 110.00 m 高程观测箱内的数据采集单元(MCU);将溢流坝段南刺墙绕坝渗流 15 支测压管内渗压计电缆分别引入坝 K1+557.0 断面下游 110.00 m 高程观测箱内的数据采集单元(MCU)。

2. 溢流坝自动化监测

坝体水平位移和挠度监测:根据测点分部情况,将廊道内 4 台垂线坐标仪电缆分别引入灌浆廊道内的数据采集单元(MCU)。

廊道内扬压力监测:根据测点分部情况,将灌浆廊道内 27 支测压管内渗压计电缆分别引入灌浆廊道内的数据采集单元(MCU)。

综上,根据测点分布情况,共布置 12 套现场采集单元,现场采集单元(MCU 1)布设在坝 K0+200.0 断面下游 110.00 m 高程马道附近观测箱,分别接入渗压计 32 支,通过光缆与监控中心连接。

现场采集单元(MCU 2)布设在坝 K0+800.0 断面下游 110.00 m 高程马道附近观

测箱,分别接入渗压计 32 支,通过光缆与监控中心连接。

现场采集单元(MCU 3)布设在坝 K1+263.0 断面下游 110.00 m 高程马道附近观测箱,分别接入渗压计 16 支,通过光缆与监控中心连接。

现场采集单元(MCU 4、MCU 5、MCU 6)布设在坝 K1+557.0 断面下游 110.00 m 高程马道附近观测箱,分别接入渗压计 24 支、测缝计 60 支,共布置仪器 84 支。通过光缆与监控中心连接。

现场采集单元(MCU 7)布设在坝 K1+700.0 断面下游 110.00 m 高程马道附近观测箱,分别接入渗压计 27 支,通过光缆与监控中心连接。

现场采集单元(MCU 8、MCU 9、MCU 10、MCU 11、MCU 12)布设在灌浆廊道内,分别接入渗压计 27 支、垂线坐标仪 4 台、单管流量计 4 台,原有差阻式监测仪器 70 支,共布置仪器 105 支。通过光缆与监控中心连接。各 MCU 位置及接入仪器种类、数量见表 3.10.7-1。

表 3.10.7-1　板桥水库安全监测数据采集单元布置一览表

序号	测控单元编号	位置	接入仪器名称	单位	接入仪器数量	备注
1	MCU 1	坝 K0+200.0 断面下游 110.00 m 高程观测箱	渗压计	支	10 支	绕坝
			渗压计	支	10 支	浸润线
			渗压计	支	12 支	测压管
2	MCU 2	坝 K0+800.0 断面下游 110.00 m 高程观测箱	渗压计	支	15 支	浸润线
			渗压计	支	17 支	测压管
3	MCU 3	坝 K1+263.0 断面下游 110.00 m 高程观测箱	渗压计	支	1 支	测压管
			渗压计	支	15 支	绕坝
4	MCU 4~6	坝 K1+557.0 断面下游 110.00 m 高程观测箱	渗压计	支	9 支	扬压力
			渗压计	支	15 支	绕坝
			测缝计	支	60 支	开合度
5	MCU 7	坝 K1+700.0 断面下游 110.00 m 高程观测箱	渗压计	支	12 支	浸润线
			渗压计	支	15 支	测压管
6	MCU 8~13	观测廊道内	渗压计	支	27 支	扬压力
			垂线坐标仪	台	4 台	挠度
			单管流量计	台	4 台	挠度
			原有监测仪器	支	70 支	原有

3.10.8　安全监测自动化系统

针对本工程特点和监测项目,自动化系统采用智能分布式安全监测系统来实现自动化监测,该系统具有数据采集、数据传输、数据储存记录、数据检查等功能。其主体结构由监测仪器、测量控制单元(MCU)、专用软件和监控计算机等组成。

3.10.8.1　系统的组成

为了保证自动监测系统的长期稳定运行,板桥水库安全监测自动化系统采用分层、分布、开放式的结构,最低层的测量控制单元能独立自主地工作,源源不断地将数据采集上来,通过通信电缆传入管理所的中心控制室,供上层各级分析处理和查看,系统包括 3 个部分:

1. 测量控制单元(MCU)

现地测量单元由测量控制单元和传感器组成,共 2 套测量控制单元,MCU 负责采集所有传感器的数据。

2. 网络通信连接

测量控制单元和监控计算机通过总线光缆将监测信号传输到监控中心,板桥水库安全监测自动化系统通过局域网与其他监测项目(例如,水情遥测系统、闸门控制、视频监视等)监控中心互为连接。

3. 安全监控中心

监控中心配备监控主机、激光打印机,主机监控所有的 MCU 的运行,接收 MCU 测量的数据,并对数据分析处理;有远程数据登录的接口,可以被上级单位直接登录查询和发布指示。

3.10.8.2　系统的组网方式

安全监测自动化系统采用分层、分布式的数据采集系统结构,数据采集单元和监控计算机构成环型网,监控计算机对所有测量控制单元进行控制,并采集所有 MCU 的数据,存入数据库中。通过服务器,将数据传输到板桥水库安全监控中心。整个系统结构框图见图 3.10.8-1。

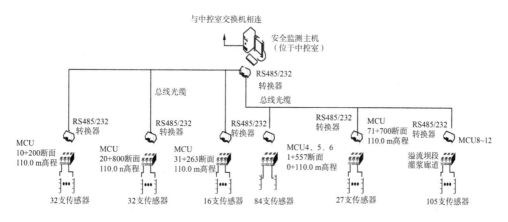

图 3.10.8-1　板桥水库安全监测自动化系统框图

3.10.8.3　软件功能

安全监测管理系统软件是板桥水库安全监测系统重要组成部分,它具有数据采集、数据处理、资料管理、资料整编、资料分析、网络管理及可扩展性,能与其他自动化系统进行无缝联结等功能。通过使用工程安全监测管理系统软件,可以及时了解工程当前状态。安全监测管理系统软件能够为决策提供科学依据,为水库的长期安全和经济运行提供可靠保证。板桥水库监测系统的软件除了数据采集服务程序要在监控主机上启动外,其他部分只要计算机用户通过网络与服务器相连,即可通过浏览器进行访问,查询监测数据、图形、安全监测信息和评价结论。所以,本系统支持工作组、网络运行方式,可以与局域网和广域网互联,数据库可与各种其他数据库互联,为其他系统提供数据接口或供其直接使用。用户可以远程控制MCU的数据采集,显示测量数据,并将测量数据直接保存至服务器中的数据库内。

3.10.9　安全监测设施工程量清单

板桥水库安全监测设施工程量清单见表3.10.9-1。

表 3.10.9-1　板桥水库安全监测设施工程量表

序号	名称或规格	型号或主要技术参数	单位	数量	备注
1	表面变形观测				
1.1	全站仪	1.5 mm±2 pmm×D(D为测量距离,km)	套	1	
1.2	电子水准仪	0.7 mm/km	套	1	
1.3	钢钢尺	2 m	对	1	
1.4	对中基座		套	108	
2	挠度观测				
2.1	垂线坐标仪	量程 X:50 mm,Y:30 mm,测量精度:0.1分辨率:0.01 mm	台	4	
3	渗流监测				
3.1	测压管		m	3 000	
3.2	渗压计	PW,量程350 kPa,精度0.1%F.S.	支	150	
3.3	单管流量计	测量精度:3%F.S.,分辨力:0.25%F.S.,重复性:1%F.S.	台	4	
3.4	通信电缆	DBXH/4×0.35+1×0.2	km	35	
3.5	振弦式读数仪		套	1	
4	自动化系统集成				
4.1	测控单元		套	12	
4.2	光端机		个	14	
4.3	电源电缆		km	1.5	
4.4	监测主机		套	1	

序号	名称或规格	型号或主要技术参数	单位	数量	备注
4.5	数据采集软件		套	1	与系统功能配套
4.6	实时监控与预警软件		套	1	与系统功能配套

3.11 金属结构加固方案

现状金属结构设备除输水洞出口工作闸门建造于 1956 年外,其余设备均建造于 1991 年,主要设备有:

(1)溢流坝表孔工作闸门采用(14.0×14.0-13.867)m(宽×高-设计水头,下同)弧形斜支臂钢闸门,计 8 扇,启闭设备选用 8 台 2×630 kN 后拉式卷扬式启闭机;检修闸门采用(14.0×8.0-7.55)m 平面滑动钢闸门,计 1 扇,分 3 节,启闭设备选用 1 台 2×500/300 kN 单向门式启闭机。

(2)溢流坝底孔工作闸门采用(6.0×6.2-25.00)m 弧形斜支臂钢闸门,计 1 扇,启闭设备选用 1 台 2×630 kN 后拉式卷扬式启闭机;事故检修闸门采用(6.0×7.34-24.50)m 平面滑动钢闸门,计 1 扇,分 3 节,启闭设备选用 1 台 2×500/300 kN 单向门式启闭机。

(3)拦污栅采用(1.6×10.0-24.51)m 平面焊接钢结构,计 2 扇,启闭设备选用 2 台 125 kN 卷扬式启闭机;输水洞进口事故检修闸门采用(1.6×3.4-24.51)m 平面滑动钢闸门,计 2 扇,启闭设备选用 2 台 250 kN 卷扬式启闭机;出口工作闸门采用(3.0×1.5-24.51)m 弧形直支臂钢闸门,计 1 扇,启闭设备选用 1 台 300 kN 螺杆式启闭机。

(4)电站尾水闸门采用(3.11×1.44-5.99)m 平面滑动钢闸门,计 2 扇,启闭设备选用 1 台 50 kN 门式启闭机(电站部分不在本次加固范围内)。

3.11.1 金属结构存在问题和加固内容

2012 年 8 月,驻马店市水利局主持召开了板桥水库大坝安全鉴定会,形成了《驻马店市板桥水库大坝安全鉴定报告》,报告认为板桥水库存在严重病险与安全隐患,鉴定结论水库大坝为三类坝。根据现场调查、安全复核、安全鉴定报告和 2013 年 1 月安全鉴定核查意见表,金属结构存在问题如下:

溢流坝金属结构局部严重锈蚀,底孔闸门止水破损,漏水严重,启闭机制动器老化,减速箱有渗漏油现象;输水洞工作闸门及事故检修闸门严重腐蚀,老化、卡阻、漏水,闸门启闭设施陈旧,进口启闭机平台高程不足;坝顶门机腐蚀,启闭机设备陈旧。

综合评价金属结构安全性为"C"级。

2015 年 10 月,驻马店市水利局委托水利部水利机械质量检验测试中心对板桥水库闸门和启闭机进行检测,评价意见如下:

(1)溢流坝表孔、底孔工作闸门在现有工况下运行基本安全,建议闸门防腐及更换水封;启闭机存在安全隐患,建议进行更新改造。

（2）溢流坝表孔、底孔检修闸门在现有工况下运行基本安全,建议闸门防腐。

（3）坝顶单向门机在现有工况下运行存在安全隐患,建议进行电气设备更新改造。

（4）输水洞检修闸门和工作闸门及启闭机在现有工况下运行存在安全隐患,建议闸门及启闭机电气设备更新改造。

（5）输水洞拦污栅及启闭机在现有工况下运行存在安全隐患,建议拦污栅及启闭机电气设备更新改造。

根据安全鉴定报告意见和水工布置方案,并结合本次检测报告,确定本次加固设计内容:

（1）对溢流坝表孔、底孔工作闸门和检修闸门进行加固;更换闸门止水橡皮(含螺栓系统和压板);更换闸门支铰轴套;闸门和预埋件重新防腐;更换固定卷扬式启闭机。

（2）对坝顶门式启闭机进行加固,更换启闭设备;更换门机轨道;门机重新防腐。

（3）更新输水洞进口拦污栅、进口事故检修闸门、出口工作闸门及各自启闭设备。

3.11.2 溢流坝表孔金属结构加固方案

进口处设置1道检修闸门和工作闸门,孔口净宽14.0 m,计8孔,堰顶高程103.633 m,工作闸门设计水位为117.50 m,检修水位为111.50 m。

3.11.2.1 工作闸门加固设计

工作闸门采用(14.0×14.0-13.867)m露顶式斜支臂弧形钢闸门,计8扇,门底高程103.633 m。主要结构材料Q235B,焊条E4303,面板布置朝库内侧。弧面半径16.012 m,支铰转动中心高程110.633 m,支铰采用圆柱铰。

加固内容:保留现状工作闸门,对锈蚀严重构件进行更换;更换闸门止水橡皮(含螺栓系统和压板);更换闸门支铰轴套;闸门和预埋件重新防腐;更换固定卷扬式启闭机。

1. 工作闸门安全复核

闸门设计水位:库内侧117.50 m,库外侧103.633 m。根据计算,闸门水压力$P=$14 991 kN。

（1）面板厚度计算

工作闸门的面板最大厚度计算值为10.51 mm,原闸门面板厚度12 mm,平均腐蚀率为5.4%,折算实际面板厚度11.4 mm,满足规范要求。

（2）主框架(主梁和支臂)计算

按下主梁荷载强度$q=556.1$ kN/m计算,刚度比为5.9。主梁、支臂的计算截面及主要计算成果见表3.11.2-1、表3.11.2-2。

经复核计算,并考虑现状主框架平均腐蚀率不到7%,主框架计算成果满足规范要求。

2. 工作闸门加固

更换的止水系统同原工作闸门,采用单向止水,侧止水采用L型橡皮,底止水采用I型切角橡皮,止水布置在面板侧,材料SF6674,压板材料Q235B,螺栓系统采用镀锌处理。

表 3.11.2-1　主梁的计算截面及主要计算成果表

截面设计	前翼缘宽度/mm	前翼缘厚度/mm	腹板高度/mm	腹板厚度/mm	后翼缘宽度/mm	后翼缘厚度/mm
	200	16	1 450	20	400	20
计算结果	跨中最大弯矩/(kN·m)	最大剪力/kN	截面惯性矩/cm⁴	截面抵抗矩/cm³	最大弯曲应力/MPa	折算应力/MPa
	2 364.5	600	1 450 000	18 900	120	142
允许值					135	1.1×150

表 3.11.2-2　支臂的计算截面及主要计算成果表

截面设计	前翼缘宽度/mm	前翼缘厚度/mm	腹板高度/mm	腹板厚度/mm	后翼缘宽度/mm	后翼缘厚度/mm
	760	20	2×700	2×12	760	20
计算结果	最大弯矩/(kN·m)	最大轴力/kN	截面惯性矩/cm⁴	截面抵抗矩/cm³	弯矩作用平面内/MPa	弯矩作用平面外/MPa
	147.24	3 939	463 000	12 500	110	98.2
允许值					135	135

加固结构材料采用 Q235B,具体加固部位根据现场实际情况进行更换,本次设计按每扇闸门 5.0 t 考虑工程量(含更换止水系统)。

3. 更换闸门支铰轴套

由于工作闸门已经运行多年,在安全鉴定时支铰轴套没有进行检测,为确保工程安全,本次设计建议更换闸门支铰轴套,型号采用钢基铜塑复合材料 FZB08380×430×560－2RS,每扇闸门计 2 只,共计 16 只。

4. 更换 8 台固定卷扬式启闭机

表孔闸门左、右两台启闭机布置在两不同启闭机室内,不利于操作人员观察启闭机的运行情况。考虑到本工程为重要的泄洪通道,工作闸门启闭机主要部件电动机、制动器及减速器等为淘汰产品,维修更换困难,综合考虑更新原启闭设备,维持后拉式启闭机。

闸门动水启闭,最大启闭水位:库内侧 117.50 m,库外侧 103.633 m。闸门自重91 t,启闭力计算成果见表 3.11.2-3。

表 3.11.2-3　启闭力计算成果表

项目	闸门阻力矩/(kN·m)	支铰摩阻力矩/(kN·m)	止水摩阻力矩/(kN·m)	闭门力/kN	加荷载/kN	启门力/kN
闭门状况	10 199	399	965	−621	0	
启门状况	10 199	399	965		0	1 058

根据计算,启闭设备选用 QP-2×630 kN-16.0 m 后拉式卷扬启闭机,计 8 台套,电机功率 2×22 kW,钢丝绳采用不锈钢钢丝绳,为保证水库安全运行,配 HGTD-30 型液

控应急操作装置。

3.11.2.2　检修闸门加固设计

闸门采用(14.0×8.0－7.55)m平面滑动钢闸门,计1扇,门底高程104.00 m。主要结构材料Q235B,焊条E4303,面板布置朝库内侧,门上设冲水阀,静水启闭。

加固内容:保留现状检修闸门,对锈蚀严重构件进行更换;更换闸门止水橡皮(含螺栓系统和压板);闸门和预埋件重新防腐;门机加固。

1. 检修闸门加固

更换的止水系统同原工作闸门,采用单向止水,侧止水采用P型橡皮,底止水采用I型切角橡皮,止水布置在面板侧,材料SF6674,压板材料Q235B,螺栓系统采用镀锌处理。

加固结构材料采用Q235B,具体加固部位根据现场实际情况进行更换,本次设计按每扇闸门3.0 t考虑工程量(含更换止水系统)。

2. 门机加固

保留原门机架,更换运行机构、电气设备和2×500/300 kN启闭设备,含自动抓梁,更换原50 kg/m钢轨。

3.11.3　溢流坝底孔金属结构加固方案

进口处设置1道检修闸门和工作闸门,孔口净宽6.0 m,计1孔,堰顶高程93.00 m,工作闸门设计水位为117.50 m。

3.11.3.1　工作闸门加固设计

工作闸门采用(6.0×6.2－25.00)m潜孔式斜支臂弧形钢闸门,计1扇,门底高程92.50 m。主要结构材料Q235B,焊条E4303,面板布置朝库内侧。弧面半径10.0 m,支铰转动中心高程为98.00 m,支铰采用圆柱铰。

加固内容:保留现状工作闸门,对锈蚀严重构件进行更换;更换闸门止水橡皮(含螺栓系统和压板);更换闸门支铰轴套;闸门和预埋件重新防腐;更换固定卷扬式启闭机。

1. 工作闸门安全复核

闸门设计水位:库内侧117.50 m,库外侧92.50 m。根据计算,闸门水压力$P=9\,736$ kN。

(1)面板厚度计算

工作闸门的面板计算最大厚度值为16.72 mm(下主梁以下面板),原闸门面板厚度18 mm,平均腐蚀率为4.6%,折算实际面板厚度17.2 mm,可满足规范要求。

(2)主框架(主梁和支臂)计算

按下主梁荷载强度$q=836.1$ kN/m计算,刚度比为5.12。主梁、支臂的计算截面及主要计算成果表见表3.11.3-1、表3.11.3-2。

表 3.11.3-1 主梁的计算截面及主要计算成果表

截面设计	前翼缘宽度/mm	前翼缘厚度/mm	腹板高度/mm	腹板厚度/mm	后翼缘宽度/mm	后翼缘厚度/mm
	160	16	800	16	300	20
计算结果	跨中最大弯矩/(kN·m)	最大剪力/kN	截面惯性矩/cm⁴	截面抵抗矩/cm³	最大弯曲应力/MPa	折算应力/MPa
	2 364.5	600	332 000	6 960	147	165
允许值					135	1.1×150

表 3.11.3-2 支臂的计算截面及主要计算成果表

截面设计	前翼缘宽度/mm	前翼缘厚度/mm	腹板高度/mm	腹板厚度/mm	后翼缘宽度/mm	后翼缘厚度/mm
	300	20	700	16	300	20
计算结果	最大弯矩/(kN·m)	最大轴力/kN	截面惯性矩/cm⁴	截面抵抗矩/cm³	弯矩作用平面内/MPa	弯矩作用平面外/MPa
	147.24	3 939	201 000	5 440	127	128
允许值					135	135

经复核计算,并考虑现状主框架平均腐蚀率不到 5%,主梁跨中应力不满足规范要求,主框架计算成果满足规范要求。

2. 工作闸门加固

根据复核计算,需要对底梁以下面板和主梁后翼缘进行加固处理,具体措施:在下主梁以下面板增设加劲板,主梁后翼缘加焊 16 mm 厚钢板,最大弯曲应力为 104 MPa,可满足规范要求。

更换的止水系统同原工作闸门,采用单向止水,侧止水采用方头 P 型橡皮,顶止水采用 P 型橡皮,均布置在面板外侧,底止水采用 I 型切角橡皮,布置在面板内侧,另外在门楣上增设一道橡皮止水,与闸门面板处于密封状态,防止控泄和启门时门顶过水。材料采用橡塑复合止水,在基材 SF6674 表面喷涂聚四氟乙烯,摩擦系数取 0.2,压板材料 Q235B,螺栓系统采用镀锌处理。

加固结构材料采用 Q235B,具体加固部位根据现场实际情况进行更换,本次设计按每扇闸门 4.0 t 考虑工程量(含更换止水系统)。

3. 更换闸门支铰轴套

由于工作闸门已经运行多年,在安全鉴定时支铰轴套没有进行检测,为确保工程安全,本次设计建议更换闸门支铰轴套,型号采用钢基铜塑复合材料 FZB08350×400×460 －2RS,每扇闸门计 2 只,共计 2 只。

4. 更换 1 台固定卷扬式启闭机

由于启闭设备已经运行多年,考虑到本工程为重要的泄洪通道,工作闸门启闭机主要部件电动机、制动器及减速器等为淘汰产品,维修更换困难,综合考虑后更新原启闭设备。

推荐采用后拉式卷扬式启闭机方案。闸门动水启闭,最大启闭水位:库内侧117.50 m,库外侧92.50 m。闸门自重37 t,启闭力计算成果见表3.11.3-3。

表 3.11.3-3 启闭力计算成果表

项目	闸门阻力矩/(kN·m)	支铰摩阻力矩/(kN·m)	止水摩阻力矩/(kN·m)	闭门力/kN	加荷载/kN	启门力/kN
闭门状况	3 070	280	1 847	−21	0	
启门状况	3 070	280	1 847		0	593

根据计算,启闭设备选用 QP-2×630 kN-10.0 m 后拉式卷扬启闭机,计1台套,电机功率为2×22 kW,钢丝绳采用不锈钢钢丝绳,为保证水库安全运行,配 HGTD-30 型液控应急操作装置。

3.11.3.2 检修闸门加固设计

检修闸门采用(6.0×7.34−24.50)m 潜孔式平面滑动钢闸门,计1扇,门底高程93.00 m。主要结构材料 Q235B,焊条 E4303,面板布置朝库内侧,门上设冲水阀,静水启闭。

加固内容:保留现状检修闸门,对锈蚀严重构件进行更换;更换闸门止水橡皮(含螺栓系统和压板);闸门和预埋件重新防腐。

更换的止水系统同原工作闸门,采用单向止水,侧、顶止水采用 P 型橡皮,底止水采用 I 型切角橡皮,止水布置在面板侧,材料 SF6674,压板材料 Q235B,螺栓系统采用镀锌处理。

加固结构材料采用 Q235B,具体加固部位根据现场实际情况进行更换,本次设计按每扇闸门3.0 t 考虑工程量(含更换止水系统)。

3.11.4 输水洞金属结构加固方案

本次加固拆除重建,更新输水洞进口拦污栅、进口事故检修闸门、出口工作闸门及各自启闭设备。

在进口处设置1道拦污栅和事故检修闸门,拦污栅孔口尺寸为 1.6 m×10.0 m,计2孔,堰顶高程92.99 m;事故检修闸门孔口尺寸为 1.6 m×3.4 m(宽×高),计2孔,堰顶高程92.99 m。

在事故检修闸门下游设置1道工作闸门,孔口尺寸为 3.0×1.5 m(宽×高),计1孔,堰顶高程93.06 m。

3.11.4.1 进口拦污栅设计

拦污栅采用(1.6×10.0−26.15)m 平面焊接钢结构,设计水位差4.0 m,计2扇,人工清污;主要结构材料 Q235B,焊条 E4303。

启闭设备选用 QP-160 kN-20 m 高扬程卷扬式启闭机,电动机容量为5.5 kW,钢丝绳采用不锈钢钢丝绳,启闭机安装平台高程为120.00 m。

3.11.4.2　进口事故检修闸门设计

事故检修闸门采用(1.6×3.4-26.20)m 平面定轮钢闸门,计 2 扇。主要结构材料 Q345B,焊条 E5016,面板布置朝库内侧。

闸门采用 4 道等截面主梁结构,主支承采用 φ500 mm 简支滚轮,滚轮材料为 ZG310-570,轮轴材料 40Cr,轴套采用 FZB08110×135×120-2RS 高强度钢基铜塑自润滑轴承,摩擦系数取 0.14。侧向采用挡板支承。止水采用单向止水,材料采用橡塑复合止水,在基材 SF6674 表面喷涂聚四氟乙烯,摩擦系数取 0.2,侧止水及顶止水采用 P 型橡皮,布置在面板外侧,底止水采用 I 型切角橡皮,布置在面板内侧。

埋件采用二期混凝土预埋,侧轨、门楣和底槛均采用焊接结构,主要结构材料 Q235B,与止水接触面采用不锈钢板,材料 1Cr18Ni9Ti。

更换埋件时,采用钢围堰封堵施工,孔口尺寸为 1.6 m×10.0 m,计 2 孔,钢围堰设计水位为 108 m,底板高程 92.99 m。在输水洞进口处放入钢围堰,提起检修门和出口工作门,放空水,根据漏水情况,潜水员下潜到上游钢围堰处采用棉胎封堵。埋件和闸门安装调试完成后,关闭出口工作闸门,向输水洞内灌水,保证钢围堰前后水位一致,拆除钢围堰。

1. 水压力计算

闸门设计水位:库内侧 119.19 m,库外侧 92.99 m。考虑风浪压力,闸门水压力 $P=1\,439$ kN。

2. 面板厚度计算

闸门的面板计算最大厚度值为 10.36 mm,考虑闸门的防腐蚀裕度和焊接变形,闸门面板厚度采用 12 mm。

3. 主梁计算

主梁荷载跨度 $L_0=1.7$ m,计算跨度 $L=2.02$ m,按第二道主梁荷载强度 $q=296.9$ kN/m 计算。主梁的计算截面及主要计算成果表见表 3.11.4-1。

表 3.11.4-1　主梁的计算截面及主要计算成果表

截面设计	前翼缘宽度/mm	前翼缘厚度/mm	腹板高度/mm	腹板厚度/mm	后翼缘宽度/mm	后翼缘厚度/mm
	120	10	442	10	200	16
计算结果	跨中最大弯矩/(kN·m)	梁端最大剪力/kN	截面惯性矩/cm⁴	截面抵抗矩/cm³	最大弯曲应力/MPa	最大剪应力/MPa
	147.6	252.0	537 121	1 874	78.7	59.1
允许值					207	122

经计算,所选截面的主梁计算成果满足规范要求。

4. 启闭力计算及启闭设备选型

闸门动水启闭,最大启闭水位:库内侧 119.19 m,库外侧 93.06 m。闸门自重 3.7 t,启闭力计算成果见表 3.11.4-2。

表 3.11.4-2　启闭力计算成果表

项目	闸门门重/kN	支承摩阻力/kN	止水摩阻力/kN	闭门力/kN	启门力/kN	加荷载/kN
闭门状况	37	25.0	26.4	28.4		80
启门状况	37	25.0	26.4		182.0	

启闭设备选用 QP-250 kN-24 m 高扬程卷扬式启闭机,电动机容量 7.5 kW,启闭机安装平台高程为 120.00 m,钢丝绳采用不锈钢钢丝绳。

3.11.4.3　出口工作闸门设计

工作闸门采用(3.0×1.5-26.13)m 潜孔式直支臂弧形钢闸门,计 1 扇,门底高程93.06 m。主要结构材料 Q235B,焊条 E4303,面板布置朝库内侧。

弧面半径 4.2 m,支铰转动中心高程为 96.06 m,支铰采用圆柱铰,铰链和铰座材料ZG310-570,轴材料 45,轴套采用 FZB08260×300×340-2RS 高强度钢基铜塑自润滑轴承,摩擦系数取 0.14。侧向采用直径 250 mm 简支滚轮支承,材料 ZG270-500。止水采用单向止水,材料采用橡塑复合止水,在基材 SF6674 表面喷涂聚四氟乙烯,摩擦系数取0.2,侧止水采用方头 P 型橡皮,顶止水采用 P 型橡皮,均布置在面板外侧,底止水采用 I型切角橡皮,布置在面板内侧,另外在门楣上增设一道橡皮止水,与闸门面板处于密封状态,防止控泄和启门时门顶过水。

埋件采用二期混凝土预埋,侧轨、门楣和底槛均采用焊接结构,主要结构材料Q235B,与止水接触面采用不锈钢板,材料 1Cr18Ni9Ti。

1. 水压力计算

闸门设计水位:库内侧 119.19 m,库外侧 93.06 m。考虑水锤压力和风浪压力,闸门水压力 $P=1\,749$ kN。

2. 面板厚度计算

闸门的面板最大厚度计算值为 13.97 mm,考虑闸门的防腐蚀裕度和焊接变形,闸门面板厚度采用 16 mm。

3. 主框架(主梁和支臂)计算

按下主梁荷载强度 $q=290.6$ kN/m 计算,刚度比为 4.81。主梁、支臂的计算截面及主要计算成果表见表 3.11.4-3、表 3.11.4-4。

表 3.11.4-3　主梁的计算截面及主要计算成果表

截面设计	前翼缘宽度/mm	前翼缘厚度/mm	腹板高度/mm	腹板厚度/mm	后翼缘宽度/mm	后翼缘厚度/mm
	250	12	402	12	350	20
计算结果	跨中最大弯矩/(kN·m)	最大剪力/kN	截面惯性矩/cm⁴	截面抵抗矩/cm³	最大弯曲应力/MPa	折算应力/MPa
	94.6	436	75 000	3 200	29.34	60.3
允许值					135	135

表 3.11.4-4 支臂的计算截面及主要计算成果表

截面设计	前翼缘宽度/mm	前翼缘厚度/mm	腹板高度/mm	腹板厚度/mm	后翼缘宽度/mm	后翼缘厚度/mm
	300	16	318	16	300	16
计算结果	最大弯矩/(kN·m)	最大轴力/kN	截面惯性矩/cm⁴	截面抵抗矩/cm³	弯矩作用平面内/MPa	弯矩作用平面外/MPa
	14.4	436	31 100	1 770	39.0	37.1
允许值					144	144

经计算,所选截面的主框架计算成果满足规范要求。

4. 启闭力计算及启闭设备选型

闸门动水启闭,最大启闭水位:库内侧 119.19 m,库外侧 93.06 m。闸门自重 9.5 t,启闭力计算成果见表 3.11.4-5。

表 3.11.4-5 启闭力计算成果表

项目	闸门阻力矩/(kN·m)	支铰摩阻力矩/(kN·m)	止水摩阻力矩/(kN·m)	闭门力/kN	加荷载/kN	启门力/kN
闭门状况	312	34.3	300	32.5	60	
启门状况	312	34.3	300		60	271.3

根据计算,启闭设备选用 QL500/250 kN-4.0 m 螺旋伞齿螺杆式启闭机,电动机容量 11.0 kW,启门速度 $v=0.25$ m/min。

3.11.5 金属结构防腐

除输水洞进口拦污栅、事故检修门、出口工作闸门和供水管道进口检修门更新外,其余均采用原设备进行加固。

1. 在役金属结构表面处理和防腐

为节约工程投资,与基体结合牢固且保存完好的金属涂层清理出金属涂层光泽后予以保留,锈蚀部位应清到基体,喷锌保证总锌层 160 μm。

再涂厚浆型环氧底漆 2C6(PenguardPrimerSEA)50 μm,中间漆采用改性耐磨环氧漆(Jotamastic87)100 μm,面漆采用聚氨酯面漆(HardtopAS)100 μm。

2. 新增金属结构表面处理和防腐

喷砂除锈达到 Sa2.5 级,粗糙度为 60~100 μm,喷锌 160 μm,涂厚浆型环氧底漆 2C6(PenguardPrimerSEA)50 μm,中间漆采用改性耐磨环氧漆(Jotamastic87)100 μm,面漆采用聚氨酯面漆(HardtopAS)100 μm。

3.12 电气

3.12.1 主要用电负荷

1. 板桥水库各用电单位用电负荷容量

(1) 水库管理局： 315 kVA 干式变压器 1 台。

(2) 溢流坝 10 kV 变电所： 315 kVA 干式变压器 2 台。

(3) 主坝道路照明： 63 kVA 箱式变压器 1 台。

(4) 老办公楼： 250 kVA 箱式变压器 1 台。

(5) 职工水厂： 200 kVA 箱式变压器 1 台。

(6) 灌溉涵： 80 kVA 箱式变压器 1 台。

2. 溢流坝主要用电负荷

(1) 溢流坝表孔工作闸门

净宽 14 m,弧形钢闸门,共 8 扇

启闭机 QH - 2×630 kN　配套电机 YZ200L - 8

电机功率 2×18.5 kW　台数:8 台

(2) 溢流坝表孔检修闸门

净宽 14 m,平面滑动钢闸门

启闭机:2×500 kN 门式启闭机(原有不更换)

主电机 YZ200L　功率 18.5 kW　台数:2 台

运行电机 YZR160M2　功率 8.5 kW　台数:2 台

(3) 溢流坝底孔工作闸门

净宽 6 m,弧形钢闸门,1 扇

启闭机 QH - 2×630 kN　配套电机 YZ200L - 6

电机功率 2×18.5 kW　台数:1 台

3. 输水洞主要用电负荷

(1) 进口事故闸门

净宽 1.6 m,平面钢闸门,共 2 扇

启闭机 QP - 250 kN　配套电机 YZ160M2 - 6

电机功率 7.5 kW　台数:2 台

(2) 进口拦污栅

启闭机 QP - 160 kN　配套电机 YZ160M1 - 6

电机功率 5.5 kW　台数:2 台

(3) 出口工作闸门

净宽 3.0 m,弧形钢闸门,1 扇

启闭机 QHSY - 500/100 kN - 4.0 m　配套电机 Y160L - 6

电机功率 11 kW　台数:1 台

3.12.2　电气主接线

1. 水库管理局 10 kV 变电所

供电电源引自 110 kV 松原变电站 10 kV 两段母线,采用电缆顶管敷设至水库管理局办公楼 10 kV 变电所。

10 kV 母线采用单母线分断接线。设 10 kV 电源进线柜 2 台、10 kV 计量柜 2 台、10 kV 过电压抑制柜 2 台、10 kV 主变出线柜 1 台、10 kV 出线柜 5 台,10 kV 母联柜 1 台、10 kV 隔离柜 1 台、10 kV 远备柜 1 台(远期实施),共计 15 台。10 kV 配电装置选用 KYN28A-12 型铠装移开式交流金属封闭开关设备。

0.4 kV 母线采用单母线接线,0.4 kV 配电装置选用 MNS 型低压抽出式开关柜,共 3 台。其中 0.4 kV 电源进线柜 1 台、0.4 kV 出线柜 1 台、0.4 kV 电容补偿柜 1 台。主变选用 1 台 SC11-315/10/0.4 kV 干式变压器。

配 1 台 160 kW 柴油发电机组作为水库管理局备用电源,柴油发电机组和变压器低压电源在低压进线柜内采用电气闭锁和机械闭锁的电源进线方式供电。

2. 溢流坝 10 kV 变电所

供电电源引自水库管理局办公楼 10 kV 变电所 10 kV 两段母线,采用电缆直埋敷设至溢流坝 10 kV 变电所。

10 kV 母线采用单母线分段接线。10 kV 配电装置选用 HXGN15-12 型户内高压环网柜,共 8 台。其中 10 kV 电源进线柜 2 台、主变压器 10 kV 电源出线柜 2 台、10 kV 站用变压器柜 1 台、10 kV 出线柜 1 台、10 kV 母线左联柜 1 台、10 kV 母线右联柜 1 台。

0.4 kV 母线采用单母线接线。0.4 kV 配电装置选用 MNS 型低压抽出式开关柜,共 5 台。其中 0.4 kV 电源进线柜 2 台、0.4 kV 馈电柜 2 台、0.4 kV 无功补偿柜 1 台。主变选用 2 台 SC11-315/10/0.4 kV 干式变压器。

配 1 台 330 kW 柴油发电机组作为溢流坝备用电源,柴油发电机组和变压器低压电源在低压进线柜内采用电气闭锁和机械闭锁的电源进线方式供电。

从溢流坝 10 kV 变电所 0.4 kV 母线分别引一路 0.4 kV 电源至输水洞进口事故闸门、出口工作闸门、进口拦污栅闸门。

溢流坝闸门采用双电机启闭,每 2 孔闸门配置 1 台 PK-10 现地配电柜,每台现地配电柜低压进线均采用双电源供电。

3.12.3　主要电气设备选择

1. 变压器选择

根据负荷统计,综合泄洪闸的运行方式,水库管理局 10 kV 变电所选择 1 台 SC12-315/10/0.4 kV 干式变压器;为保障供电的可靠性,主变压器容量按最大稳定用电负荷进行选择,按最大尖峰负荷允许过载运行时间进行校核,溢流坝 10 kV 变电所选择 2 台 SC12-315/10/0.4 kV 干式变压器,电压均为 10/0.4 kV。

2. 高压开关柜选择

水库管理局 10 kV 变电所 10 kV 配电装置选用 KYN28A－12 型铠装移开式交流金属封闭开关设备。设 10 kV 电源进线柜 2 台、10 kV 计量柜 2 台、10 kV 过电压抑制柜 2 台、10 kV 主变出线柜 1 台、10 kV 出线柜 5 台，10 kV 母联柜 1 台、10 kV 隔离柜 1 台、10 kV 远备柜 1 台(远期实施)，共计 15 台。10 kV 断路器采用真空断路器。

溢流坝 10 kV 变电所选用 HXGN15－12 型户内高压环网柜，共 8 台。其中 10 kV 电源进线柜 2 台、主变压器 10 kV 电源出线柜 2 台、10 kV 站用变压器柜 1 台、10 kV 出线柜 1 台、10 kV 母线左联柜 1 台、10 kV 母线右联柜 1 台。

3. 低压开关柜选择

水库管理局 10 kV 变电所和溢流坝 10 kV 变电所的 0.4 kV 配电装置皆选用 MNS 型低压抽出式开关柜。

水库管理局 10 kV 变电所 0.4 kV 电源进线柜 1 台、0.4 kV 出线柜 1 台、0.4 kV 电容补偿柜 1 台。溢流坝 10 kV 变电所 0.4 kV 电源进线柜 2 台、0.4 kV 馈电柜 2 台、0.4 kV 无功补偿柜 1 台。低压馈电柜内配置高性能塑壳开关。

闸门现地配电柜采用 PK－10 型，共 5 台。

4. 无功补偿柜选择

为安全、合理、高效的使用电力能源，改善电能质量，降低能源损耗，采用低压电容器提高能源使用效率，根据变压器容量，水库管理局 10 kV 变电所和溢流坝 10 kV 变电所均配备容量为 90 kW 的无功补偿柜。

5. 柴油发电机组容量选择

为保障板桥水库"防汛指挥调度系统、通信系统"等一级用电负荷的可靠性，在板桥水库水库管理局 10 kV 变电所和溢流坝 10 kV 变电所各设 1 台柴油发电机组作为备用电源，以确保其供电的可靠性。

板桥水库水库管理局 10 kV 变电所配 1 台 160 kW 柴油发电机组作为水库管理局备用电源，柴油发电机组和变压器低压电源在低压进线柜内采用电气闭锁和机械闭锁的电源进线方式供电；溢流坝 10 kV 变电所配 1 台 330 kW 柴油发电机组作为溢流坝备用电源，柴油发电机组和变压器低压电源在低压进线柜内采用电气闭锁和机械闭锁的电源进线方式供电。

6. 电线电缆

电缆均采用铜芯电缆，根据不同环境及敷设方式，10 kV 电缆采用 YJV－8.7/10 型，低压动力电缆采用 YJV－0.6/1 型。

3.12.4 水库信息化管理系统

水库信息化管理系统需具有计算机监控、视频监视、大坝安全监测、防汛视频会议系统、防洪调度管理、办公自动化、信息中心管理等功能。

3.12.4.1 计算机监控系统

板桥水库水库管理局 10 kV 变电所、溢流坝 10 kV 变电所及溢流坝闸门设以计算机控制为主、常规设备控制为辅的计算机监控系统。

计算机监控系统主要功能包括闸门启闭机、变压器、高低压开关柜等设备的运行控制和运行参数自动监测。

1. 设计原则

计算机监控系统建设应以安全运行、节能降耗、提高管理水平及减轻劳动强度等为目的,以需求为导向,按照远期规划与近期目标相结合的原则确定项目建设内容。

计算机监控系统建设应遵循可靠性、实用性、经济性、先进性等原则,根据本工程实际需求采用成熟、先进的技术及产品。

(1) 以计算机监控为主、常规设备监控为辅,做到技术先进、安全可靠、经济实用,实现"无人值班,少人值守"。

(2) 采用分层分布开放式快速以太网结构,并具有冗余功能。

(3) 充分保证选用不同计算机时的相互可操作性,系统扩展和设备更新时的可移植性。

(4) 应能对各操作命令进行校核和记录,并具有检查被控对象的状态是否满足相应条件的功能。

(5) 主控级对目标失去监控时,应能在现地实现对目标的监控,并存储相关数据。现地控制层级优先于主控级。

2. 监控对象

计算机监控系统监控对象主要包含以下内容:

(1) 主要电气设备运行状态的信号采集、监测及控制。

(2) 闸门的开度、荷重。

(3) 电机运行状态及其参数。

(4) 柴油发电机组状态及其参数。

(5) 水库上下游水位。

(6) 其他需监测的量。

3. 网络拓扑结构

计算机监控系统网络结构采用环形光纤快速以太网,闸门控制各 LCU 柜及变电所公用 LCU 柜直接接入交换机,闸门开度、电机运行状态参数经 LCU 上传至主控级。高低压开关柜内各主要进、出回路和柴油发电机组各参数均通过具有通信功能的传感器或智能表计接入公用 LCU。主控级工作站直接接入交换机。

4. 计算机监控系统功能

(1) 主控级功能:数据巡检和处理、安全运行监视、事件顺序记录、定时、人工报表打印、记录、事故处理指导和恢复操作指导、语音报警、工程设备运行管理、系统诊断。

(2) 现地 LCU 功能:数据的实时采集和处理、具有限制非法操作者的软、硬件多重闭锁功能、可在现地 LCU 控制柜上实现主要电气设备、闸门的自动控制和手动控制的切换、与主控级实时通信、实现自诊断和自恢复。

(3) 管理局监控网交换机通过与各计算机监控系统交换机的链接,实现远程监控。

3.12.4.2 视频监视系统

视频监视系统是水利水电工程现代化安全防范体系中的重要组成部分,它通过遥控摄像机及辅助设备直接观察被监视场所的情况,并实时地把图像传输到监控中心,使监控中心可以及时掌握监测点的实时工况。

视频监视系统主要由摄像、传输、显示及控制等四个主要部分组成。

(1)监视对象

视频监视系统监视对象主要有溢流坝、上下游水面、启闭机房机电设备、变配电室、柴油发电机室、中控室、主要建筑物门厅和交通道路等。

(2)视频监视系统功能

在中控室可切换各路单画面图像或多画面图像进行实时监视,具有对云台、镜头的自动控制、录像查询回放、通过网络进行双向音视频传输等功能。

管理局防洪调度系统可通过光纤线路与水库 10 kV 变电所、溢流坝视频监视系统交换机链接,在管理局调度室大屏幕上实时显示各摄像机采集到的画面。

3.12.4.3 大坝安全监测系统

大坝安全监测系统由数据采集单元、现场测控单元和安全监测工作站组成。数据采集单元直接与传感器相接,再通过控制电缆与现场测控单元连接,每个测控单元在分布式网络结构中都是独立的,必须有其自身的日历和时针。正常情况下,由网络管理时钟;网络退让时由测控单元自身管理时针。测控单元能独立完成观测数据采集,A/D 转换,工程单位转换及其他计算,测控单元与安全监测工作站之间采用无线通信方式。

安全监测工作站位于管理局信息中心,配置由厂家提供的自动化监测系统标准软件,主要完成网络设置和管理、数据库文件的管理和控制、紧急情况报告、远程通信及其他计算机的文件传输。此外,每个测控单元都有 RS-485 接口,只要接入一台装有标准软件的便携式计算机就可作为临时网络监控站,能够连接到网络中的任一个结点,这种临时连接应允许操作人员进行现场检查、率定、诊断和系统的重新设置,但都不能扰乱正常的日常数据采集和网络拓扑结构的设置。

3.12.4.4 防洪调度系统

防洪调度系统主要由工程信息查询、水雨情查询、预报与调度、历史数据维护与管理、系统设置、外部数据接入等系统组成。

(1)工程信息查询

工程信息查询主要包括水库工程基本概况、设计运行参数、水位特征值及特征曲线、流域及水系特征信息、水文站网布设、历史雨洪资料统计数据等,并以文字、图片或声像等多种形式表达。

(2)水雨情查询

该模块可根据用户指定的测站名称和起止时间,检索出相应的雨量过程、水位过程、时段累积雨量等数据,并以表格、图形或空间分布图等形式直观地表现出来。可以显示雨量和流量过程线以及相应的特征值和统计值。

(3) 洪水预报与调度

水库洪水实时预报与调度模块是系统的核心部分。对于洪水预报,用户可以选择开始时间和终止时间,利用洪水预报模型对实际降水或假拟降水做出预报,并可以同时以表格和双轴图等形式给出预报结果;如果是实际降水预报,则可以选择实时校正,即利用实测流量信息对当前时刻的预报流量系列进行实时修正。对于水库调度,用户可以选择规则调度、常规经验调度、交互调度、预泄调度等方式对预报流量系列进行调节计算,给出合理的调度决策以及库水位和库容的变化过程。对于合理的预报和调度结果,用户可以选择打印结果,也可以将其编号保存起来,以方便以后管理和维护。

(4) 历史数据维护与管理

利用数据库自身强大的查询和统计功能,系统可根据预报库中的时段数据快速生成日、月、年统计数据并存入历史数据库,如雨量站的日雨量、水库站的日入库水量、河道站的日平均流量等。利用可视化编程工具提供的报表生成组件快速生成十分专业且美观的报表,并有预览和打印功能。

(5) 系统设置

该模块是为系统正常稳定地运行、为用户方便使用系统而设计的。与预报和调度模型相关的许多参数均存放于数据库中,为了系统能够安全正常运行,须为不同用户设置不同的操作权限。系统启动时须进行身份认证,一些重要的操作只对具有特定权限的用户有效,如参数设置、测站设置、成果管理等。

(6) 外部数据接入

通过特定的通信协议和连接参数,从水文测报系统和大坝安全监测系统中获取相应数据,并将实时数据导入预报与调度数据库,然后进行数据处理和预报调度。

3.12.4.5　防汛视频会议系统

防汛会议及电话会议系统是一个集语音、图像、多媒体信息,集成、显示、管理等功能于一体的综合业务展示中心。系统总体主要包括以下几个内容:大屏幕显示系统、数字会议与扩声系统、中央控制系统等。

3.12.4.6　办公自动化系统

办公自动化系统是建立工程范围内的主干(1 000 M)、各个终端(10 M)的高速计算机网络,为办公自动化提供传输通道和工作平台,具体包括:信息发布,即各相关科室通过网络发布相关信息给指定单位;信息查询,即相关科室可在自身职责范围内对网上信息进行浏览;文件传输,即通过网络实现相关文件的传递。网络以管理所办公楼信息中心作为网络中心,线路以星状结构分布至各部门站点。

该部分还包括综合布线系统,主要为室内布线和室外光纤铺设两部分内容。

室内布线包括管理局办公楼、溢流坝、10 kV 变电所等建筑物的内部计算机网络布线。信息点具体分布位置、综合布线走向根据现场情况确定,暂按 100 点考虑相关的网线、信息语音插座等,网线包含电话语音芯线。

为确保系统的安全运行,办公自动化系统通过网络安全隔离装置与管理局信息中心进行隔离,实时向上级网传输数据、话音交换、图文传真等内容,实现办公自动化。

办公自动化系统实现运行管理单位的电子化办公、实现局域网内的信息共享、提高工作效率。办公自动化系统划分为如下子系统:公文管理、个人办公平台、公共信息管理、会议管理、办公用品管理、车辆管理、工作流程管理及其他功能。

3.12.4.7　管理局信息中心

管理局信息中心负责整个板桥水库计算机监控系统、大坝安全监测等信息的集成及远程监控,主要配置 2 台中心站管理主机、1 台通信服务器、1 台数据库服务器、1 台网络打印机、三层交换机、UPS 电源、音响设备等。

3.12.5　通信

1. 板桥水库管理局生产调度和行政通信系统

根据《水库工程管理设计规范》(SL 106)要求,在板桥水库管理局设一部 100 门数字式程控交换机,设 20 对中继线接入当地电信局,以实现对内、对外生产调度和行政通信。

2. 板桥水库管理局防汛调度预警通信系统

根据《水闸工程管理设计规范》(SL 170),水闸管理单位应根据水闸的等级、规模和性质,因地制宜地选取不同的通信方式。一般大型水闸和重要的中型水闸,特别是分蓄洪区的水闸,必须具有两种以上的通信方式,并应具备有线与无线的转接功能。

为保证防汛调度的可靠性,确保防洪安全,租用电信公司专用光纤链路,1G/S 通信带宽。另外,将板桥水库建设微波站的 1 跳无线通道和相关配套设施作为备用防汛调度通信信道。将新建板桥水库防汛通信系统纳入已有的驻马店市水利局防汛通信系统,并与淮河水利防汛专网相接。

3.12.6　电气设备布置

水库管理局 10 kV 变电所采用屋内式,布置在管理局新建办公楼内旁,设柴油发电机室、10 kV 开关柜室、变压器及低压柜室、直流室、工具间等,层高 4.5 m 计算机监控中控室与水库信息管理中心合建。

溢流坝 10 kV 变电所采用屋内式,布置在原配电室处,共四层。一层设置柴油发电机室,二层设置计算机监控室,三层设置 10 kV 配电室,四层设置 0.4 kV 配电室。

在溢流坝表孔启闭机房内布置 5 台闸门现地 LCU 控制柜及 5 台闸门动力柜。

3.12.7　照明

启闭机房均设正常工作照明,低压变配电室、柴油发电机室除设正常工作照明外均装设事故照明,柴油发电机房采用防爆照明灯具。为保障水库大堤夜间防汛抢险需要,在主要堤防道路及防汛道路设路灯照明。照明灯具均采用光学性能和节能效果较好的新型灯具。办公、生活区设草坪灯、庭院灯等。

3.12.8　防雷接地

1. 水库管理局 10 kV 变电所

（1）过电压保护

为防止雷电侵入波过电压对主变压器及高压设备的绝缘造成危害，在 310 kV 架空线与电缆的连接处和 10 kV 高压开关柜电缆进线处各装设一组氧化锌避雷器。

为保护主变压器及 10 kV 电气设备，在每段 10 kV 母线上均分别装设了一组氧化锌避雷器。

为防止直击雷，在 10 kV 屋内变电所楼顶设避雷带（网）保护，其接地引下线与变电所接地网可靠连接。

（2）接地装置

10 kV 屋内变电所所有电气设备、计算机监控系统设备等设备的防雷接地、保护接地、工作接地、防静电接地等共用一个总接地装置，接地装置设计工频接地电阻值 $R{\leqslant}1.0\ \Omega$。

接地装置由人工接地装置组成，主要是由埋设在地下的垂直接地体和水平接地体形成环形接地网。

2. 溢流坝 10 kV 变电所

（1）过电压保护

为防止雷电侵入波过电压对主变压器及高压设备的绝缘造成危害，在 10 kV 高压开关柜电缆进线处各装设一组氧化锌避雷器。

为保护主变压器及 10 kV 电气设备，在每段 10 kV 母线上均分别装设了一组氧化锌避雷器。

为防止直击雷，在溢流坝启闭机房、桥头堡楼顶设避雷带（网）保护，其接地引下线与变电所接地网可靠连接。

（2）接地装置

溢流坝 10 kV 变电所及启闭机房内所有电气设备、计算机监控系统设备等设备的防雷接地、保护接地、工作接地、防静电接地等合用一个接地装置。接地装置采用溢流坝原有接地装置，要求原接地装置实测工频接地电阻值 $R{\leqslant}1.0\ \Omega$，如原接地装置工频接地电阻值不满足要求，应补做人工接地装置至满足设计要求。补做人工接地装置主要是由埋设在堤坡下的垂直接地体和水平接地体组成。

4 溢流坝防渗面板施工

4.1 工程概况

4.1.1 枢纽概述

板桥水库位于淮河支流汝河上游的河南省驻马店市驿城区板桥镇,是一座以防洪为主,兼有灌溉、城市供水、发电和养殖等综合利用的大(2)型枢纽工程。

板桥水库控制流域面积 768 km²,多年平均径流量 2.8 亿 m³,水库防洪保护面积 431 km²。设计洪水标准为 100 年一遇,校核洪水标准为可能最大洪水。水库死水位 101.04 m(1985 国家高程基准,下同),汛限水位 110.00 m,兴利水位 111.50 m。本次除险加固重新核算 100 年一遇设计洪水位 117.50 m,可能最大洪水位 119.35 m,水库总库容 6.75 亿 m³。水电站装机 4×1 000 kW,设计灌溉面积 45 万亩,城市供水 1.5 m³/s,养殖水面 3.3 万亩。下游河道安全泄量 2 800 m³/s,标准内洪水最大控泄流量 2 000 m³/s,超标准洪水自由泄流,最大泄量 14 194 m³/s。板桥水库为 Ⅱ 等大(2)型工程,主要建筑物级别为 2 级,次要建筑物级别为 3 级。

板桥水库主要由土坝(包括北主坝、南主坝、北副坝、南副坝、南岸原副溢洪道堵坝及秣马沟副坝)、混凝土溢流坝、输水洞、电站及城市供水管道等组成。大坝全长 3 769.5 m,其中主坝全长 2 300.7 m(包括 150 m 长混凝土溢流坝),副坝全长 1 468.8 m。

混凝土溢流坝位于主坝桩号 K1+337.0～K1+487.0 处,即原水库垮坝时的最大冲坑处(河床段)。溢流坝为斜缝实体重力坝,由 8 个表孔坝段(表 1～表 8)和 1 个底孔坝段组成,底孔坝段位于中间,两边各 4 个表孔坝段。溢流坝为开敞式实用堰面,采用 WES 曲线,溢流坝全长 150.0 m,堰顶高程 104.00 m,最大坝高 50.5 m,最大坝底宽 52.5 m。溢流坝表孔每孔净宽 14.0 m,闸墩及边墩厚均为 3.0 m。底孔尺寸为 6.0 m×6.0 m,底坎高程 93.00 m,两侧闸墩厚 4.0 m。表孔及底孔均采用消力戽消能,下游为淹没混合流态。溢流坝基础设一排 15 m 深帷幕灌浆及主、副排水孔。

表孔设 8 扇 14.0 m×14.0 m 弧形工作钢闸门和 1 扇 14.0 m×8.0 m 的平板检修门,工作闸门启闭机房设在闸墩下游顶部,采用 2×630 kN 后拉卷扬式启闭机启闭(通过设在闸墩上的定滑轮转向),检修闸门采用 2×500 kN 单向门式启闭机启闭。底孔设 1 扇 6.0 m×6.0 m 的弧形工作钢闸门和 1 扇 6.0 m×7.34 m 的平板检修门,工作闸门启闭机房设在闸墩中部顶部,采用 2×630 kN 后拉卷扬式启闭机启闭,检修闸门启闭与表孔检修闸门共用门式启闭机。溢流坝坝顶设交通桥(门机桥)及启闭机房,下游两侧各设长 120 m 导水墙。溢流坝段平面位置示意图见图 4.1.1-1。

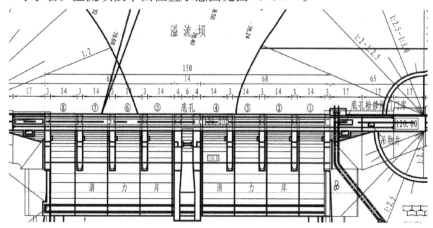

图 4.1.1-1　溢流坝段平面位置示意图

4.1.2　主要工作内容

根据大坝安全鉴定结论,板桥水库混凝土溢流坝存在渗漏通道,反演分析得出的坝体混凝土综合等效渗透系数较大,不满足规范要求,说明坝体混凝土防渗性能严重下降,裂缝严重。

目前只有廊道内裂缝检测结果,上游坝面裂缝情况仍无从知晓,有必要综合利用监测资料分析、微流场检测、水下电视等手段确定渗漏点的分区位置,采用上堵下排等方法,截断渗漏通道,大幅降低渗漏,从而提高处理效果。主要包含三项工作内容:①板桥水库渗流监测资料分析和性态评价;②基于声呐微渗流和水下电视的坝面渗流精细检测;③渗漏量精细化归因分析。

本工程采用在坝体前浇筑新防渗面板的方式进行防渗处理。

加固范围共包含 8 个表孔段和 1 个底孔段,总长度 150 m。溢流坝段新浇的防渗面板从坝体基础开始,1♯~8♯ 表孔坝段浇筑至 100.0 m 高程。底孔坝段新浇筑的防渗面板从坝体基础开始,浇筑至高程 91.00 m。

根据施工内容分析,本工程主要施工步骤为:水下清基→基岩和原防渗面板混凝土凿毛处理→坝面水下检查并对渗漏处进行处理→锚筋及钢筋网布设→模板安装→C30水下不分散混凝土浇筑→模板拆除→新浇防渗板结构缝处理。

4.1.3　施工总平面布置

本次水下工程作业区域为上游坝面,施工时所用的工作船布设在上游库区,同时为了便于施工作业,施工所有的大型设备如空压机、减压舱等设备(集装箱)放置在坝顶右岸侧。

面板浇筑期水面采用 2 个 6 m×10 m 的浮排作为水面施工平台,起重设备、潜水设备、施工器具等放置在水上作业平台上,船上安有潜水梯,供潜水员出入水用。空压机、设备存放区、临时加工厂、材料堆放区等设置在坝顶公路桥相应位置,其位置应不妨碍路面通车。清淤时施工平面布置图和面板施工期作业平台布置见图 4.1.3-1 和图 4.1.3-2。

本工程主要采用商品混凝土,混凝土采用罐车运输,并用直升导管法进行混凝土浇筑。浇筑水下不分散混凝土时,混凝土泵车布置在坝顶公路桥上。

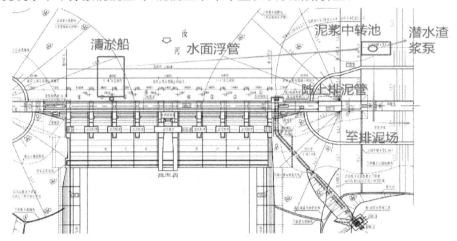

图 4.1.3-1　清淤时施工平面布置图

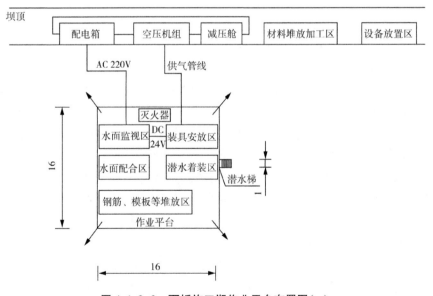

图 4.1.3-2　面板施工期作业平台布置图(m)

4.1.3.1　施工供电、供水、供气、照明、通信系统

1. 施工供电

本工程计划配备两路电源,一路电源取自 4# 坝段变压器内,电源处额定功率为 160 kW;

一路电源取自右岸机组进水口处,电源处额定功率为 120 kW,施工时从这两处电源接电。

表 4.1.3-1 中所列功率设备同时使用时的功率负荷低于各电源处额定功率,且现场施工中,不存在上述设备同时使用情况,故两处电源满足施工要求。

表 4.1.3-1　用电功率设备计划明细表

取电位置	用电设备名称	功率/kW	设备数量	总计/kW
4#坝段变压器	空压机组(大)	75	1 台	101
	卷扬机(5T)	26	1 台	
右岸机组进水口处	空压机组(小)	22	1 台	90.5
	液压站	15	2 台	
	液压站	10	1 台	
	卷扬机(3T)	11	1 台	
	卷扬机(3T)	7.5	1 台	
	其他小件设备	10	1 项	

2. 施工供水

(1) 本工程采用高压水枪进行凿毛,采用高压水泵进行杂物清理,考虑到该过程用水对水质要求不大,可直接采用设水泵从库内提取供给。

(2) 水面平台上的生活用水,采用购买桶装水的方式进行供应。

3. 施工供风

采用电动空压机为潜水员提供压缩空气,采用高压电动空压机为潜水气瓶供气。

4. 施工照明

工程施工期间,施工照明主要以高压汞灯、氙灯、碘钨灯为主,室内照灯以日光灯、节能灯为主。

5. 施工通信

生活区域设置一台网络路由器,配备专用手机、手提电脑作为对外联络通信工具;另外配备 8 台高频对讲机,便于指挥调度和安全检查联系。

4.1.3.2　施工临时设施布置

1. 砂石料场开采加工系统

本次浇筑的水下不分散混凝土方量较大,直接使用商品混凝土,从而无需设置砂石料场的开采系统。

2. 混凝土生产系统

本次浇筑使用商品混凝土,我方直接从专业生成商品混凝土厂家购买混凝土,无需设置混凝土生产系统。

在运输商品混凝土及存储过程中不得污染环境,同时保证所购混凝土质量满足设计和相关规范的要求,并配合监理对混凝土进行相关检验等。

3. 仓库和堆、存料场

本工程主要需要存放锚筋、模板,故需要设置相关存料厂。根据场地情况,将锚筋、模板放于坝顶适当位置,便于施工时取用。

钢筋、型钢等钢材按不同钢件、等级、牌号、规格及生产厂家分类,整齐地存放在仓库或防雨棚内并挂牌标识;严禁与潮湿地面接触,不得与酸、盐、油类等物堆在一起。

4.1.3.3 施工交通

1. 对外交通条件

板桥水库距驻马店市约 40 km,距离焦桐高速公路 S49 约为 20 km,省道 S333 从旁通过,且与高速公路 S49 相连。现场库区道路与省道 S333 相连。

2. 场内交通条件

场内主坝坝顶最小宽度 5 m,整体满足物资、材料及机械设备的进出场要求。但大坝北门进口处存在约 7 m 长的区域,地面混凝土盖板稳定性较差,无法满足混凝土罐车进场作业,为了保证施工安全和正常运行,现场计划将该区域铺设 3 cm 厚钢板进行加固防护。

4.2 编制依据及引用标准

4.2.1 编制依据

(1)《驻马店市板桥水库除险加固 2019 年度工程水下混凝土面板及水保环保、安全监测项目(第一标段)施工招标文件》。

(2)《板桥水库除险加固工程 2019 年度工程水下混凝土面板及水保环保、安全监测项目(第一标段)施工图》。

(3)《驻马店市板桥水库除险加固 2019 年度工程水下混凝土面板及水保环保、安全监测项目(第一标段)技术标准和要求及工程量清单》。

4.2.2 引用标准

(1)《水电枢纽工程等级划分及设计安全标准》(DL 5180)。

(2)《水工混凝土施工规范》(DL/T 5144)。

(3)《水下不分散混凝土试验规程》(DL/T 5117)。

(4)《水工混凝土外加剂技术规程》(DL/T 5100)。

(5)《水工混凝土试验规程》(SL/T 352)。

(6)《水工混凝土配合比设计规程》(DL/T 5330)。

(7)《水电水利工程水下混凝土施工规范》(DL/T 5309)。

(8)《用于水泥和混凝土中的粉煤灰》(GB/T 1596)。

(9)《通用硅酸盐水泥》(GB 175)。

(10)《钢筋混凝土用钢 第 2 部分:热轧带肋钢筋》(GB/T 1499.2)。

(11)《水工混凝土钢筋施工规范》(DL/T 5169)。

(12)《混凝土结构工程施工质量验收规范》(GB 50204)。

（13）《水利水电建设工程验收规程》（SL 223）。

（14）《潜水安全守则》。

（15）《潜水员水下用电安全操作规程》（GB 16636）。

（16）《空气潜水减压技术要求》（GB 12521）。

（17）《空气潜水安全要求》（GB 26123）。

（18）《潜水员高压水射流作业安全规程》（GB 20826）。

（19）《水工混凝土建筑物缺陷检测和评估技术规程》（DL/T 5251）。

（20）《水工混凝土建筑物修补加固技术规程》（DL/T 5315）。

（21）《生活饮用水卫生标准》（GB 5749）。

（22）《水工建筑物地下开挖工程施工规范》（SL 378）。

（23）《水利水电工程施工组织设计规范》（SL 303）。

（24）《水利水电工程施工测量规范》（SL 52）。

（25）《安全标志及其使用导则》（GB 2894）。

（26）《水利水电工程施工通用安全技术规程》（SL 398）。

（27）《水利水电工程机电设备安装安全技术规程》（SL 400）。

（28）《水利工程工程量清单计价规范》（GB 50501）。

（29）《水电水利工程模板施工规范》（DL/T 5110）。

4.3 施工工艺方案

4.3.1 坝前清淤

4.3.1.1 坝前清淤施工布置示意

坝前清淤施工布置图如图 4.3.1-1 所示。

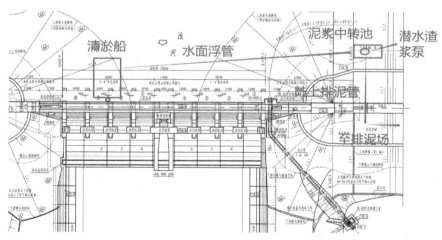

图 4.3.1-1 坝前清淤施工布置示意图

4.3.1.2　施工工艺

图 4.3.1-2 和图 4.3.1-3 分别为施工工艺流程及排泥管排泥示意图。

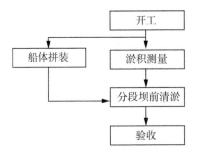

图 4.3.1-2　施工工艺流程

图 4.3.1-3　排泥管排泥示意图

4.3.1.3　施工测量

坝前淤积测量包括浚前测量、浚中测量、浚后测量,其测量方法基本相同。

采用 HY1600 单波束测深仪测量水深,采用 GPS(RTK1+1)进行平面定位及高程测定。

测线布置:采用网格法布置纵横断面,断面间距 5 m,测点间距 2.0 m。

资料整理归档要求:①测量工作各项记录要求记注明显,没有涂抹,计算成果和图标准确清楚,所有测算资料要签署完善,未经复核和验算的资料不得使用;②一切观测值与记事项目必须在现场核对清楚,不得凭回忆补记测量成果;③测量原始记录、资料应收集管理齐全并按类、按项派专人管理,以备查阅。

提交的测量成果有:①平面图;②断面图;③土方量计算书。

气动式深水清淤机,生产能力 20～600 m³/h,根据本项目工程量、工期要求,本方案选用 SSYA350 型,其产能 150 m³/h,最大作业水深 120 m,可疏浚粒径小于 350 mm 的淤积物或杂物。

气动式清淤机水下吸泥管采用了特殊设计的伸缩装置,可根据水深、泥面变化及时调整吸泥口与泥面的距离。

4.3.1.4　排泥管线

排泥管管径 350 mm,水下排泥管采用法兰连接的钢管,与清淤机连接处采用伸缩套管,出水后钢管之间采用橡胶短管法兰连接,半合浮体抱紧使其浮于水面。泥浆沿水面浮管输送到坝前中转泥驳。采用 6 寸(1 寸约 3.3 cm)泥浆泵接力,管道输送至排泥场。潜水渣浆泵与陡上排泥管线见图 4.3.1-4。

4.3.1.5　清淤方法

当完成定位后,逐渐放下清淤机进泥口至接近泥面,此时打开供气阀门,吸口附近的淤积物便在水头压力及压缩空气的共同作用下进入清淤机并提升至水面排泥管。随着泥面的降低不断放下进泥口,直至达到浚后泥面高程。如此循环前进,直至完成。

作业范围:清淤机的单点作用半径与泥沙特性、水深条件有关,一般情况下呈锅底状,达到 1:6 左右的边坡,清淤的土层厚度越大,河床表面的影响半径越大。

作业方式:总体上采用自左岸到右岸的作业方向,将清淤区域划分成长度为 20 m 左右的条带,采用拖挖方式进占作业。对于任一条带,一般按自深而浅(指浚后泥面高程)的顺序进行清淤。

局部死角处理方法:对于清淤机无法进入的死角,采用高压射水枪对死角淤积物进行扰动后清除。

土体板结处理方法:采用高压水枪进行切割扰动。

排料浓度与管道堵塞问题:通常情况下,管道内泥沙浓度可通过进料管的进水量、入土深度来进行调节,遇有轻微堵塞时还可通过憋风、提升泵体等多种办法进行排堵。在上述方法还不能排堵时,管路重新拆装。

对于不能被清淤机垃圾杂物处理方法:安排潜水员水下集中打捞。

4.3.1.6　泥浆接力输送

气动式清淤机作业水深大,但扬程较小,因此在坝前水面需布置中转接力站将泥浆输送至坝后排放。泥浆中转池采用钢制,舱容不小于 10 m³,布置 1 台电动 12 寸潜水渣浆泵,配高压水泵,用于稀释或冲扫沉淀泥沙,采用两端带法兰的 PE 管沿大坝立面爬升翻过大坝坝面后排放。

潜水渣浆泵主要技术参数:300ZJQ800-30-110。流量 800 m³,扬程 30 m,转速 980 转,功率 110 kW,出口口径 300 mm。最大通过粒径 45 mm,过流部件为高铬合金材质。

泥浆中转池结构形式及布置位置如图图 4.3.1-5。其上部安装一滤网,网格尺寸

40 mm×40 mm,用以过滤垃圾杂物。

图 4.3.1-4　潜水渣浆泵与陆上排泥管线

图 4.3.1-5　泥浆中转池与布置位置

4.3.2　微流场渗漏检测

4.3.2.1　板桥水库渗流监测资料分析和性态评价

板桥水库最近一次安全鉴定时间为 2012 年,距今已有 11 年时间。这段时间的监测资料尚未进行过系统的分析评价。对现有监测系统的监测数据进行全面收集整理和分析评价是掌握板桥水库大坝渗流工作性态的基础和前提。

监测资料分析范围为自上次安全鉴定(2012 年)后至今的全部渗流监测资料,包括土坝渗压计、测压管、混凝土坝扬压力、渗漏量、绕坝渗流等监测项目。

(1)土坝渗流监测资料,包括坝体浸润线监测、坝基渗流监测、绕坝渗流监测,共有 82 个测点,仍在观测的有 62 个测点,以土坝与混凝土坝刺墙连接部位为重点进行分析。

(2)溢流坝段渗流分析,包括坝体渗压监测、坝基扬压力监测,共有 38 个测点,仍在观测的有 28 个,以坝基扬压力为重点进行分析。

（3）渗漏量监测分析，对坝体渗漏量、坝基渗漏量和总渗漏量进行分析。

根据土石坝安全监测技术规范、土石坝安全监测资料整编规程等标准要求，对板桥水库渗流监测资料进行全过程分析，包括监测数据整编计算复核、数据可靠性分析与评价、过程线分析、相关性分析、空间分布分析、专业统计模型定量分析等，识别和掌握渗流监测量的变化规律，对工程性态和安全状况进行综合分析和评价，并预测和研判未来发展趋势。

（1）监测资料的收集与整理

收集全部渗流监测资料，包括安全监测仪器埋设的竣工图、埋设考证表、仪器率定表、各种观测原始数据和有关文字、图表（包括影像、图片）等资料。

（2）原始数据检查

对原始数据、原始记录的可靠性、正确性和完整性进行检查，分析漏测、误测或其他异常等。检验是否对粗差、系统误差进行分析处理，并进行说明。

（3）监测整编计算复核与处理

通过查证原始监测数据、监测仪器计算参数和计算公式等基础资料，仔细复核整编换算成所需的监测物理量的计算过程，并判断测值有无异常，以此来验证监测整编的正确性、可靠性和准确性。

（4）监测数据初步分析

采用图表法对板桥渗流监测资料进行初步定性分析，分析各监测物理量的变化规律和趋势，判断有无异常值。包括按照时间序列进行特征值统计、绘制各监测物理量过程线图、空间分布特征图、与特定因素的相关关系图等。

（5）监测数据深入分析

根据土坝、混凝土坝等不同工程部位，渗流、渗压、渗漏等不同监测量，对监测资料的完整性、连续性、准确性进行全面审查。基于定性分析结论，采用回归统计模型等数学模型方法，定量分析各监测物理量的变化规律，分析各原因量和效应量的相关关系，预测未来发展趋势。

（6）渗流性态总体评价

综合土坝、混凝土坝各工程部位的渗流监测资料，综合评价板桥水库渗流性态及发展趋势。

4.3.2.2 基于声呐微渗流和水下电视的坝面渗流精细检测

坝面渗流精细检测主要针对板桥水库南北两侧裹头、溢流坝段、横缝，基于声呐微渗流技术和水下电视技术，进行渗流精细检测。

1. 声呐微渗流检测原理

声呐是水下唯一的一个能进行信息的探测、识别、导航、通信的物理测量方法。基于"双电层震电理论"与"声呐渗流测量方法"的技术融合，建立声呐矢量加速度探测技术、航空定向技术、压力传导技术、水文地质仿真计算技术、GPS 定位技术、计算机大数据解析成像技术、无线通信网络技术与显示、存储、打印于一体的用于水流质点运动速度和矢量的可视化成像系统。

三维流速矢量声呐测量仪（图 4.3.2-1），基于声呐矢量加速度三轴探测器陈列，能够精细地测量出声波在流体中能量传递的大小与分布。声呐矢量加速度传感器自动感应识别流体空间的运动速度与方向,与对应的渗漏缺陷坐标位置的数据采集与原解析模型成像,将自动生成地下工程需要的各种水文地质参数图表。

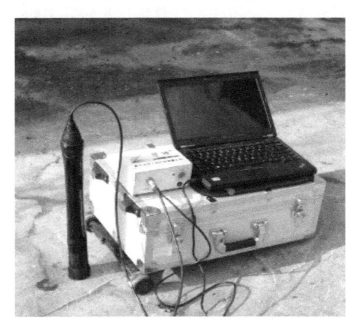

图 4.3.2-1　三维流速矢量声呐测量仪

按下式计算地下水三维运动速度与方向:

$$U_x = a\,\overrightarrow{tx}$$
$$U_y = a\,\overrightarrow{ty}$$
$$U_z = a\,\overrightarrow{tz}$$

式中:U_x、U_y、U_z —— x、z、y 方向水流运动流速(cm/s);

　　a —— x、z、y 方向水流运动加速度(cm/s);

　　X、Z、Y —— x、z、y 矢量方向 NN 度;

　　t —— x、z、y 方向的加速度时间;

　　$\rightarrow$ —— x、z、y 方向矢量。

"三维流速矢量声呐测量仪"由测量探头、电缆和笔记本电脑以及数据采集箱四部分组成。仪器测量之前,都是通过室内标准渗流试验井进行渗流参数标记后,才能进行现场渗流测量。野外试验测量前,要对测量仪器通电预热 3 min 后,把测量探头放入测量位置正式进行测量,测量点的密度为 1 个/m,1 个测点的测量时间是 1 min,待测量完成,测量数据自动保存在电子文档中,再进行下一个点的测量,直到测量结束。

2. 板桥水库声呐渗流检测范围和方法

根据声呐检测的目的,结合场地水文地质、地形、地貌条件以及周边环境,本次声呐检测范围为:①在水库溢流坝体结构缝上游迎水面,垂直方向按3.0 m×3.0 m的网格密度布点,平行于坝轴线10条,垂直于坝轴线的50条,检测面积为4 500 m²(150 m×30 m);②平面方向按5.0 m×5.0 m布置测点,检测范围为自溢流坝迎水面库水位以下位置至裹头坡脚位置,绿色梯形区域为拟定检测范围,上边为渗流坝长度150 m,下边为渗流坝长度加左右延伸坝体各65 m,即280 m,5 m间隔布置12条测线,梯形区域高50 m,所以梯形检测区域面积约为11 000 m²。水库声呐渗流检测区域平面图见图4.3.2-2,水库声呐渗流检测区域立视图见图4.3.2-3。

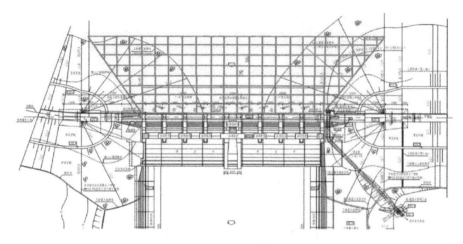

图 4.3.2-2 水库声呐渗流检测区域平面图

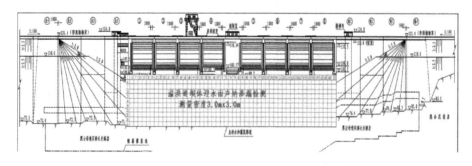

图 4.3.2-3 水库声呐渗流检测区域立视图

测量范围确定后,根据实际测量位置,确定测量绳在左右岸的固定点坐标。进行检测时,测量人员可根据现场情况,选择乘坐测量船的方式,或者从溢流坝坝顶沿溢流坝迎水面坝面放下探头,自水面开始,垂直方向测量,每3 m一个测点直至库底,自上而下测量形成一条测线。测量位置示意图见图4.3.2-4,假设施工时水位为108 m,图中绿色垂线为测量线位置。之后沿坝轴线方向平行移动,按5 m间隔对下一条测线进行测量,直到完成整个测量区域的数据采集工作。

最后,利用现场采集的数据,通过后台的数据处理工作,完成测量报告的编写。根据渗漏流速检测成果提出检测区域的渗漏流速大小及流速分布云图,并估算渗漏量。

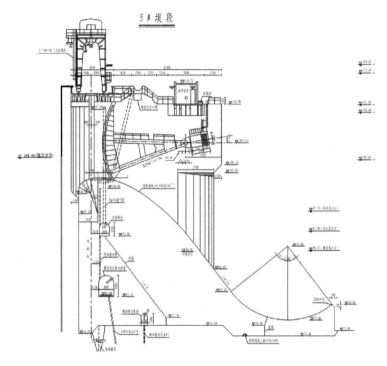

图 4.3.2-4　水库声呐渗流检测竖向测线示意图

4.3.2.3　渗漏量精细化归因分析

（1）在监测资料分析的基础上，进一步利用渗流、库水位数据对渗压、渗漏进行精细化归因分析，判定上游面渗漏区域分布和构成，并推求裂缝形态的类型，如水平裂缝、垂直裂缝、斜裂缝等。

（2）结合监测资料分析、声呐微流场检测、水下电视等成果，精确定位渗流裂缝和其他渗漏通道的位置，前期为采取针对性修补处理措施提供依据，后期为修补加固效果评价提供数据支撑。

（3）通过项目实施，可探明大坝渗漏通道的渗漏路径和发生渗漏通道的入水口位置；测量出对应坐标位置下的渗漏流速、流量与方向分布图表；绘制出大坝渗漏渗场的三维渗流、流量的等值线分布图；形成微渗流场检测分析报告。

4.3.3　原坝面凿毛清理

采用 35 MPa 高压水枪对混凝土坝面进行凿毛清理。高压水枪凿毛运用液体增压原理，通过高压泵将动力源的机械能转换成压力能，具有巨大压力能的水通过小孔喷嘴，再将压力能转变成动能，从而形成高速射流，这种凿毛方式不会对混凝土主体造成伤害。高压水凿毛部位，水流高速流动即可带走凿毛产生的混凝土渣屑等杂物，所以在凿毛的同时进行了混凝土面清理。

由于本工程原坝面凿毛主要为立面凿毛,为了方便施工和保证凿毛质量,原坝面混凝土按照浇筑仓位进行施工。为了施工方便,现场制作一个吊笼,吊笼按照 6 m 长设计,施工前首先将吊笼固定在坝面处,潜水员站在吊笼内使用高压水枪进行坝面凿毛。

4.3.4 原坝面水下裂缝及破损处理

4.3.4.1 原坝面渗漏处理

渗流场检测后,如果发现渗漏,通过潜水员采用近观目视、敲击、探摸的方法检查混凝土表面的完好情况,采用喷墨法检查怀疑区域混凝土、结构缝的渗漏情况,如果墨汁均匀扩散且不整体向任何方向流动,说明此处没有渗漏通道,如果墨汁成股向一个方向流动,说明此处存在渗漏水流,墨汁与结构面的相交处即为渗漏点位置。渗漏检查(未渗漏情况)示意图见图 4.3.4-1,渗漏检查(渗漏情况)示意图见图 4.3.4-2。

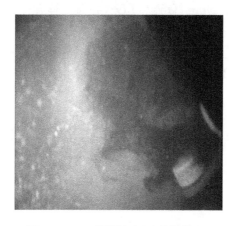

图 4.3.4-1 渗漏检查(未渗漏情况)

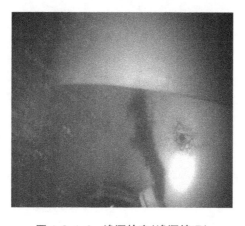

图 4.3.4-2 渗漏检查(渗漏情况)

根据水下检查结果,针对不同位置、不同破损情况,分别采用柔性、刚性或者柔性刚性相结合的方法进行局部临时堵漏处理,其中柔性修补为主要修补方式,此项按 5 m 估计。结构缝堵漏处理剖面图见图 4.3.4-3。

原结构缝柔性处理工序如下:

(1) 嵌填 SR 柔性填料

将原结构缝中的嵌缝材料部分取出,在结构缝处涂刷水下黏结剂,嵌填 SR 柔性填料,填至与混凝土结构面齐平,具体形状及尺寸见图 4.3.4-3。SR 柔性填料应分层嵌填,每嵌填一层需涂刷一次水下黏结剂,直至填满整个原结构缝表面、压紧密实。

(2) 粘贴盖片

在原结构缝左右两侧涂刷水下黏结剂,边涂水下黏结剂边粘贴柔性盖片,盖片应与坝面粘贴紧密,不得出现鼓包、褶皱等情况。

(3) 安装压条

事先在陆上制作不锈钢压条,压条上提前钻取螺栓孔。盖片粘贴完成之后,在混凝土坝面上钻螺栓孔,孔深 100 mm,间距 30 cm,并向螺栓孔内注入锚固剂,植入 M10 螺栓,待锚固剂硬化后,将压条就位,拧紧螺母。

(4) 在螺栓处、压条边缘及盖片四周涂刷水下黏结剂以做好周边封闭工作,在第一层封边剂表层凝固后再涂刷第二层封边剂封边。

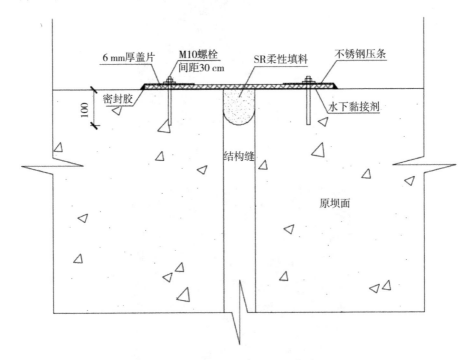

图 4.3.4-3　结构缝堵漏处理剖面图(mm)

4.3.4.2　水下自检

溢流坝内所有坝段均完成以上处理程序之后,由潜水员对处理部位采用喷墨法再次检查是否存在渗漏现象。自检合格后,甲方观测人员查看溢流坝段总体渗漏量,如果渗漏量很少,说明以上处理方法取得了良好效果,渗漏点的封堵基本是有效封堵。

4.3.5 坝前防渗板浇筑及混凝土浇筑

4.3.5.1 坝面钻孔植筋

首先,潜水员在坝面定位出锚孔位置,锚孔间距 1 m,之后采用液压凿岩机垂直于坝面钻直径 25 mm 锚筋对应的锚筋孔,部分锚筋需要兼用作固定钢模板。使用手持式水下凿岩机进行钻孔。手持式水下凿岩机可在水下 30 m 深的环境中使用,其钻孔深度也能满足本项目的要求。

1. 水下确定钻孔位置

根据水下检查结果,确定锚筋的布设范围。锚筋的横纵间距均为 1 m,采取梅花形布孔的方式,由于已修复部位老混凝土找平层面积较大,为了保证钻孔间距精确,用水下布设坐标网格的方式确定钻孔位置。

网格布设方法:在施工区域两侧安装两根测绳作为纵坐标绳,并拉紧纵坐标绳。在坐标绳上每 1 m 做一个标记,并按逆水流方向进行编号(0、1、2、…)。然后将拴有锚块的横坐标绳沿 0—0 两点下放到水底,在坐标绳上每 1 m 做一个标记,这样在底面上形成定位的横纵坐标格。坐标网格的布置示意图如图 4.3.5-1 所示。

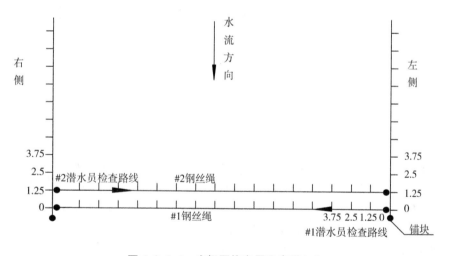

图 4.3.5-1 坐标网格布置示意图(m)

潜水员到达每个坐标点后,采用红色油漆对坐标点绘出醒目的标记点,并在标记点附近写上编号,潜水员在一个坐标点完成钻孔标记、编号之后,至下一点进行标记、编号,直至完成整个施工区域的作业。

2. 锚筋制作

在陆上采用直径 25 mm 的热扎级钢筋作为竖向锚筋。由于锚筋直径为 25 mm,锚孔直径采用 32 mm。

锚筋的制作须满足以下要求：

（1）选择表面洁净无损伤的钢筋，油渍、漆污、锈皮等应在使用前清除干净。

（2）钢筋应平直，无局部弯折。

（3）钢筋加工的尺寸应符合施工图的要求。

3. 水下钻孔

采用手持式水下液压凿岩机在底部钻竖直方向的锚筋孔，锚筋孔直径 32 mm，深度暂定为 50 cm，横纵间距均暂定为 1 m。

钻孔之后，采用高压水枪对锚筋孔进行冲洗，冲除钻孔内的混凝土渣屑等杂物，保证孔内清洁无异物，以防止混凝土渣屑附着在锚孔内形成软弱夹层。

4. 水下植锚筋

采用灌注法注入锚固剂，锚固剂的量须足够多，保证锚筋插入后，锚固剂能够充满锚筋与锚孔之间的环形空间。

注入锚固剂后，潜水员在水下向锚孔内植入锚筋，锚筋应到达锚孔底部，植入锚筋之后，潜水员将锚筋转动几圈，使锚筋能够与锚固剂充分、有效黏结。锚固剂固化前，任何人员不得碰动锚筋。

4.3.5.2 钢筋网安装

钢筋网采用二级直径 12 mm 钢筋制作而成，钢筋网横纵间距 20 cm，在陆上绑扎成钢筋网，每片钢筋网的尺寸暂定为 4 m×4 m，钢筋网在部分位置进行电焊，目的是为了防止变形，增加其整体刚度。

钢筋网陆上制作完毕后，使用吊车或改造后的门机将其吊放至安装区域，钢筋网片分片安装，钢筋网外部预留 60 mm 厚混凝土保护层，钢筋网搭接长度 500 mm。为了固定钢筋网，将钢筋网与部分锚筋点焊连接。

4.3.5.3 防渗板模板水下安装

模板采用成品钢模板拼装的方式，每块成品模板高度 2 m，长度为 2.15 m。钢模板由 6 mm 钢板作为面板，I8 槽钢作为次梁，I14 工字钢作为主梁。为了模板安装的总效率，先将模板按照高度 2 m，宽度 4.3 m 进行拼装。拼装完毕后，使用吊车或改造后的门机进行模板下方工作。模板安装示意图见图 4.3.5-2。

模板采用直径 25 mm 锚筋固定。对于最底层模板，通过在基岩插入直径 25 mm 锚筋的方式固定∟100×10 限位角钢，角钢长度 300 mm。对于除底层模板之外的模板，由该层模板的下层模板提供支撑，上下层模板间通过螺栓连接固定。上层混凝土浇筑完毕并达到设计强度后，可将下层模板拆除。

4.3.5.4 模板安装

1. 模板安装前的准备工作

由于水库的防浪墙突出本次加固区域，模板无法一步直接安装到位，为了保证模板

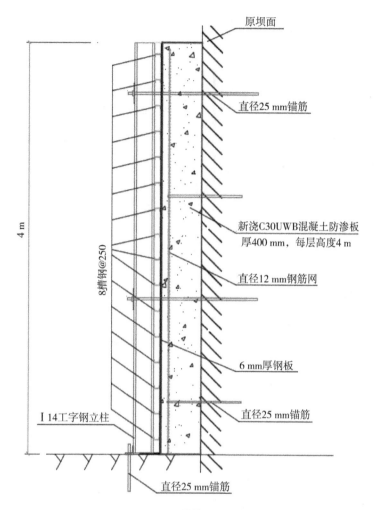

原坝面

直径25 mm锚筋

新浇C30UWB混凝土防渗板
厚400 mm，每层高度4 m

直径12 mm钢筋网

6 mm厚钢板

直径25 mm锚筋

8槽钢@250

Ⅰ14工字钢立柱

直径25 mm锚筋

4 m

图 4.3.5-2 模板安装示意图

可以下放到位,潜水员在施工坝段的两侧预先设置两根竖直方向的钢丝绳,钢丝绳在坝顶和底部固定牢靠,同时在水面位置安装滑轮,用于将模板拉拽至钢丝绳上游侧。

吊车将拼装好的模板下放至水下 6~10 m 的位置,然后,潜水员在水下对模板顶部栓绑挂钩,挂钩上的绳索通过预先设置的滑轮引至水面,水面人员拉拽绳索,将模板拉拽至钢丝绳上游侧,然后下放吊车钢丝绳,依靠模板重力将模板下放到位。模板吊装示意图见图 4.3.5-3。

2. 模板安装

（1）底层模板安装

底层模板吊放到位后,潜水员对其位置进行微调,随后在模板底部外侧使用直径25 mm钢筋进行限位,顶部模板利用之前布设的锚筋进行模板对拉固定,同时调整其位置使模板与原混凝土坝面间的垂直距离为 0.4 m,且垂直于坝轴线,以保证后期模板下放到位后,模板能一次就位无须再一次进行调整,从而加快模板的安装速度,保证混凝土面

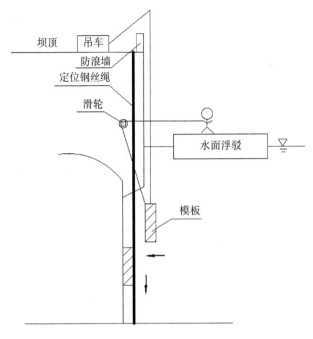

图 4.3.5-3　模板吊装示意图

板能连续浇筑。

　　模板调整完毕后,将预留的锚筋和模板进行对拉固定,模板对拉锚筋按照间距 1 m布置。

　　(2)上层模板安装

　　底层模板安装完毕后,按照上述方式将上层模板吊放至安装区域。上层模板底部与底层模板使用螺栓连接,模板上部与底层模板的安装方式一致。

　　为方便拆模,模板内部可涂刷凡士林或其他环保材料,减少新浇混凝土与模板间的黏结力。

4.3.5.5　防渗板混凝土浇筑

　　1. 水下不分散混凝土制备

　　本工程水下不分散混凝土采用商品混凝土,水下混凝土采用泵车泵送入仓,采用混凝土搅拌车运输,边运输边搅拌,以保证混凝土质量。混凝土拌运能力应确保混凝土连续供应要求。

　　本次工程采用的混凝土标号为 C30W8F100,根据现场混凝土配比试验过程和成果,现场采用的配合比如表 4.3.5-1。

表 4.3.5-1　混凝土配合比表　　　　　　　　单位:kg/m³

材料	42.5R 水泥	砂	碎石	粉煤灰	高效减水剂	絮凝剂	水	砂率
C30W8F100	500	700	850	50	8.25	14	250	45%

2. 水下不分散混凝土浇筑

分层浇筑水下不分散混凝土,每层浇筑高度 4.0 m。混凝土拌和站按照该配合比拌制混凝土,通过罐车将混凝土运至现场,利用泵车将混凝土投入施工作业平台船舷外侧的浇筑料筒中,料筒底部安装导管,采用导管将混凝土浇筑到浇筑仓内,每个坝段布设 3 根导管。混凝土浇筑示意图见图 4.3.5-4。

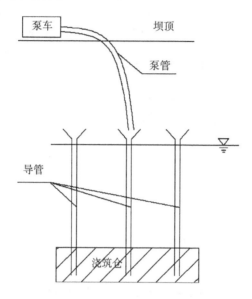

图 4.3.5-4　混凝土浇筑示意图

采用导管法进行混凝土浇筑,其核心技术是通球隔水。

浇筑工序是:在开始浇筑混凝土之前,把 ϕ248 的软质浮力圆球投放在 ϕ250 的导管中,球浮在水面;然后通过泵车把混凝土注入料斗,再进入导管。导管内的混凝土与通球接触,并推动通球下移。在下移的过程中,混凝土由于有球体的隔离,不与水接触,不受混凝土下降时水流的冲刷。混凝土中的胶黏颗粒不受损失,大大有利于水下混凝土水陆强度比的提高。这种浇筑方法,既避免了水流对流态混凝土的冲洗,也避免了浇筑过程中的骨料离析。

水下浇筑作业的工艺控制及注意事项:

① 混凝土应连续进注入承料漏斗,防止不连续倒入,致使导管内空气不能及时排除而产生高压气囊。

② 随时检查。在浇筑过程中要随时做水上和水下检查。水上检查导管壁是否由于混凝土浆粘挂在管壁上形成堵塞,并及时疏通;同时检查模板有无变形、漏浆情况,并及时报告发现的问题。

③ 导管调节。随着水下混凝土浇筑面的上升,随时调节导管出料口的埋入深度,保证埋入深度不低于 0.8 m。严禁把导管底端提出混凝土面。

④ 设置"之"字形导管。因浇筑水深较大,在导管适当位置应设置"之"字形导管,对下移过程中的混凝土进行减速,防止因下落速度过快造成浇筑过程中的骨料离析。

4.3.5.6 拆模

当混凝土浇筑完毕,同条件养护的混凝土试块其强度达到 10 MPa 以上之后,方可拆除模板,模板拆除的过程中不应损坏新浇筑的混凝土。

模板采用吊机吊出水面,放置在指定位置,妥善保管以备后续循环使用。

模板拆除后采用水下电氧切割机将固定模板的锚筋切除,切至与坝面齐平,之后以锚筋为中心,在半径 100 mm 范围内涂刷环氧涂料,共涂刷两遍。

4.3.5.7 新浇筑混凝土水平施工缝面处理

为保证水平施工缝处混凝土衔接良好,在上部模板安装之前,采用高压水枪对混凝土接茬面进行冲毛处理,要求冲出坚实的混凝土面,冲毛后混凝土基面无乳皮、成毛面,微露粗砂,表面洁净、无淤泥和其他杂物。

UWB 混凝土水下流动性好,且在冲毛及上层混凝土续浇筑过程中,底部新浇筑混凝土强度仍然在持续增长。通过施工缝面的冲毛处理,可有效保证两个浇筑层之间的混凝土黏结强度。

4.3.5.8 新老混凝土接茬缝外表面处理

采用高扬程、大流量水泵对新老混凝土接茬缝左右两侧混凝土面进行清理,之后在接茬缝左右两侧涂抹水下环氧浆液,以提高整体防渗板的整体防渗性能。

4.3.5.9 质量检查和验收

外观检查:防渗板浇筑完毕后,潜水员下水对浇筑效果进行外观检查。主要通过目视及水下摄像的方式,检查新浇筑防渗板表面平整度、密实性,检查新浇筑混凝土施工缝处结合情况,检查新老混凝土接茬缝环氧砂浆是否平整、密实。

浇筑质量检测:试验段浇筑完毕后,水下混凝土应进行取样试验,可采取水下同条件下制作试块并养护再进行试验的方法,如有需要应进行钻孔芯样强度试验。水下混凝土的质量控制与检查应满足《水电水利工程水下混凝土施工规范》(DL/T 5309)的要求,并应符合《水工混凝土施工规范》(DL/T 5144)的有关规定。水下混凝土的质量检查和验收,包括水下混凝土浇灌前的质量检查和验收、水下混凝土浇筑质量的检验和验收,具体如下:

(1)水下混凝土浇筑前的质量检查和验收

水下混凝土浇筑前,应按照 GB 175、DL/T 5144 和 DL 5100 及监理人的要求对水下混凝土原材料的质量检查和验收。

按照《水电水利工程水下混凝土施工规范》(DL/T 5309)、《水电水利工程模板施工规范》(DL/T 5110)的有关规定及监理人的要求对模板的设计和安装进行验收。

(2)水下混凝土浇灌质量的检验和验收

根据《水下不分散混凝土试验规程》(DL/T 5117)对水下混凝土取样检验和验收。

4.3.6 新浇防渗板结构缝处理

4.3.6.1 结构缝防渗处理

采用在新浇混凝土结构缝表面填塞柔性橡胶条、嵌填 SR 柔性填料、粘贴三元乙丙柔性盖片、安装钢压条等方式进行处理。具体结构见图 4.3.6-1 和图 4.3.6-2。

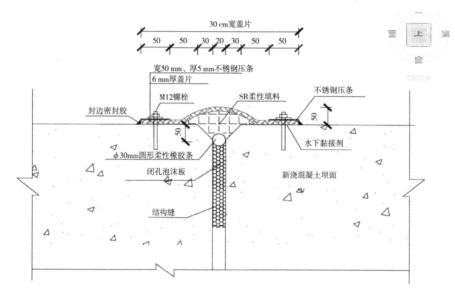

图 4.3.6-1　结构缝堵漏处理剖面图（mm）

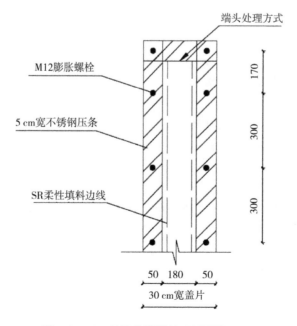

图 4.3.6-2　结构缝堵漏处理平面图（mm）

具体步骤如下：

① 缝内清理

清理结构缝内的混凝土等杂物，并将聚乙烯泡沫板清理至满足嵌填柔性橡胶条的深度。

② 嵌填柔性橡胶条

在坡口底部位置涂刷水下黏结剂，嵌填柔性橡胶条，橡胶条直径应大于结构缝宽度 2 cm。柔性橡胶条应全部嵌填至结构缝内部。

③ 嵌填 SR 柔性填料

在柔性橡胶条顶部、坡面处涂刷水下黏结剂，嵌填 SR 柔性填料，填成鼓包形状，具体形状及尺寸见图 4.3.6-1，SR 柔性填料可分层嵌填，每嵌填一层需涂刷一次水下胶黏剂，直至填满整个鼓包、压紧密实。

④ 粘贴盖片

在 V 型槽左右两侧及 SR 鼓包顶部涂刷水下黏结剂，边涂水下黏结剂边粘贴三元乙丙盖片，盖片应与坝面粘贴紧密，不得出现鼓包、褶皱等情况。

⑤ 锚栓设置

锚栓直径 12 mm，锚固深度 100 mm，锚栓间距 30 cm。根据甲方提供资料，水位突降不超过 10 m，为了防止鼓包两侧锚栓由于水位突降，坝后的水压力将锚栓顶出，需要验证锚栓抗拔力是否满足目前的水头差条件，只要满足 $T \leqslant T_u$ 即可。其中 T 为单根锚栓由于水头差的存在实际收到的外力；T_u 为单根锚栓抗拔力，通过极限抗拔力和锚固剂对锚栓的握裹力来确定。

经计算，水压力 T 远远小于锚栓抗拔力 T_u 和握裹力 F，因此锚固深度和锚栓间距满足要求。

⑥ 安装压条

事先在陆上制作不锈钢压条，并提前预留螺栓孔。盖片粘贴完成之后，在混凝土防渗板上钻取螺栓孔，孔深 100 mm，间距 30 cm，并向螺栓孔内注入锚固剂，植入 $\phi12$ 锚栓，待锚固剂硬化后，将压条就位，拧紧螺母。

⑦ 封边

在螺栓处、压条边缘及盖片四周涂刷封边剂以做好周边封边工作，在第一层封边剂表层凝固后再涂刷第二层封边剂封边。

4.3.6.2 水下自检

结构缝处理完成后，潜水员对柔性鼓包进行水下检查和录像，同时采用喷墨法对所有结构缝进行渗漏检查，确保整个防渗体系不漏水。

4.4 施工计划

4.4.1 进度计划

进度计划见表 4.4.1-1。

表 4.4.1-1 施工进度计划表

序号	项目名称	天数	15	30	45	60	75	90	105	120	135	150
1	工前准备	5										
2	水下清淤	6										
3	渗漏、渗漏检测	17										
4	供水管引出	5										
5	1#坝段防渗盖板处理	26										
5.1	凿面凿毛	2										
5.2	锚孔钻设	7										
5.3	安装锚筋	3										
5.4	安装钢筋网	1										
5.5	支立模板	3										
5.6	混凝土浇筑	3										
5.7	拆模	2										
5.8	新浇筑混凝土结构构缝处理	5										
6	2#坝段防渗盖板处理	28										
6.1	凿面凿毛	2										
6.2	锚孔钻设	7										
6.3	安装锚筋	3										
6.4	安装钢筋网	1										
6.5	支立模板	4										
6.6	混凝土浇筑	2										
6.7	拆模	6										
6.8	新浇筑混凝土结构构缝处理	28										
7	3#坝段防渗盖板处理	28										
7.1	凿面凿毛	2										
7.2	锚孔钻设	7										
7.3	安装锚筋	3										
7.4	安装钢筋网	1										
7.5	支立模板	3										
7.6	混凝土浇筑	4										
7.7	拆模	2										
7.8	新浇筑混凝土结构构缝处理	6										

续表

序号	项目名称	天数	15	30	45	60	75	90	105	120	135	150
8	4坝段防渗盖重板处理	27										
8.1	坝面凿毛	2										
8.2	锚孔钻设	7										
8.3	安装锚筋	3										
8.4	安装钢筋网	1										
8.5	支立模板	3										
8.6	混凝土浇筑	4										
8.7	拆模	2										
8.8	新浇筑混凝土结构缝处理	5										
9	5坝段防渗盖重板处理	25										
9.1	坝面凿毛	2										
9.2	锚孔钻设	7										
9.3	安装锚筋	2										
9.4	安装钢筋网	1										
9.5	支立模板	2										
9.6	混凝土浇筑	4										
9.7	拆模	2										
9.8	新浇筑混凝土结构缝处理	5										
10	6坝段防渗盖重板处理	25										
10.1	坝面凿毛	2										
10.2	锚孔钻设	7										
10.3	安装锚筋	2										
10.4	安装钢筋网	1										
10.5	支立模板	2										
10.6	混凝土浇筑	4										
10.7	拆模	2										
10.8	新浇筑混凝土结构缝处理	5										
11	7坝段防渗盖重板处理	22										
11.1	坝面凿毛	2										
11.2	锚孔钻设	6										
11.3	安装锚筋	2										
11.4	安装钢筋网	1										
11.5	支立模板	2										
11.6	混凝土浇筑	3										
11.7	拆模	1										
11.8	新浇筑混凝土结构缝处理	5										

续表

序号	项目名称	天数	15	30	45	60	75	90	105	120	135	150
12	8#坝段防渗盖重处理	22										
12.1	顶面凿毛	2										
12.2	锚孔钻设	6										
12.3	安装插筋	2										
12.4	安装钢筋网	1										
12.5	支立模板	2										
12.6	混凝土浇筑	3										
12.7	拆模	1										
12.8	新浇筑混凝土结构缝处理	5										
13	底孔坝段防渗盖重板处理	16										
13.1	顶面凿毛	1										
13.2	锚孔钻设	4										
13.3	安装插筋	2										
13.4	安装钢筋网	1										
13.5	支立模板	2										
13.6	混凝土浇筑	2										
13.7	拆模	1										
13.8	新浇筑混凝土结构缝处理	3										
14	安全仪器安装（穿插施工）	5										
15	验收撤场	2										
合计		150										

4.4.2 设备配置计划

主要施工设备、试验和检测仪器设备见表 4.4.2-1 和表 4.4.2-2。

表 4.4.2-1 拟投入本合同工程的主要施工设备表

序号	设备名称	型号规格	数量	产地	制造年份	额定功率/kW	生产能力	用于施工部位
1	需供式潜水头盔	KMB-28	8套	美国	2018		良好	溢流坝段上游侧
2	干式潜水服	UNISUIT	8套	瑞典	2017		良好	溢流坝段上游侧
3	需供式潜水脐带	100 m	8套	中国	2017		良好	溢流坝段上游侧
4	水下指北针	UNISUIT	4块	美国	2016		良好	溢流坝段上游侧
5	潜水深度表	UNISUIT	4块	美国	2016		良好	溢流坝段上游侧
6	潜水气瓶		8个	美国	2016		良好	溢流坝段上游侧
7	潜水刀		4把	美国	2016		良好	溢流坝段上游侧
8	潜水梯		2架	中国	2015		良好	溢流坝段上游侧
9	干式压铅		8付	中国	2015		良好	溢流坝段上游侧
10	干式脚蹼		8付	中国香港	2017		良好	溢流坝段上游侧
11	稳压电源	TND,1 000	2个	中国	2017	1	良好	溢流坝段上游侧
12	配电箱		2个	中国	2017		良好	溢流坝段上游侧
13	工具箱		2个	中国	2017		良好	溢流坝段上游侧
14	潜水电话		4部	美国	2018	0.5	良好	溢流坝段上游侧
15	高频对话机		8部	美国	2017	0.1	良好	溢流坝段上游侧
16	水下监视系统	UWS-3020	2台套	美国	2016	0.4	良好	溢流坝段上游侧
17	电动空压机	W-2.2/14	2台	中国	2015	25	良好	溢流坝段上游侧
18	高压空气压缩机	VF-206	1台	中国	2015	3	良好	溢流坝段上游侧
19	紧急备用系统		2套	中国	2015		良好	溢流坝段上游侧
20	紧急救助气瓶		2个	中国	2015		良好	溢流坝段上游侧
21	救生衣		50套	中国	2015		良好	溢流坝段上游侧
22	安全帽		50套	中国	2018		良好	溢流坝段上游侧
23	柴油发电机		2台	中国	2015	200	良好	溢流坝段上游侧
24	减压舱		1台	中国	2017	3	良好	溢流坝段上游侧
25	拼装式船体	22.5 m×5.0 m×1.3 m	1艘	中国	2017		良好	坝前清淤
26	气动式清淤机	SSYA350	1套	中国	2017		良好	坝前清淤
27	水下清淤管	φ350	40 m	中国	2017		良好	坝前清淤
28	水面排泥管	φ350	150 m	中国	2016		良好	坝前清淤
29	空压机	XAVS900CD	2台	中国	2017		良好	坝前清淤
30	钢制浮箱	4.0 m×2.2 m×0.8 m	2只	中国	2017		良好	坝前清淤
31	潜水渣浆泵	300ZJQ800-30-110	1台	中国	2017		良好	坝前清淤

序号	设备名称	型号规格	数量	产地	制造年份	额定功率/kW	生产能力	用于施工部位
32	陆上排泥管	φ300	500 m	中国	2017		良好	坝前清淤
33	汽车吊	50 t	1 台	中国	2017		良好	坝前清淤
34	钢制吊笼	0.8 m×1.0 m×1.6 m	1 只	中国	2017		良好	坝前清淤
35	人力小船	自制	2 只	中国	2015		良好	坝前清淤
36	机动艇	12HP	1 艘	中国			良好	溢流坝段上游侧
37	液压锯	DS115000	2 台	中国	2017	15	良好	溢流坝段上游侧
38	液压凿岩机		4 台	中国	2017	15	良好	溢流坝段上游侧
39	风钻		2 台	中国	2017		良好	溢流坝段上游侧
40	钢筋切割机		2 台	中国	2016	3	良好	溢流坝段上游侧
41	钢板尺		4 把	中国	2017		良好	溢流坝段上游侧
42	钢卷尺		4 把	中国	2017		良好	溢流坝段上游侧
43	高压水枪		2 把	中国	2017	15	良好	溢流坝段上游侧
44	电氧切割机		2 台	中国	2018	7.5	良好	溢流坝段上游侧
45	直流电焊机	ZX5-630B	2 台	中国	2018	7.5	良好	溢流坝段上游侧
46	吊机	25T	2 台	中国	2018		良好	溢流坝段上游侧
47	浇筑料斗		2 个	中国	2018		良好	溢流坝段上游侧
48	浇筑导管	直径 200 mm，总长度 210 m	2 套	中国	2017		良好	溢流坝段上游侧
49	浮排	6 m×6 m	2 条	中国	2019		良好	溢流坝段上游侧
50	工作船	20 m×4 m	1 艘	中国	2018		良好	溢流坝段上游侧
51	泵车		1 台	中国	2016		良好	溢流坝段上游侧
52	罐车		4 台	中国	2017		良好	溢流坝段上游侧

表 4.4.2-2　拟投入本合同工程的主要试验和检测仪器设备表

序号	仪器设备名称	型号规格	数量	产地	制造年份	已使用台时数	用途
1	游标卡尺	0～300 mm	1	中国	2017	200	测量试场尺寸
2	立式强制混凝土搅拌机		1	中国	2017	240	拌和混凝土
3	新标准方孔砂石筛	0.075～9.5 mm	1	中国	2016	350	细骨料筛分
4	坍落度筒	100×200×300	1	中国	2016	320	坍落度计量
5	温度计	0～100℃	5	中国	2017	230	测量温度
6	台称	100 kg	1	中国	2018	110	称量混凝土各组分重量
7	标准恒温恒湿养护设备	FHBS-120	1	中国	2018	120	混凝土试块养护

序号	仪器设备名称	型号规格	数量	产地	制造年份	已使用台时数	用途
8	容积筒	1L	1	中国	2017	220	定量取液体
9	容积筒	10L	1	中国	2017	230	定量取液体
10	钢板尺	30 cm	1	中国	2017	230	测量长度
11	钢板尺	100 cm	1	中国	2017	240	测量长度

4.4.3 人员配备计划

(1)组建强有力的项目部,加强领导,科学管理,合理调度,确保本工程所需人员齐全,所有施工人员持证上岗。

(2)根据工程特点要求配备足够的施工力量:配备专业齐全、人员精干、积极务实的管理人员;配备经验丰富、业务熟练、责任心强、能够吃苦耐劳的潜水员和其他操作人员。

(3)召开技术和安全工前会,在进场或作业前,对全体作业人员进行技术交底和安全作业教育,并对文明施工和环保提出要求。

(4)在接到进场通知后,马上进入前期准备阶段,组织落实人员,做到早进场早开工。

人员配备情况见表4.4.3-1。

表4.4.3-1 人员配备表

工种	数量	单位	备注
项目经理	1	人	
项目工程师	2	人	
机电监督	2	人	
潜水监督	1	人	
潜水医生	1	人	
材料工程师	1	人	
潜水员兼潜水长	4	人	
潜水员	20	人	
辅助人员	10	人	
合计	42	人	

4.5 安全生产保障措施、文明施工、水土保持和环境保护

4.5.1 安全生产保障体系及制度

工程项目施工贯彻"安全第一、预防为主"的方针,坚持安全文明施工。认真贯彻执行国家有关部门颁布的规程规范,遵守水利部、河南省的有关施工安全规定和业主有关安全文明生产的各项规章制度,同时满足中国潜水打捞行业协会潜水作业规范和《中华

人民共和国潜水条例》相关要求。现场施工做到安全、文明、环保。

4.5.1.1 安全生产保障体系

安全生产保障体系见图 4.5.1-1。

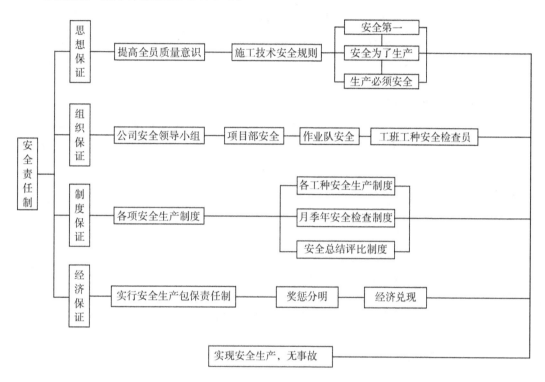

图 4.5.1-1 安全生产保障体系图

4.5.1.2 安全督察管理制度

本工程实施安全督察管理制度,设置巡视机构。工作目标为:加强对各在建施工项目组施工过程的安全管理,提前预防和规避风险、杜绝安全事故、保障职工的生命和财产安全、减少和控制危害、减少和控制事故,尽量避免施工过程中由于事故造成人身伤害、财产损失。

(1)组织机构

安全督查组织机构见图 4.5.1-2。

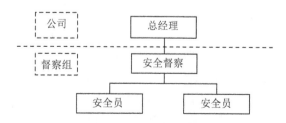

图 4.5.1-2 安全督查组织机构图

（2）人员配置

安全督察组设置安全督察1名，为具体负责人；下设安全员若干。

（3）岗位职责

安全督察：全权负责安全督察组的各项工作。负责安全督察巡视制度的制定和完善，对各在建施工项目组的安全奖惩提出建议，参与项目考核，并提出安全考核建议；对各在建施工项目组施工过程中出现的安全隐患进行汇总，形成安全隐患报告上报；对各在建施工项目组的安全交底、安全措施、应急预案等资料进行审核；对各外建施工项目组的安全工作进行定期监控、管理等。

安全员：全面配合安全督察工作，参加伤亡事故的调查和处理，做好工伤事故的统计、分析和鉴定报告；对各在建施工项目组存在的安全隐患进行详细、如实记录，并进行安全测评；熟悉应急救援的组织、程序、措施及协调工作，落实对重大事故隐患的整改；对于较大项目，组织施工现场进行应急预案的演练等。

4.5.2　安全生产保障措施

（1）在本工程开工前，对合同活动进行全面、深入地危害识别和风险分析，向业主提供"工程危害识别和生产安全事故风险分析及应对报告"。

（2）事故风险的分析包括事故类别、直接原因、常见的违章行为。并针对各类安全风险制定有针对性的事故预防和应对措施，建立数据库跟踪维护系统。

（3）结合施工计划，按照高风险作业、一般风险作业控制程序要求建立动态风险预测和控制机制：

① 建立日常动态风险预警控制机制，每日向业主报送高风险作业信息及夜间施工信息；建立月度高风险作业汇报机制，每月向业主的安全部门和施工部门提供下一个施工月份需要制定"专项施工方案"的高风险作业活动清单。

② 根据识别出的高风险活动制定专项控制方案，高风险专项控制方案中必须明确控制措施；考虑通过作业许可、签点放行、设立监护人、信息通报、控制检查评估等进行控制。我方负责确定高风险作业的分级原则并实施分级控制（项目级、队级、班组级）。

③ 除日常安全监督检查外，一般风险作业安全监督检查依托质量跟踪文件执行，进行安全监督检查。按一般风险作业施工阶段分为开工条件安全检查、作业过程安全条件检查。

④ 建立日常施工活动的作业安全风险分析（JSA）、施工方案安全措施、安全组织与技术措施交底制度，明确规定风险分析的方法、责任和交底的内容、时间及记录。施工作业开始前，施工班组长及兼职安全员负责对作业的工作步骤进行作业安全风险分析，并制定针对的风险控制措施。

⑤ 制定非正常时间安全风险控制方案，采取措施控制正常工作时间以外的安全风险，包括下班后、夜间施工及周末作业。如采取倒班制、增加人员监护、管理人员值班巡视、设置充足的照明和增加医疗急救设施等措施加以防范。

⑥ 积极发明或推广能够提供作业工艺安全性能的新技术、新工艺、新材料。

（4）定期对作业人员进行施工纪律抽查，对班组长每班的安全交底情况进行监督、检查,并将检查合格率上报业主主管部门。

4.5.3　设备风险识别与控制措施

(1) 施工现场的设备、工具、材料,如起重设备、索具、机动车辆、压缩气瓶等,应按国家法规和标准进行检测、试验,并持有法定部门出具的检验证书;证书复印件上报业主安全部门备案。

(2) 施工现场的机械、施工机具及安全相关的施工作业材料必须经过业主的外观和性能检查,业主也可邀请有资格的技术监督机构依据国家或行业的强制性标准对其进行安全技术性检查。不满足业主安全要求的不得进入现场使用,业主的检查并不减轻我方责任。对于所有施工租赁设备,我方负有同等的安全管理责任。

(3) 对于非国家法定要求检测的工器具,如潜水工具、电动工具等,必须建立相应的管理、检测制度,其检验记录应可供业主检查。

(4) 建立施工机械的定期检查保养制度,并有记录。对使用的施工机械、机具(包括租赁的施工机械、机具)的安全承担直接责任。

(5) 建立施工机械安全的管理程序,对缺陷报告、维护、维修、试验、检测、报废以及档案、记录等各个环节做出规定,包括操作、检验、试验程序。

(6) 在施工过程中,业主对施工机械、施工机具、材料等进行抽查,抽查不合格的,我方立即停止使用,并对该批次的施工材料、机具进行全部检查,合格后方可投入使用。

(7) 设置专门的维修区域用以维修车辆和机械,严禁在作业现场修理车辆和机械。

4.5.4　安全生产规程制度

各职能部门、人员在职责范围内对实现安全生产负责,实行安全生产责任制,贯彻"管生产必须管安全"和"谁主管、谁负责"的原则。具体采取安全会议制度、安全检查制度、日常生产管理措施等。

4.5.4.1　安全会议制度

(1) 项目部安全生产领导小组每月组织召开一次安全生产会议,对本项目安全生产管理工作进行总结和部署,完成对本项目各级管理人员安全生产责任制的考核;对主要管理人员的职责履行情况进行检查,检查结果和改进措施记入安全生产领导小组会会议纪要。

(2) 项目部实行每周例会制度。听取项目专职安全管理人员和分包队伍等安全情况汇报,根据危险源辨识活动开展情况和现场危险源控制效果,完善安全生产的管理措施和技术措施,及时研究解决安全管理工作中存在的困难和问题,明确责任人和整改时间要求。

(3) 根据生产及进度需要,确定每次例会会议议题,围绕议题中心开展讨论研究,确定需要采取的措施,并及时落实,由安保部进行落实情况的反馈,确保会议效果。

4.5.4.2　安全检查制度

(1) 各级安全生产检查应以查思想、查管理、查隐患、查整改、查责任落实、查事故处理等为主要内容,以访谈、查阅记录、现场查看等为主要形式。

（2）安全检查应采取定期检查、专项检查、自查与互查等形式进行,查处"三违"现象和隐患因素。应重点检查:高空作业、起重吊运安装、大型机械设备、脚手架架设、施工用电、压力容器等专业性或重要危险项目的安全问题及重要危险源安全预控措施的落实等情况。

（3）项目部每周由项目经理组织技术、安全、施工等管理人员对施工现场进行安全检查一次,以查处"三违"现象为主要内容,并对重要生产设施和重点作业部位加大巡检密度。

（4）实行项目专职安监员每日巡检制度,对于高危险性的作业应实行旁站监督。项目安全检查要建立台账、将每次检查的情况、整改的情况详细记录在案,便于一旦发生事故时追溯原因和责任。

（5）凡在安全检查中发现的安全隐患由检查组织者签发安全隐患整改通知单,监督落实整改,并进行复查。重大隐患必须在规定期限内全部整改完毕。对检查发现的重大安全隐患有可能立即导致人员伤亡或财产损失时,安全检查人员有权责令立即停工,待整改验收后方可恢复施工。

（6）项目部应根据检查的结果,对存在的问题进行分析研究,制定整改措施,落实专人负责,限期整改,并将实施情况与目标管理、责任制考核及奖罚等直接挂钩。

4.5.4.3 日常生产管理措施

（1）每季度对良好表现进行评选通报,表扬宣传。良好表现包括:行动计划外的事情或行动计划范围内的突出表现、改革和创新,好的成功案例和突出目标进度和个人经验分享等。

（2）定期开展安全生产自我评估,开展经验反馈活动和日常安全宣传教育,传达业主的安全要求和信息、对我方的风险和安全指标趋势进行分析和预测,提出安全工作重点,并向业主提交评估报告,项目完工前15日内向业主递交项目安全总结报告。在项目实施过程中,接受并配合业主的定期或不定期监督与安全评价。

（3）当业主生产主管部门和安全部门的人员要求立即中止违章作业时,我方员工无条件立即执行;业主如签发"安全停工令",在接到停工令后,立即停止规定范围内的施工活动,组织安全整改,停工造成的影响和损失由我方负责承担。

4.5.5 文明施工措施

文明施工及环保管理体系运行流程见图4.5.5-1。

施工方在整个施工过程中应采取有效的安全、保卫和环境保护措施,与业主保持良好的沟通,服从业主的管理,遵守业主方文明施工有关规章制度,接受业主和监理工程师的监督,并执行其提出的整改要求。保持施工区的环境卫生,进入现场的设备必须置放有序,防止任意堆放器材、杂物阻塞工作场地周围的通道和破坏环境。

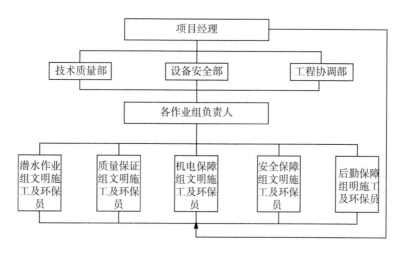

图 4.5.5-1 文明施工及环保管理体系运行流程图

4.5.5.1 建筑物施工场地

(1) 施工场地必须干净整洁,做到无积水、无淤泥、无杂物,材料堆放整齐,施工辅助设施布置规整有序。

(2) 严格遵守"工完、料尽、场地净"的原则,不留垃圾、不留剩余施工材料和施工机具,各种设备运转正常。

(3) 施工机械设备定点停放、工具摆放有序,工完场清,车容机貌整洁,消防器材齐备、通道畅通。

(4) 按要求在施工场地设置工程平面布置的指示牌、各级人员的安全施工责任牌等。施工人员要严格执行操作规程,严格遵守安全文明生产纪律,进入施工现场者统一挂牌及统一安全装饰,持证上岗。

(5) 严格按照现场的布局划分用火作业区、易燃材料区、生活区,保持防火间距。施工现场严禁吸烟,建立现场明火管理制度。

(6) 水、电管线,施工照明等设施布置合理,标识清晰。

4.5.5.2 施工场地环境治理

(1) 在施工现场设置足够的"保洁环保箱",及时将垃圾清理到指定地点;设统一就餐的餐厅,施工现场不得乱扔生活垃圾。

(2) 施工现场不乱弃渣、乱搭建现象,保持环境清洁卫生。

(3) 生活垃圾应分袋装,严禁乱扔垃圾、杂物,及时清运垃圾,保持施工区的干净、整洁,严禁在工地上燃烧垃圾,建筑垃圾应妥善处理。

(4) 施工现场及交通道路按要求定期进行除尘洒水,积极开展尘、毒、噪声治理,合理排放废渣、污水。

(5) 工作完成后,施工人员须认真清理场地,保持场地干净、整洁,现场不得遗留施工器具及其他杂物。

4.5.5.3 环境保护措施

对于施工中可能产生的各种环境污染,建立体制,按照"预防为主、防治结合"的原则进行环境保护。以不发生环境污染事件为目标,遵守国家有关环境保护的法律、法规和规章与发包方的环境保护规定,做好施工区的环境保护工作,防止由于工程施工造成施工区附近地区的环境污染和破坏。

4.5.5.4 生活供水及水源保护

(1)施工过程中应向各个场地、营地的职工提供足够的,而且符合国家生活饮用水标准的饮用水。

(2)为保证生活供水安全可靠,应做好用水的预防保护和水质检测等工作。

4.5.5.5 施工废水处理

加强对施工生产废水、生活污水的处理对于保护水源至关重要。

(1)经常性排水

经常性排水主要包括天然降水及施工期各工作面施工用水等。各工作面初期排水水质符合直排要求时,不需进行处理。各工作面降水及施工工作面排水等水质差时,需经处理后才能排放。

经常性排水影响水质的污染物质主要来自各工作面开挖的泥土颗粒和施工水泥砂浆。不能达标的主要项目是悬浮物浓度(mg/L)。

各工作面废水悬浮物含量高,采用建沉淀池或集水坑的方法,将各工作面废水抽排进沉淀池或集水坑进行沉淀。实施过程由专人进行监测,当排放废水不能满足排放要求时,及时采取措施,如延长废水沉淀时间等。当沉淀池或集水坑底淤积到一定程度时,及时进行清淤处理。

(2)在进行有污染物排放的作业时,按要求布设污染物处理及排放设施,并保证设施的正常使用,严防随意排放污染物。

(3)施工现场应按要求布设排水设施,并保证排水设施的正常工作,及时排除施工用水及地下水,严防施工用水随意排放。

(4)对流动的、分解的和难以集中处理的废水发生源,尽可能利用现场条件,挖砌排水沟,设集水池,使废水在排入江河前得到自然沉淀。

4.5.5.6 固体废弃物处理

施工过程中应做好环境保护工作,保护施工区和生活区的环境卫生。固体废弃物处理包括生产、生活垃圾和生产废渣处理:

(1)严格按弃渣规定弃渣,不得在指定堆渣区域以外堆渣。施工场地应及时清理,施工现场不得出现不必要的堆放物。

（2）设置必要的生活卫生设施和生活垃圾收运设施（包括垃圾桶、垃圾箱等），及时清扫生活垃圾，并将其运至指定地点集中进行处理。

4.5.5.7　施工期人群健康保护

（1）环境卫生清理

施工生活区定期进行灭鼠、灭蟑螂、灭蚊、灭蝇等环境卫生工作。经常进行蟑螂、蚊、蝇等虫媒动物的灭杀工作。

（2）卫生检疫和健康检查

对进入施工区的施工人员和管理人员进行卫生检疫和定期健康检查。在进驻工地前，对施工和管理人员进行全面的健康调查和疫情建档，健康人员才能进入施工区作业。

4.5.5.8　场地清理

在工程完工后的规定期限内，应及时拆除业主认为有必要保留的设施外的施工临时设施，清除施工区和生活区及其附近的施工废弃物，并按环境保护措施计划恢复环境。

4.5.6　水土保持

4.5.6.1　周边水土保持

在施工中保护好施工场地周边的林草和水土保持设施，避免或减少由于施工造成的水土流失。

4.5.6.2　场内水土保持措施

（1）做好本合同防治责任范围内各项开挖边坡、截水、排水等工程防护措施。

（2）按合同约定对场内道路的上、下边坡采取有效的水土流失防治措施，并负责维护其场内道路及其他交通设施的水土保持设施。

（3）弃渣场防护和弃渣处理

① 做好弃料场堆渣起坡点的坡脚防护设施，保证堆渣边坡的安全和稳定。

② 弃料场不需要专门碾压，但必须分层堆放，以保证最终堆积体边坡的稳定。

（4）施工场地排水

按水土保持措施规划的要求，设置完善的排水系统，保持施工场地和渣场始终处于良好的排水状态，防止降雨径流对施工场地和渣场的冲刷。

（5）施工道路防护与排水

① 在负责修建、维护公路的时段内，弃渣运输时采取防泄漏措施，对出现的部分渣料遗撒情况，予以必要的清理或回收。

② 每年雨季来临前，组织人力疏浚排水沟，防止雨水漫流，同时对出现的滑坡和坍方及时清理。

4.6 质量检验标准及控制措施

4.6.1 坝前清淤工程

4.6.1.1 检验标准

坝前清淤后至设计宽度,允许偏差300 mm;清淤后的底部高程为设计基岩面;清淤后的边坡保持稳定或不陡于1:6;浮泥厚度不大于100 mm。

4.6.1.2 控制措施

潜水员使用钢板尺、水深表等工具进行水下测量和检查,通过数据绘制成图,确定清淤位置的实际数值,对于欠挖的位置继续进行清理。

4.6.2 原坝面凿毛清理

4.6.2.1 检验标准

凿除原先裸露的混凝土面,露出新鲜坚实的混凝土面;凿毛后的混凝土面应无混凝土残渣、浮泥等杂物附着。

4.6.2.2 控制措施

(1)水下凿毛按照从左到右、从下到上的施工顺序进行施工,每名潜水员施工结束后需要向电话员汇报施工完成的位置,避免出现位置遗漏的情况。

(2)水下凿毛分段施工,准备施工哪一仓时,进行该段的凿毛工作。

(3)水下凿毛时要将原坝面混凝土表面的杂物和松散的混凝土清理干净,避免影响新老混凝土之间的结合。

4.6.3 锚筋布设

4.6.3.1 检验标准

锚孔内应洁净,无混凝土渣屑等杂物。

锚固剂应填充饱满,锚杆的锚固长度应不小于设计要求;外露锚筋长度应符合设计要求。

钢筋应有出厂合格证及试验报告单等资料,其规格特性指标应满足设计要求;锚杆体钢筋表面应无锈蚀,应无油污等附着物;应对锚杆体钢筋进行抽样进行拉伸实验。

4.6.3.2　控制措施

水下布设网格时,潜水员在对标记点进行标记时,同时,陆上的工作人员与潜水员进行沟通,在坐标草图上同时记录编号。对于同一坐标点,陆上工作人员记录的编号须与潜水员的水下编号保持一致。

钻孔结束后,孔内的混凝土渣屑等杂物要清理干净,保证孔内清洁无异物。

锚筋的制作须满足以下要求:

① 选择表面洁净无损伤的钢筋,油渍、漆污、锈皮等应在使用前清除干净。

② 钢筋应平直,无局部弯折。

③ 钢筋加工的尺寸应符合施工图的要求。

4.6.4　钢筋网安装

4.6.4.1　检验标准

(1) 钢筋的位置、间距、保护层及各部分钢筋的大小尺寸,均应符合设计图纸的规定,其偏差不应超过表 4.6.4-1 的规定。

表 4.6.4-1　钢筋偏差值

项次	偏差名称		允许偏差
1	钢筋长度方向的偏差		1/2 倍净保护层厚
2	同一排受力钢筋间距的局部偏差	柱及梁	0.5 d
		板、墙	0.1 倍间距
3	双排钢筋,其排与排间距的局部偏差		0.1 倍间距
4	梁与柱中钢箍间距的偏差		0.1 倍箍筋间距
5	保护层厚度的局部偏差		1/4 倍净保护层厚

(2) 现场焊接的钢筋网,钢筋交叉点宜全部采用接触点焊;对于水下钢筋网的搭接接头,其钢筋交叉点应全部绑扎。

(3) 在混凝土浇筑过程中,应避免在提升导管时导致钢筋移位;应安排潜水员经常检查钢筋网的位置和牢固性,如发现变动应及时矫正。不应擅自移动或割除钢筋。

4.6.4.2　控制措施

(1) 选择表面洁净无损伤的钢筋,油渍、漆污、锈皮等应在使用前清除干净。

(2) 钢筋应平直,无局部弯折。

(3) 水下钢筋焊接应满足《水工混凝土结构设计规范》(DL/T 5057)的要求。

(4) 使用水下焊接专用焊条。

(5) 焊道应均匀、光滑,严禁存在熔宽小、缺肉、波纹不齐、有焊瘤、咬边、沙眼及焊接变形的情况。

4.6.5 模板安装及拆除

4.6.5.1 检验标准

模板结构须具有足够的刚度、强度及稳定性。模板应保证混凝土浇筑后结构及构件各部分形状、尺寸和相互位置满足设计要求。水下混凝土的模板宜做到大型化、标准化、系列化;模板设计应便于拆装。

在运输和吊装模板过程中,应采取措施防止模板变形。

模板安装时,应控制好模板的位置、尺寸、垂直度,模板安装的允许偏差见表4.6.5-1。

表 4.6.5-1 模板安装允许偏差值表

项次	偏差项目		允许偏差/mm
1	轴线位置		5
	底模上表面标高		+5.0
2	截面内部尺寸	基础	±10
		柱、梁、墙	+4,−5
3	局部垂直	全高≤5 m	6
		全高>5 m	8
4	相邻两板面高差		2
	表面局部不平(用2 m 直尺检查)		5

防渗面板分层施工时,应逐层校正下层偏差,模板下端应紧贴已浇筑的混凝土面。

拆模时,应根据锚固情况,在吊机的配合下,在确保安全的前提下,按合理的顺序分批拆除锚固连接件,杜绝出现模板倾覆或滑落。拆模应使用专门的工具,以减少对新浇混凝土及模板的损伤。

4.6.5.2 控制措施

(1) 模板拼装前检查模板有无破损变形等情况。

(2) 模板定位绳安装的位置要精准,避免潜水员水下调节。

(3) 模板安装水平和竖向精度要符合设计要求。

(4) 当混凝土浇筑完毕,同条件养护的混凝土试块其强度达到10 MPa 以上之后,方可拆除模板,模板拆除的过程中不应损坏新浇筑的混凝土。

4.6.6 防渗板混凝土浇筑

4.6.6.1 检验标准

应对用作拌制水下不分散混凝土的水泥、沙、碎石、絮凝剂、外加剂、掺合料等原材料进行检验;对于检验不合格的原材料,立即清离施工现场。

水下不分散混凝土的配合比,应满足混凝土设计抗压强度、黏结劈拉强度、设计抗冻标号、设计抗渗标号、水下抗分散性、耐久性及流动性的要求;为确保水下混凝土工程的质量,水下不分散混凝土的施工配合比应通过现场试验确定。

导管的内径视混凝土的供给量及混凝土顺畅流下的状态而定;导管的内径应为粗骨料最大粒径的 8 倍左右,一般为 150～250 mm;在浇筑钢筋混凝土时,导管内径的确定还需考虑浇筑仓内的钢筋分布。

浇筑导管应垂直安装;在混凝土浇筑过程中,应避免使导管受到水平力,以防由此产生的弯矩导致导管的连接部位渗水。

现场混凝土质量评定应以抗压强度及设计要求的其他指标为主,以 28 d 标准养护条件下的试块抗压强度或设计要求的其他指标试验值为标准。

4.6.6.2　控制措施

(1) 混凝土浇筑前,需要将浇筑仓内进行清理,避免新老混凝土之间存在杂物而影响混凝土浇筑质量。

(2) 混凝土应连续注入承料漏斗,防止不连续倒入,致使导管内空气不能及时排除而产生高压气囊。

(3) 在浇筑过程中要随时做水上和水下检查。水上检查导管壁是否由于混凝土浆粘挂在管壁上形成堵塞,并及时疏通;同时检查模板有无变形、漏浆情况,并及时报告发现的问题。

(4) 随着水下混凝土浇筑面的上升,随时调节导管出料口的埋入深度,保证埋入深度不低于 0.8 m。严禁把导管底端提出混凝土面。

4.6.7　新浇防渗板结构缝处理

4.6.7.1　检验标准

(1) 新增防渗面板的结构缝止水必须与溢流坝原有的止水体系连为一体,形成一个新的闭合的止水体系。

(2) 柔性橡胶条、SR 柔性填料、三元乙丙柔性盖片、不锈钢压条、不锈钢锚栓等材料的质量符合设计及规范要求。

(3) 结构缝止水预留的"V"形槽表面和新浇混凝土面与 SR 柔性填料、贴柔性盖片的接茬面,须满刷水下黏结剂;柔性盖片的两侧应使用水下密封剂封边;不锈钢压条的规格尺寸应符合设计要求,不锈钢压条与盖片的接触部位应满刷水下黏结剂;锚栓的规格、间距、锚固深度应符合设计要求,锚栓与螺母的相接部位、螺母与压条的相接部位应使用水下密封剂密封。

4.6.7.2　控制措施

(1) 结构缝清理的深度要符合设计要求。

（2）需用的柔性橡胶条、嵌填 SR 柔性填料、粘贴三元乙丙柔性盖片、安装钢压条等材料要符合设计要求。

（3）水下胶黏剂要涂刷均匀，不得漏刷和多刷，使得盖片黏结不密实，影响结构缝的稳定。

4.6.8　安全检测仪器安装

4.6.8.1　检验标准

（1）安全检测仪器的结构形式和尺寸、埋设位置以及所用材料的品种、规格、性能指标应符合设计要求和相关标准。

（2）安全检测仪器安装完成后，应做好保护，避免受损、移位、变形；对于后续的模板安装和混凝土浇筑，须事先对检测仪器进行导管保护。

（3）观测仪器应按设计图纸文件及仪器使用说明书的要求埋设安装。埋设前，所有仪器（设备）均应进行测试、校正和率定。

4.6.8.2　控制措施

安全检测仪器需选购符合设计要求的设备，并在安装前进行预实验；

安全检测仪器多为埋入式，安装时，仪器锚杆端部结构需做好保护，避免模板安装和混凝土浇筑时对其产生影响。

4.7　潜水作业安全措施

4.7.1　潜水作业人员要求

（1）必须持有经相关职能监管培训机构颁发且合格的水下作业资格证书。

（2）自觉遵守各项潜水规则，身体不适或体检不合格严禁下潜，潜水过程中发生呼吸困难等症状时，应立即停止工作，并加强通风，如无明显改善效果，应按立即出水。

水下进行作业，必须在水面控制人员与水下作业人员之间有通信装置，并规定统一的联络及应急语和信号。

（3）潜水员作业现场配备一组应急潜水员及应急气瓶，以备随时下水救援。

4.7.2　潜水准备

每班施工前潜水长明确当班作业任务和安全要求，具体分派每个人的任务，强调安全注意事项及应急措施，做好施工动员工作。潜水作业人员按照分工的不同，各自履行自己的职责，做好潜水作业的安全工作。

4.7.3 潜水员着装

潜水员在信号员、扯管员、电话员及辅助人员协助下,进行着装。潜水员在使用管供气的同时,下水时必须携带气瓶备用。

4.7.4 潜水作业

(1)下潜:潜水员沿潜水梯下到水中,抓住入水绳,使头盔没入水中,检查装具的气、水密性,合格后方可进行潜水作业。

(2)水底停留:潜水员以 10~20 m/min 的速度下潜着底,在水下按要求完成具体的作业任务后,清理信号绳、软管,准备上升。

(3)潜水通话频率:潜水员在水下作业期间,要时刻与水面人员保持联系,每隔 5 min 陆上电话员要与水下潜水员进行一次通话,主要询问潜水员的身体状态和工作情况并进行记录备案,同时,电话员监听电话时,注意潜水员的呼吸情况,若出现呼吸急促或间隙较长,立刻询问潜水员状态,水面辅助人员要密切配合,确保潜水员生命安全及潜水作业的顺利进行。

(4)潜水作业时间:对于海拔大于 100 m,工作区域最大水深约为 32 m 以浅,需要进行水下减压,根据现场施工减压方案,每名潜水员水下工作时间约 45 min,且施工过程中潜水监督会根据施工强度和潜水员的身体状态进行调整。

(5)减压出水:在上升减压过程中,潜水员应根据潜水医师制定的减压方案,按规定速度、阶梯式上升—停留—上升直到出水。上升过程中,水面人员要严格掌握停留站深度和停留时间。出水后,潜水员沿潜水梯回到甲板上卸装,并由潜水医师对潜水员进行体检及医学追踪观察。

4.7.5 潜水作业注意事项

(1)接受任务后必须深入进行动员,明确任务,并提出完成任务和计划的安全措施。

(2)潜水前应测量水深、流速、水温和掌握底质、气象情况。潜水人员未经潜水长批准,不得擅自下潜。

(3)潜水前必须准备好潜水装具,并进行严格检查。

(4)现场禁止吸烟和明火,禁止用沾有油污的手和物件检查呼吸器。

(5)掌管电话的电话员应由技术熟练的潜水员担任。

(6)潜水监督依据作业深度,计算并确定紧急情况下出水和上升所需气量,以便合理选择备用气瓶,确保危急情况供气中断时,潜水员可以依靠备用气体顺利安全上升、出水。

(7)信号员需熟练掌握信号绳使用规定,确保通信设备故障时通过信号绳收发潜水信号。根据下潜人员的需要,适当收紧放松信号绳。传送物品后,要及时收回多余部分,随时清理信号绳防止绞缠。

(8)在装具器材的检查准备中,下潜潜水员要亲自参加,检查并准备完毕后,各岗位应向潜水长报告,潜水长根据情况决定并报告潜水监督可否着装下潜。

(9)不可安排未经体检和心理状态欠佳的潜水员进行潜水作业,潜水员在潜水作业前不得饮酒、暴饮暴食。

(10)潜水员下潜或上升时必须沿入水绳,必要时要使用安全带,水下减压应使用减压架或减压梯。

(11)作业过程中应保持潜水现场与供气站的联络通畅,确保呼吸气体正常供应。

(12)潜水行进中,对有障碍物的部位,要注意避免软管绞缠或被尖锐物磨损割破等危及潜水安全的状况发生,必要时应派遣第二潜水员在结构拐角处协助接应。

4.7.6 现场施工人员注意事项

(1)从坝面向下放东西时注意安全,下方的物件要用绳缆进行捆绑,防止伤人。

(2)施工人员上下班做交通船时,严禁超载和嬉闹,防止意外落水。

(3)在施工平台上工作时防止意外落水事件发生。

(4)施工平台上和岸边工作人员应穿救生衣。

(5)工作平台不得超载、偏载。

(6)根据工作平台的抗风浪能力,如果风浪或水流太大,应暂停水上作业。

5 溢流坝廊道高聚物注浆方案

5.1 工程概况

驻马店板桥水库溢流坝有两条廊道,分别是南北并缝廊道及灌浆廊道,长度均为
280.0 m。根据郑州大学水利与环境学院道路检测工程中心对驻马店板桥水库溢流坝廊
道混凝土裂缝的检测,得出如下检测结论:

(1)并缝廊道全段渗水较严重,有几处渗水呈现喷射状;据统计共有 30 条裂缝,其中
渗漏裂缝有 24 处,非渗漏裂缝 6 处。

(2)灌浆与排水廊道裂缝共有 25 处,其中渗漏裂缝有 18 处,非渗漏裂缝有 7 处;渗
漏严重处水流呈喷射状。

(3)裂缝长度在 0.05～1.7 m,裂缝宽度在 0.3～2 mm,裂缝深度在 51～291 mm。

本次拟采用高聚物注浆技术对大坝廊道内裂缝渗水进行处治,总长度约 560 m。

5.2 编制依据

5.2.1 国家专利

(1)《一种便携式注浆装置及注浆车》(ZL 201922459937.6)。

(2)《道路深层病害非开挖处治技术规程》(CJJ/T 260)。

5.2.2 相关规范

(1)《地下工程防水技术规范》(GB 50108)。

(2)《地下防水工程质量验收规范》(GB 50208)。

(3)《地下工程渗漏治理技术规程》(JGJ/T 212)。

(4)《混凝土重力坝设计规范》(SL 319)。

(5)《聚氨酯灌浆材料标准》(JC/T 2041)。

(6)《建筑施工扣件式钢管脚手架安全技术规范》(JGJ 130)。

（7）其他施工过程中用到的规范，若暂未列出规范，均按现行最新版规范执行。

5.2.3 其他补充资料

其他补充资料为驻马店市板桥水库除险加固 2020 年度工程溢流坝廊道混凝土裂缝高聚物注浆渗漏处治设计方案。

5.3 编制原则

（1）遵循"科学严谨"的原则。根据高聚物注浆特点及业主要求，合理安排施工程序及施工工艺，使各项工作安排严谨周密，切实可行。

（2）安全第一的原则。严格按照水库维修施工安全管理规定，在制度、管理、方案、资源方面制定切实可行的措施，确保施工安全。

（3）确保工期的原则。满足甲方指定工期要求，投入的人员、设备满足工期需要。统筹安排，科学组织。

（4）质量创优的原则。应用成熟技术和工艺，推广应用新技术、新材料、新工艺、新设备，遵循施工规范和技术标准，确保工程一次成优。

（5）文明施工的原则。做好环境保护、水土保持。

5.4 渗漏处治预期目标

通过高聚物注浆拟达到以下目标：

（1）使用高聚物注浆技术对溢流坝南北并缝廊道及灌浆廊道混凝土结构变形缝及纵缝裂缝渗漏进行封堵，并对结构进行加固，处治后渗漏部位无明显渗水，达到防水二级要求。

（2）渗漏治理过程中不发生人员伤害、死亡等安全事故，做到安全生产。

（3）渗漏治理过程中对工地配套设施做好保护，不破坏，施工垃圾及时清理外运，做到文明施工。

5.5 高聚物注浆技术简介

近年来，由郑州大学、郑州安源工程技术有限公司等单位联合开发的高聚物注浆技术已被广泛应用于高速公路病害处治、隧道脱空及渗漏处治、桥头沉降处治、地基加固与沉陷处治、堤坝和水库除险加固等工程。成果已获得中国和美国发明专利 12 项，国家科技进步二等奖 2 项，河南省科技进步奖 3 项，形成河南省地方标准和国家一级技术工法各 1 项，并被列为交通运输部和水利部科技成果重点推广项目。

高聚物注浆技术的基本原理是按照一定配比，向病害处治区内注射双组分高聚物液体材料，材料迅速发生反应后体积膨胀并形成泡沫状固体，达到快速填充脱空、加固结构、防渗堵漏等目的（如图 5.5-1 所示）。

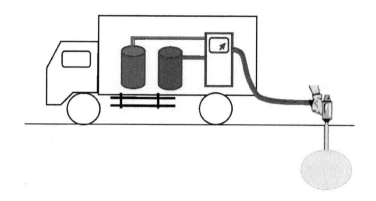

图 5.5-1 高聚物注浆示意图

高聚物注浆技术采用的材料为非水反应类高聚物材料,其主要特点在于材料不需要现场水参与化学反应,而是双组分材料混合后即自身发生反应并膨胀发泡固化,既适用于有水环境,也适用于无水环境。其主要技术性能如下:

(1)高膨胀:高聚物材料的自由膨胀率比达 20 以上,可以迅速填充裂隙和封堵渗漏,同时进一步压密周围介质。

(2)早强:材料可以在数秒内发生反应,并可根据需要调节。材料反应后 15 min 即可达到 90% 以上的强度,并且具有较好弹性。

(3)防水:形成的泡沫状固体为闭孔材料,防水性能优良。

(4)轻质:材料膨胀固化后,其自重一般不到同体积水泥浆的 10%,极大地减少了自重对结构的附加荷载。

(5)耐久:材料寿命至少在 30 年以上,不会发生收缩和变质。

(6)环保:对环境无污染。

高聚物注浆技术具有如下技术特点:

(1)快速:注浆过程快捷,不需要养生,极大地缩短了施工时间。

(2)微损:注浆孔较小,对结构基本无损伤。

(3)易控:注浆压力及注浆量可根据需要调节。

(4)多用途:可用于建筑物地基加固、地板沉降修复、道路及机场道面维修、隧道脱空及渗水病害处治、大坝及堤防除险加固等。

5.6 高聚物注浆施工技术方案

5.6.1 施工步骤

注浆孔布置→钻注浆孔→下注浆管→安装注射帽→注浆→孔口处理→撤场

5.6.2 施工方法

（1）注浆孔布置

对于变形缝渗漏较小的，可以直接在渗漏处钻斜孔至渗漏处注浆，布孔在距离裂缝两侧（h_2）10 cm 处，孔间距（h_1）应控制在 120 cm 之内，现场根据治理情况可适当增加布孔。

对纵缝渗漏处注浆可以采用以下布孔方式：在距离裂缝两侧（h_2）10 cm 处交叉布孔，孔间距（h_1）为 60 cm。

对流量比较大的变形缝渗漏处注浆可以采用以下布孔方式：在距离裂缝两侧（h_2）10 cm 处交叉布孔，孔间距（h_1）为 30 cm（如图 5.6.2-1 所示）。根据现场治理情况可增加布孔。

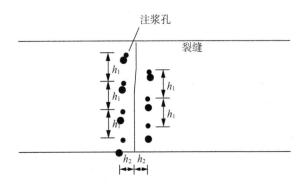

图 5.6.2-1　裂缝处高聚物注浆孔分布图

（2）钻注浆孔

通过移动式升降平台利用防水钻机进行钻孔。钻孔直径约 1.6 cm。钻孔深度不超过 50 cm，深至裂缝处最佳。

（3）下注浆管

根据高聚物注浆技术要求，将 3 cm 长的橡胶皮管或 PVC 管植入注浆孔中。

（4）安装注射帽

把注射帽凹型边缘使用专用工具清理干净，以便于与注射枪更好地结合，将注浆帽置入注浆管外部端口内。

（5）注浆

使用夹具把注射枪与注射帽夹牢，防止注浆过程中高聚物材料喷出。注浆时压力（根据现场可调）通过输料管道分别把 A、B 两类高聚物材料输送到注射枪口，两种材料在注射枪内发生化学反应后，通过注浆孔输送到渗漏处，并继续发生化学反应，体积迅速膨胀填充到坝体裂缝中，达到填充缝隙或孔洞、封堵渗水的目的（如图 5.6.2-2 所示）。

施工区域作业完成后，注意观察注浆封堵情况，如在注浆处附近出现新的渗漏点，及时进行钻孔补注，直到无明显渗漏为止。

（6）孔口处理

卸注浆帽，对孔口进行防水水泥封孔，并对裂缝位置进行切缝修复。

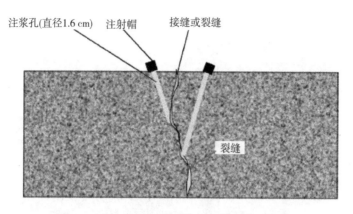

图 5.6.2-2　裂缝渗漏高聚物注浆施工示意图

（7）撤场

注浆完毕后，确认注浆效果及局部修复效果达到设计要求后，对施工作业区进行清扫，有序安全撤场。

5.7　施工资源配置

根据施工工程量、工程类型及业主对工期的要求，拟进场主要设备见表 5.7-1。

表 5.7-1　人员、机械设备配置表

序号	机械名称	规格	数量	备注
1	便携式注浆装置	分体式	1套	注浆设备
2	工具车		2台	施工通勤车
3	便携式注浆装置	手提式	3套	注浆设备
4	手提冲击钻		2台	钻孔
5	现场负责人		1名	
6	技术员		1名	
7	安全员		1名	
8	施工员		6名	
9	资料员		1名	
10	注浆管		若干	按需配备
11	高聚物注浆材料(A/B)		若干	按需配备

针对双组分发泡聚氨酯材料研制开发了集成式、便携式高聚物注浆系统(图 5.7-1)，主要特点是：配比精细，混合充分，注浆压力在相当大的范围内任意调节，自动温控，集成程度高，运输方便，适应范围广等。该系统在隧道脱空渗漏处治及堤防防渗加固等方面得到广泛应用。

手提冲击钻进行钻孔，孔径 1.6 cm，具体深度可根据现场实际情况进行调整，如图 5.7-2 所示。

图 5.7-1 便携式高聚物注浆系统

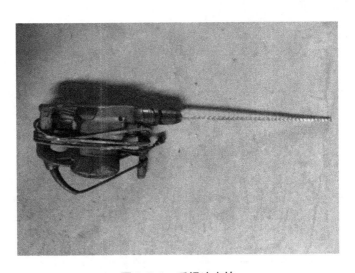

图 5.7-2 手提冲击钻

5.8 施工安全措施

5.8.1 项目组织管理机构及职责

5.8.1.1 项目部组建

根据本工程施工的特点,结合现场考察及综合当地现状,我公司在板桥租用了一套民居,其生活、办公设备、家具可满足项目部管理人员需要。并在项目现场设有办公区,可随时安排、协调各方面施工情况,并和业主、总包、监理及时沟通和协调工作。

5.8.1.2 项目组织管理机构

项目经理部设经理1人、项目总工1人,安全负责人1人,施工队长1人(根据情况相应增加)。

5.8.1.3 项目部各职能机构的设置及职责

(1) 项目经理

贯彻执行国家和工程所在地政府的有关法律、法规和政策,执行行业、企业的各项管理规定,执行业主对承包商的有关管理规定。负责执行项目合同中的各项条款;负责组织和管理进入项目工地的人、财、物资源,按监理、业主的要求统一调配和布置人、财、物资源,负责组织修改、补充、完善项目工地各部门、各级人员的职责和各项规章制度。负责组织完成项目工程的各项经济技术指标;负责协调项目建设中的甲乙方、部门之间、项目工地与地方之间的关系;负责监督检查工期、质量、成本、技术、管理、执法等,发现问题及时通报监理单位、业主或其代表,防止施工中出现重大反复。

(2) 项目总工程师

贯彻执行国家有关施工技术政策和上级颁发的有关技术规程、规范及各项技术管理制度,参加业主或监理单位组织的技术方案讨论会或协调会,负责解决施工中的技术问题,领导施工组织专业设计的编制,审查施工计划,对工程进度、质量、安全在技术上负全责,领导和组织特殊工种及特殊工艺的培训,负责项目工地质量体系的建立、贯彻和协调工作。

(3) 工程技术部

负责编制项目工地的施工组织设计和施工计划,报监理单位及业主批准后组织实施;负责现场施工调度和协调工作,听从监理单位及业主对施工和技术工作的协调,并组织贯彻落实。

(4) 质检部

负责本项目施工全过程工程质量监督检查、跟踪。负责项目工地的技术管理工作,按业主批准的作业指导书和技术方案组织施工;负责工程施工过程控制和不合格品的评审工作,组织实施工程保修期内的后续服务。

(5) 后勤保障部

负责工程施工物资的采购、供应和管理工作,对业主组织的现场材料设备的检验和试验给予积极配合,提供相关资料和试验样品;负责对供货方的评价和管理;负责顾客提供产品的现场管理,按业主要求组织材料设备的卸车、倒运、仓储管理和现场维护,协助业主做好设备缺件的跟踪工作;负责项目物资财务预算的控制和物资消耗成本考核;负责工程物资的日常管理工作。

(6) 综合办公室

负责项目工地施工文件和资料的管理,建立与监理单位、业主接口的文件传递渠道,接受和管理业主发来的图纸、资料、设计变更、作业程序、技术信函、会议纪要等,及时准确向监理单位报送相关文件和资料;负责工程文件和资料的印刷出版工作;负责竣工资料的收集整理,接受监理及业主对竣工文件和资料的审查,并按监理单位、业主的要求收集整理竣工资料,按时移交竣工资料。

按照合同文件要求对承接项目组织实施合同管理,上报、审核计量支付、变更文件。

项目组织管理机构见图 5.8.1-1。

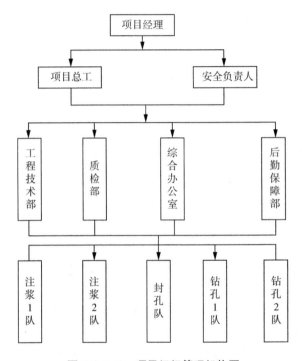

图 5.8.1-1 项目组织管理机构图

5.8.1.4 项目部施工队伍职责

注浆队:负责对坝体渗漏处注浆施工。

封孔队:负责标记注浆孔、安全监测及质量检测和封孔。

钻孔队:负责对裂缝打孔。

5.8.2 安全施工的组织措施

为做好项目安全施工工作,树立公司良好的形象,成立安全施工领导小组,落实公司安全要求。项目经理为第一责任人,技术负责人为直接责任人,现场专职安全管理员对现场安全具体负责。

组长:陈××

副组长:刘×

组员:王××、曹×及各施工班组长。

小组成员间,既分工又合作,具体分工如下:

(1) 项目经理(陈××):负责现场安全施工的全面工作。

(2) 现场技术负责人(刘×):根据公司要求并结合业主要求,编制项目安全实施细则,并负责安全文明实施细则的落实,有计划地区分任务,明确责任。

(3) 现场专职安全员(王××):负责日常安全实施细则的落实,定期检查施工区的安全工作是否落实到位,并及时督促未落实到位的班组抓紧时间整改,要求不得再次发生类似的情况。

(4) 组员及各施工班组长:将公司及项目安全实施细则传递到每一个工作人员心中,并带头执行实施细则的管理规定,从行动上落实安全施工。

5.8.3 安全施工的技术措施

在成立安全施工小组的基础上,在技术措施上做到以下几点:

(1) 严格遵守国家及有关安全施工的规定。认真贯彻业主有关文明施工的各项要求,达到安全工地标准。

(2) 加强宣传教育,统一思想,使全体职工认识到安全施工是项目推进的关键环节,是企业形象和队伍素质的反映,是安全生产的保证,以提高员工安全施工和加强现场管理的自觉性。

(3) 结合本工程实际情况,成立以项目经理为组长的安全施工领导小组,对项目经理及各作业队负责人进行明确分工,落实安全施工现场责任区,制定相关规章制度,确保文明施工现场管理有章可循。

(4) 进入施工现场的人员一律要戴安全帽,经常对工人进行法律和文明教育,严禁在施工现场打架斗殴及进行非法活动。

(5) 施工用电制定用电规划设计,明确电源、配电箱及线路位置,制定安全用电技术措施和电器防火措施,不准随意架设线路。

(6) 移动脚手架钢管与扣件要确保材料上满足质量要求。凡是有严重锈蚀、严重弯曲、变形、裂缝、钢管薄壁、扣件螺纹(螺丝)已损坏等外观缺陷的,均不得采用,严格按照《建筑施工扣件式钢管脚手架安全技术规范》(JGJ 130)要求进行操作。

(7) 高空作业人员及搭设高空作业安全设施的有关人员,必须经过技术培训及考试合格后上岗。高空作业必须有安全技术措施及交底,落实所用安全技术措施和人身防护用品(如图5.8.3-1)。

(8) 高处操作人员使用的工具、零配件等,应放在随身佩带的工具袋内,不可随意向下丢掷,传递物件时禁止抛掷。

图 5.8.3-1 高空作业人员安全绳防护

5.9 质量保证措施

5.9.1 质量保证组织措施

本着精干、高效、满足施工要求的原则,拟设现场项目经理1人,技术负责人1人,2个注浆班组,后勤2人,各班组成员各负其责,并互相协调。本项目采取项目经理负责制,整个项目由项目经理全权负责,项目经理及各岗位分工职责如下:

1. 项目经理

(1) 贯彻国家有关质量管理工作的方针、政策、规定,领导并组织质量管理方针的实施。

(2) 组织制定项目质量目标及质量管理政策,保证质量目标及质量管理政策的贯彻实施,建立和不断完善项目质量体系,保证质量体系有效运行。

(3) 协调各部门、各班组的质量管理工作关系。

2. 技术质量负责人

(1) 技术负责人负责执行质量管理方针、政策,协助项目经理实现质量体系的有效运行。

(2) 技术负责人对项目工程质量保证工作中的技术问题负全面责任。负责技术改进、技术培训、技术监督工作,并在项目施工期间有义务对施工技术进行指导和监督。

(3) 工程准备阶段,技术负责人负责组织学习国家有关标准及施工作业指导书。工程准备阶段,技术负责人有义务和责任对工程人员进行技术培训,提高工程人员的技术水平。

(4) 技术负责人应定期或不定期对施工人员工作进行巡视和抽查,分析和解决工程人员技术上存在的问题。

3. 施工班组

钻孔施工组、灌浆施工组及设备维修组通力合作,各负其责,各工序紧密衔接,严格按照有关规范和设计图进行施工,以确保施工进度和工程质量。

5.9.2 质量保证技术措施

注浆施工严格按照注浆孔定位标注→钻孔注浆→下注浆管→安装注浆头→注浆→孔口处理→注浆效果复查的工序进行施工,还要对以下施工要点进行把控。

(1) 钻孔:严格按设计要求施工,保证钻孔穿过水泥混凝土裂缝,保质保量完成成孔,当钻孔遇到混凝土内钢筋而受阻时,适当调整钻孔位置。

(2) 注浆:保证注浆压力满足注浆要求。

(3) 机械动力保障:施工机具、设备必须保证运行正常。

(4) 注浆管:保证注浆头不堵塞,遇冒浆等情况而堵塞时,应拔出更换新注浆管。

(5) 结合本区域地质条件,钻孔遇冒水等情况时,应进行临时封堵。

（6）注浆一般采用自下而上的顺序进行，发现裂缝及临近注浆孔有冒浆现象时，及时调整注浆速率，并采取外部堵塞反压措施，形成围压。

（7）注浆处治后原渗漏处应无明水流出，宜适当过饱和注浆加固。

5.10　施工计划

溢流坝廊道混凝土裂缝高聚物注浆渗漏处置预计 3 个月时间，渗漏位置处置需要管理方协调施工区域、用电、进场证件等与施工有关事宜以助施工，具体施工时间根据业主要求，可适当调整。

6 溢流坝工作桥吊梁支架施工

6.1 工程概述

6.1.1 工程概况

驻马店市板桥水库溢流坝位于桩号 K1+337.0～K1+48.07 段,全长 150 m,溢流坝共计 9 孔,坝面表孔共计 8 孔,每孔宽 14 m,底孔 1 孔,孔宽 6 m,坝面底板为曲面,其闸墩底部高程为 86.69～104.00 m,启闭机房位置闸墩顶部高程为 118.00 m,启闭机房上游约1/2部分坐在闸墩悬挑梁上方,下游 1/2 部分坐在闸墩上部启闭机房工作桥横梁上方。

拆除重建工作内容:启闭房拆除、启闭平台横梁拆除,新建启闭机房。

6.1.2 方案简述

本吊梁支架采用在坝体两侧挡墙设置支撑牛腿和挡墙顶设贝雷片形成扁担梁,通过吊挂系统吊挂住下部横梁的方法实现支架无法落地安装,在闸墩上部垫设 2 cm 厚钢板,使贝雷架受力均匀,其中下部横梁设计采用 2HN 600×300 的型钢作为横梁,用 HN 600 型钢作为纵梁,纵梁上满铺 3 mm 厚钢板做防护棚,钢板上铺设工 16 做满堂支架立杆支撑小横梁,小横梁上按满堂支架 60 cm×60 cm 布设碗扣式满堂支架,支架高度在 1.5～2.0 m,现场可根据实际情况稍做调整。支架上部按支架布距满铺 10 cm×10 cm 方木大楞,方木大楞上按 20 cm 一道铺设 5 cm×10 cm 方木小楞,小楞上满铺 1.5 cm 竹胶板。

启闭机房横梁拆除完成后,吊梁支架安装,新浇筑横梁利用该支架平台进行施工。

吊梁支架平面图和立面图见图 6.1.2-1 和图 6.1.2-2。

6.1.3 编制目的

由于原启闭机房横梁梁高 1.0 m,梁宽 0.3 m,跨度 14 m;新建启闭机房梁高 1.8 m,梁宽 0.7 m,跨度 14 m;其悬空高度约 15 m,下部溢流坝底板为曲面,支撑不易架设,施工难度较大,存在安全隐患,为便于施工,特编制横梁拆除及吊梁支架方案。

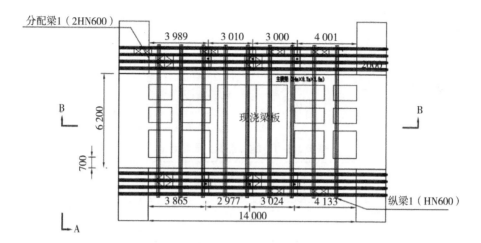

图 6.1.2-1 吊梁支架平面图（mm）

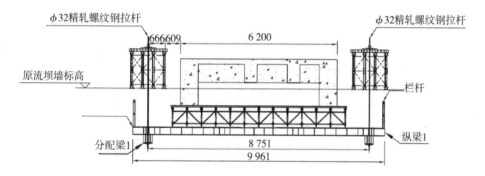

图 6.1.2-2 吊梁支架立面图（mm）

6.1.4 编制依据

（1）板桥水库除险加固工程 2020 年度施工图纸。

（2）《钢结构工程施工规范》（GB 50755）。

（3）《建筑施工碗扣式钢管脚手架安全技术规范》（JGJ 166）。

（4）《钢管满堂支架预压技术规程》（JGJ/T 194）。

（5）《桥梁工程机械技术性能手册》（中国铁道出版社，2012 年）。

（6）《建筑施工起重吊装工程安全技术规范》（JGJ 276）。

6.2 施工准备

6.2.1 施工人员准备

施工人员配置见表 6.2.1-1。

表 6.2.1-1 施工管理人员配置表

序号	职务	数量/人	负责内容
1	现场总指挥	1	现场负责人、施工安排
2	现场技术负责人	1	技术控制，工艺落实
3	技术员	2	现场技术监控、指导
4	质检员	1	质量监督、管理
5	安全员	2	安全、环保、文明施工管理
6	测量负责人	1	现场测量
7	试验负责人	1	现场试验
合计		9	

根据实施性施工组织设计及现场情况，支架施工人员配置见表 6.2.1-2。

表 6.2.1-2 主要作业人员配置表

序号	工种	数量/人	负责内容
1	起重工	3	起重吊装
2	电焊工	4	焊接
3	电工	1	电气操作、线路维护检查
4	普工	3	辅助工作
5	支架工	10	满堂支架搭设
合计		21	

6.2.2 施工机械准备

施工机械配置见表 6.2.2-1。

表 6.2.2-1 施工机械设备配置表

序号	机械设备名称	规格及型号	数量(台、套)	备注
1	汽车吊机	QY30	1	
2	电钻		1	
3	振捣棒		1	扩大基础浇筑
4	高压水枪		1	
5	钢丝绳		1	
6	电焊机	ZL50	4	钢结构焊接

6.3   施工方法及工艺流程

6.3.1   总体施工方案

原启闭房横梁在墩墙顶部,两端为素混凝土固定,对素混凝土凿除后,采用液压设备对横梁进行移动,保证横梁与墩墙无连接,每片横梁采用两台 130 t 的吊车由两端同时工作,吊出现场并运至堆放区域。

在拆除旧梁板后首先焊接横梁固定牛腿,牛腿焊接前先钻孔植入锚,植筋深度不小于 30 cm,植筋时首先注入植筋胶,然后立即打入锚筋,锚筋直径 36 mm。然后焊接牛腿各钢板及加劲板,吊装横梁,横梁吊装时现场根据施工条件在下部焊接供人员上下的爬梯,横梁应与牛腿焊接牢固,横梁吊装完成后吊装纵梁,纵梁与横梁点焊连接,纵梁吊装完成后首先吊装两侧墩顶悬吊贝雷梁,然后按设计位置穿精轧螺纹钢筋并在其正下方横梁居中点开孔穿过,精轧螺纹钢筋必须保持铅锤,同时拧紧上下大六角螺栓让上部吊梁受力。再安装小横梁及其上各支架部件(钢板、防护栏杆、满堂支架),最后铺设底模系统后进行预压,预压合格后绑扎钢筋浇筑梁板混凝土。

6.3.2   总体施工工艺流程

吊梁支架施工工艺流程如图 6.3.2-1 所示。

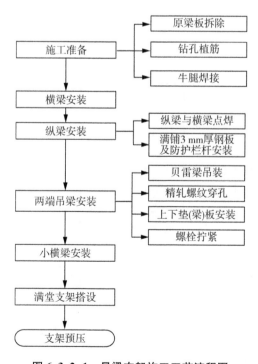

图 6.3.2-1   吊梁支架施工工艺流程图

6.4 横梁拆除方案

6.4.1 横梁吊运拆除

横梁的吊装拆除工作一定要遵循一定的顺序,横梁每孔拆除的顺序为1♯—1、1♯—2、1♯—3、1♯—4,依次拆除。

在梁体两端1 m处绑扎钢丝绳,对待吊装设备进行捆绑,使形成的吊装夹角为180°并在中心线上,在梁的两侧及底部保证无连接且无阻挡,捆绑牢固。

6.4.2 吊运计算

根据现场实际情况,拟采用两台130 t吊车进行吊装,以最重的横梁单根重1.0 m×0.3 m×15 m×2.5 t/m³＝11.25 t为计算对象,最重的横梁吊装若能满足受力要求,其横梁均能满足要求。

根据现场实际尺寸,汽车吊钩至横梁最大距离为23 m。

根据130 t吊车主臂起重表(表6.4.2-1),130 t汽车吊配重30 t,臂长39.3 m,工作幅度23.5 m,理论最大起重参数11.5 t。

表6.4.2-1 主臂起重量表——配重30 t,支腿全伸,全方位作业　　单位:t

超重	臂长/m								
	13	17.4	21.75	26.13	30.5	34.88	39.3	43.6	48
3	130								
3.5	122	80	76.5						
4	112	80	75.8	60					
4.5	103	80	73	60	53				
5	96	78	72	60	53	35			
6	83	73.2	71	56	53	35	33		
7	65	65	62.5	52	48	35	33	25	
8	56	56	58	50	44	35	31.5	25	20
9	43	45	48	45	41	34	29	24.5	20
10	40	41	41	40	39	32	28.5	23.3	20
12		32	31.5	31	31	30	26.5	22	19
14		25	25	25	25	25.5	24.5	21	18
16			20	20	20	21	20	20	16.3
18			16.6	16.5	16.5	17.3	18	16.3	15.8
20				14	14	14.5	15.5	13	14
22				11.7	11.8	12.3	13	11.2	11.2

超重	臂长/m								
	13	17.4	21.75	26.13	30.5	34.88	39.3	43.6	48
24					9.8	10.5	11.5	10	10
26					8.1	9.2	9	8.5	9
28					6.7	7.7	8	7.2	8
30						6.5	7	7	7.6
32						5.5	6	6.8	6.8
34							5	6	6.3
36							4	5	5.5
38								4	5
40									4
42									3.3
44									3

起重计算：设吊车工作幅度内的起重量为 Q_1、吊车安全起重重量为 Q_2、横梁自重为 Q_3，吊车最大起重量 $Q_1 = 11.5 \text{ t} \times 2 = 23 \text{ t}$。安全起重量（安全系数取 0.8）$Q_2 = 23 \text{ t} \times 0.8 = 18.4 \text{ t}$。横梁自重 $Q_3 = 11.25 \text{ t}$。

故采用 2 台 130 t 吊车满足安全吊装要求。

6.5 吊梁支架安装方案

6.5.1 施工准备

施工前，按设计图纸要求加工各支架部件，熟悉施工方案和图纸，同时对进场的植筋胶、精轧螺纹钢筋及锚筋进行检查验收，单根精轧螺纹钢筋抗拉强度值不小于 1 030 MPa，拆除支架施工区域原设置梁板。

6.5.2 支架施工

6.5.2.1 牛腿焊接

牛腿焊接前首先进行植筋，在牛腿对应位置搭设供人员施工的平台和上下爬梯，植筋按植筋工艺施工，植筋胶的性能应通过专门的试验确定，其性能及厂家通过专门的试验确定和认证。

1. 锚栓植筋

（1）现场清理与定位：将需要植筋的混凝土原结构表面清理干净。对需要植筋的地方用弹线定位，并标明所植钢筋直径、深度。

（2）钻孔：按已定好的孔位进行机械钻孔，钻孔深度顶板部位不少于 300 mm（视板厚情况确定），钻孔直径以 $d + 4$ mm 为宜（d 为锚筋直径）。

（3）清孔：清孔时用"四吹三刷"法，即先吹清孔浮尘，然后用专用毛刷清刷孔壁，清刷时毛刷在孔内抽拉转动，如此反复吹刷，清理干净孔内粉尘。严禁用水冲洗孔洞。植筋的孔洞应清理干净，孔内应干燥、无积水。清理完成后经施工队自检合格并经项目技术、质检验收合格后方可进行下道工序施工。

（4）锚筋处理：锚筋锚固部分要清除表面锈迹及其他污物，一般采用角向磨光机配钢丝刷除锈，打磨至露出金属光泽为止。严重锈蚀的钢筋不能作为植筋使用。

（5）注胶：植筋用植筋胶，应使用专门的灌注器或注射器进行灌注，并应符合下列要求：

① 灌注的方式应不妨碍孔洞中的空气排出。

② 灌注的剂量应以植入钢筋后有少许植筋胶溢出为宜。

③ 植筋胶初凝结硬以后不得用于植筋。

④ 植筋胶型号为注射式植筋胶 DLJ－3006，分 A、B 胶体，按厂家提供的配合比现场进行混合配置。

（6）植筋：应在注胶完成后立即进行。为保证孔内胶体饱满，注胶完成后，将加工好的锚筋植入端蘸少许胶液，缓缓插入植筋孔。植筋时边插边沿一定方向转动多次，以使植筋胶与钢筋和孔壁表面黏结密实。植筋插入孔道最深处，保证 24 h 内不受扰动。

（7）固化养护：植筋胶完全固化前不得触动所植钢筋，植筋胶固化时间与环境温度的关系应按产品说明书确定。待植筋胶完全固化并经项目技术、质检验收合格后报请上部单位检查验收，验收合格后进行下道工序施工。

2. 牛腿焊接

按施工设计图纸焊接支撑横梁用牛腿，牛腿面板首先通过与植入的锚筋用螺栓连接，螺母配双螺母，螺栓拧紧固定后再焊接牛腿支撑面板与各加劲板，牛腿为重要受力构件，支撑横梁与纵梁重量，需严格控制锚筋植筋质量和焊接质量。牛腿安装完成后组织验收人员及时验收。

6.5.2.2 横梁安装

牛腿焊接完成后进行横梁吊装，横梁吊装采用汽车吊机起吊、人工辅助安装的施工方法，离坝体较远的一道横梁安装时依据吊装曲线控制好吊重，横梁吊装到位后及时与牛腿焊接固定，注意横梁与牛腿间抄垫密实，同时根据图纸位置提前在横梁处开洞为精轧螺纹钢筋穿过，开洞位置需准确无误，按图纸尺寸开孔。横梁安装前可根据现场需要在底部焊接临时施工爬梯和通道。

6.5.2.3 纵梁安装

纵梁安装同样采用汽车吊配合人工安装，用汽车吊起吊纵梁至横梁上方再缓慢下放至横梁位置处，精确控制纵梁间位置及接头位置搭接，中间纵梁下横梁由于暂时未有吊带受力，需在纵梁中间接头位置搭接处将纵梁焊接为整体，焊缝长度为 10 cm。

6.5.2.4 外侧吊梁安装

待纵梁安装完成后进行外侧两道吊梁安装，吊梁贝雷梁在桥上拼装成单片后分部吊装到位再整体拼装,贝雷梁安装完毕后安装上分配梁及抄垫钢板,然后吊装精轧螺纹钢筋穿过分配梁、贝雷梁及下部横梁,最后施拧上下受力螺栓,完成吊梁安装。

6.5.2.5 小横梁及防护设施安装

小横梁安装前在底部满铺 3 mm 厚钢板做施工防护,同时在纵梁两侧焊接角钢做防护栏杆,小横梁安装时按照 60 cm 一道均匀布置,以保证后期满堂支架施工时立杆居中布置在小横梁中心位置。

6.5.2.6 满堂支架搭设、底模安装

满堂支架采用碗扣式,支架杆件进场时需对钢管的壁厚和材质、扣件进行检查验收,首先按设计布局调整小横梁位置间距为 60 cm×60 cm,梁板空心位置布置间距为 90 cm×90 cm。支架搭设注意各扣件节点和碗扣节点连接紧密,立杆位于小横梁中心,同时顶、底托丝杆外露长度不大于 30 cm。各顶底托与立杆配套使用。碗扣支架搭设完成后进行方木大楞安装,大楞采用 10 cm×10 cm 的方木,间距与支架间距相对应,各方木大楞节点需在顶托位置,不得悬空。大楞布置完毕后进行小楞安装,小楞采用 5 cm×10 cm 的方木,间距 20 cm,垂直于大楞安装,小楞安装后进行模板安装,模板采用厚 15 mm 的竹胶板,铺设时注意与小楞用钉子连接,防止空鼓翘边。

6.5.2.7 检查验收及预压

待全部支架搭设完成后,在浇筑之前组织相关部门及领导完成支架验收,主要检查吊杆的垂直度与受力情况、牛腿的抄垫及锚筋质量,满堂支架搭设质量,同时利用现场现有材料钢筋或混凝土块进行预压,以检验支架整体稳定性与强度及弹性变形,为梁板浇筑提供预拱度。

该启闭层混凝土整体浇筑,混凝土及钢筋重 145 t,考虑模板、支撑、施工人员等活荷载重 15 t,其整体重量为 160 t。

预压施工主要流程见图 6.5.2-1,各级加载重量见表 6.5.2-1。

表 6.5.2-1 各级加载重量

加载级别	加载重量/t	备注
一级加载(60%)	144.0	
二级加载(80%)	192.0	实际荷载 1.2 倍
三级加载(100%)	240.0	实际荷载 1.5 倍

预压施工准备(小横梁上满铺竹胶板)→加载至预压荷载的 60%→测量监测→支架顶部 12 h 的沉降量平均值小于 2 mm→加载至预压荷载的 80%→测量监测→支架顶部 12 h 的沉降量平均值小于 2 mm→加载至预压荷载的 100%→测量监测→各监测点最初 24 h 的沉降量平均值小于 1 mm,或者各监测点最初 72 h 的沉降量平均值小于 5 mm→联合判定预压合格→对称、均衡、同步卸载→卸载 6 h 后测量监测→计算支架的弹性和非

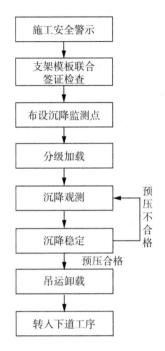

图 6.5.2-1 支架预压施工工艺流程图

弹性变形量→根据预压数据调整支架,并指导同类型支架搭设。

各级加载过程,要求从两侧向中间同步、对称、均衡加载,控制不对称值在10%以内。

布设支架预压与地基沉降监测点,点位要求清晰,固定牢固,每个监测断面对称布设监测点3个,测点布置图见图6.5.2-2和图6.5.2-3。

测量监测采用全站仪或水准仪,支架预压前按要求布设监测点,并采集原始数据,过程中根据预压进程及时跟踪测量,对测量数据及时统计分析并及时报告。

当预压加载到60%预压重量,静停观测,每隔12 h测量一次并详细记录和计算。当支架顶部监测点12 h的沉降量平均值小于2 mm时,则进行下一级加载。

当预压加载到80%预压重量,静停观测,每隔12 h测量一次并详细记录和计算。当支架顶部监测点12 h的沉降量平均值小于2 mm时,则进行下一级加载。

当预压加载到100%预压重量,静停观测,每隔12 h测量一次并详细记录,当满足以下条件之一时即判定支架预压合格:

① 各监测点最初24 h的沉降量平均值小于1 mm。

② 各监测点最初72 h的沉降量平均值小于5 mm。

假如100%荷载加载到位后,测量数据不能够满足以上条件之一,必须查明原因并对同类型支架进行相应整改处理,处理完成后选择代表性桥跨再进行预压,直至预压结果满足以上两个条件之一。

支架预压结果判定合格后,报请监理工程师同意后即实施卸载。卸载过程与加载过程基本一致,即分三个轮次连续进行卸载,从中间向两侧进行卸载。卸载必须对称、均

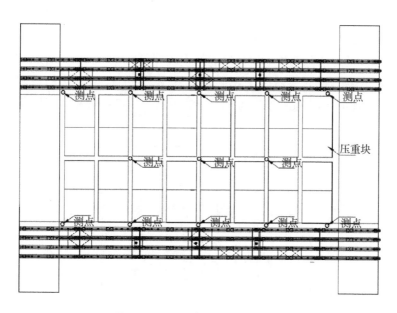

图 6.5.2-2 测点平面布置示意图

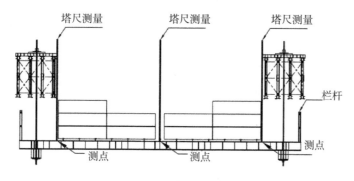

图 6.5.2-3 测点立面布置示意图

衡、同步进行,先整体卸载至 80%,完成后再整体卸载至 60%,最后完成卸载,严禁采用一次性卸载到位的方式进行卸载作业。卸载 6 h 后,对监测点进行全面测量,最后计算出支架的弹性变形和非弹性变形、地基的弹性变形和非弹性变形。

预压结束后,根据测量监测数据,调整支架和底模的标高,设置支架预抬值。支架预压结果同时作为同类型支架结构的搭设指导依据。

6.6 吊架拆除方案

6.6.1 支架拆除施工工序

本支架拆除遵循由上而下,先安装后拆除、后安装先拆除的总体原则。先拆除梁板底模板,后拆除碗扣式满堂支架,使得梁板受力,然后拆除小横梁及纵梁,再拆除吊梁及吊带,最后拆除横梁,完成支架拆除。

支架拆除时,现场作业人员必须做好防护措施,系好安全带,且由专职安全员现场跟踪监督;拆除前应及时清除架体上留存的混凝土块、落地灰等杂物,不能留下任何存在安全隐患的材料及杂物;同时察看施工现场环境,包括架空线路、地面的设施等各类障碍物、附件、电气装置情况,凡能提前拆除的尽量拆除掉。支架拆除施工工序见图6.6.1-1。

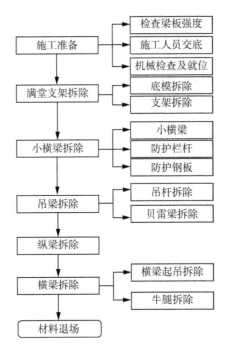

图 6.6.1-1 支架拆除施工工序图

6.6.2 施工准备

支架拆除前需先对已浇筑混凝土梁强度进行测试,在确定混凝土梁板达到拆模要求后组织施工人员进行支架拆除,支架拆除前需对作业人员进行安全技术交底,同时检查拆除用到的机械设备和吊具各项性能指标是否满足施工要求,确定以上条件合格后进行支架拆除。

6.6.3 吊架拆除方案

6.6.3.1 底模及满堂支架拆除

碗扣架的拆除作业应按顺序施工,应坚持按从上而下、从外到内、逐层拆除的顺序拆除施工。碗扣架拆除作业时,严格禁止上下同时作业、内外同时作业的极不安全行为;也严格禁止先拆除下部部分杆件,后拆卸上部结构的行为。

剪刀撑、斜撑杆等加固杆件必须在拆卸至该部位杆件时再拆除,这是为了保证拆除作业过程中架体稳定。待附属设施拆除完成后,用铁锤敲击顶托丝杆螺母使其缓慢落下,使顶托稳定脱离模板大楞,顶托下落要均匀,不能集中在一块区域内下落。松开顶托的原则为:多次、少量、循环、均匀、横向同步松开。

顶托同步下落时大楞会随顶托同步下落,拆除需从中间开始分别向两侧对称拆除,且每次只能拆除同一碗扣支架平面内的顶撑丝杆,将顶撑丝杆拆掉保证能顺利拆下底模板的竖檩及横檩,然后拆除底模板。拆除模板时应小心操作,防止操作不当损坏混凝土外观质量。

6.6.3.2　小横梁、纵梁拆除

小横梁拆除前,首先拆除焊接在纵梁两端的防护栏杆,然后逐根起吊每一根小横梁,小横梁起吊完成后逐根吊除纵梁,纵梁起吊前,首先用气割割除纵梁与横梁之间的焊接节点,在确认全部割除后由安全员统一指挥起吊纵梁,直至全部纵梁拆除完成。

6.6.3.3　吊梁支架拆除

吊梁支架拆除时,先拆除悬吊的吊带,通过将吊杆底端的螺母卸落,用吊机在上部将吊杆抽离横梁及上部分配梁,然后吊离贝雷梁上部的小分配梁,最后整体将贝雷梁吊离闸墩,转换到下一道闸墩间,远端贝雷梁吊离时需注意吊机吊重,如果无法起吊时可在原位置将贝雷梁解体成单片后吊离闸墩。

6.6.3.4　横梁拆除

纵梁、吊梁全部拆除后进行横梁拆除,横梁拆除施工与纵梁拆除相同,首先用气割割除横梁与牛腿面板之间的焊缝连接,在确定全部割除完毕后再统一由专人指挥吊机起吊吊离牛腿面板。等横梁拆除后进行牛腿拆除,牛腿拆除首先用吊机吊挂住需拆除牛腿,然后逐个拧出锚筋处螺母,再人工配合倒链或千斤顶,将牛腿水平从螺杆处拉出,吊机起吊吊离牛腿,最后用气割割除闸墩上植入的锚筋,用灰色防腐油漆抹面进行恢复和防腐处理,完成整个支架的拆除。

6.7　施工注意事项

6.7.1　旧梁拆除注意事项

梁体拆除时,梁上部板由人工拆除,拆除人员佩戴安全带,下部挂设防坠网防止落物对溢流面凿除损坏,破除区域做好周边警戒,严禁非施工人员进入破除场地。

确保每一片梁的拆除工作要持续进行,直至梁拆除完毕。严禁单片梁拆除未完成,而中断拆除作业的现象发生。

吊车吊运时确保两侧受力一直,同时作业,确保横梁与闸墩无任何连接。

6.7.2　吊梁注意事项

（1）牛腿为吊梁吊挂前横梁与纵梁的主要受力部位,必须保证牛腿植筋质量,植筋深度严格按照不小于 30 cm 控制,植筋后敲击检查是否松动。

（2）精轧螺纹钢筋螺栓与牛腿锚筋螺栓为配套使用,配双螺母,锚筋配双垫片。对进场精轧螺纹钢筋进行抗拉试验。

（3）牛腿钢板及分配梁加劲板为重要受力构件,焊接时焊缝高度不小于 8 mm。

6.8　启闭层主体施工

本方案主要是对启闭机房最下部启闭层梁板的施工。

为减轻整体重量,启闭层采用木模板,支撑用方木,加固采用对拉螺栓、钢管,钢筋绑扎在底模板支设完成后,为保证两侧横梁受力均匀,两侧同时进行绑扎,绑扎完成后进行外模支设加固,待纵横梁模板支设完成后,进行现浇板模板支设,由于板厚 250 mm,现浇板采用钢管脚手架,钢管脚手架间距 0.7 m×0.7 m 满堂布置。

混凝土浇筑时,采用泵车人工辅助浇筑,混凝土由上游至下游、左侧至右侧对称入仓,混凝土对称振捣密实。

待混凝土浇筑完成,养护 28 d 后拆除模板,最后进行吊架拆除。

6.9　材料使用与验收

本方案吊架所用材料全部为国标产品,材料进场后,由建管单位、监理单位、施工单位进行联合验收,现场检查外观达不到要求的退出施工场地,如需要进行材料检测,委托具有相应检测资质的单位进行抽检。吊梁所用材料见表 6.9-1。

表 6.9-1　材料表（以一套支架计）

序号	名称	规格/m	数量	单重/kg	共重/kg	备注
1	贝雷梁	3 m 标准节（16 m）	48	270.00	12 960.00	
2		1.18×0.45 m 支撑架	32	21.00	672.00	
3	分配梁 1	2HN588×300,$L=14\,650$	2	3 326.45	6 652.9	
4	分配梁 2	2 工 25b,$L=1\,500$	6	148.19	889.14	
5	纵梁 1	HN588×300,$L=10\,000$	9	1 482.38	13 341.42	
6	牛腿		4	273.45	1 093.8	
7	小横梁	工 16,$L=14\,000$	13	287.00	3 731.00	
8	钢板	$\delta=3$ mm,6 200×14 200	1	691.11	691.11	
9	槽轧螺纹钢筋	$\sigma=32$,$L=7\,000$ mm	6	46.55	279.30	配双螺母
10	防护栏杆		2	641.66	1 283.3	
合计钢材:$\Sigma=41\,594.00$ kg						

吊架二次周转利用的材料精轧螺纹钢筋不在周转范围,由于该钢筋受力较大,为保证安全可靠,精轧螺纹钢不再二次利用。

6.10　安全保障措施

6.10.1　吊装安全

(1) 设定施工范围,严禁非工作人员进入施工现场,所有进入施工场地的作业人员必须戴安全帽,高空作业人员必须系安全带。

(2) 机械人操作,持证上岗,施工中按章操作,严禁违章施工,做到不斜拉、不碰撞、缓慢起吊、稳当下落,非专业人员禁止开动机械设备。

(3) 吊装作业前必须对吊机的稳定性进行全面检测,使各个操作系统均符合性能标准。严格检查起重设备各部件的安全性,并进行试吊。对吊机进行有效的匀速控制,将启动和停止的惯性力系数控制在安全操作范围内,确保吊机运行平稳、操作安全。

(4) 指挥人员执行规定的指挥信号,要做到大信号明确、指挥果断、统揽全局,其他人员不得随意做手势。操作人员应按照指挥人员的信号进行作业,当信号不清或错误时,起重机操作人员可拒绝执行。

(5) 起吊时,先要检查起重钢丝绳、卸扣等起重设施,确保安全牢固。吊机在起吊和旋转时,严禁斜拉被吊物。在吊车工作有效半径,有效高度范围内不得有障碍物,起重机大臂下严禁站人。

(6) 较重横梁应先试吊,观察各部受力,支腿有无变化,确认无误后,方可进行起吊。严禁强拉硬推,确保人员设备安全、稳妥、万无一失。

(7) 机械操作手在工作时间集中精力,坚守岗位,不断注意机械运转情况,不擅离职守。

(8) 如遇大风、雨雪天气,停止吊装。

6.10.2　用电安全

(1) 严格执行三相五线制,贯彻实行"三级配电、二级保护""一机一闸一箱一漏"的使用规定要求。定期检查线路老化破损情况,以及机具设备工作状态。

(2) 进行停电作业时,应首先拉开刀闸开关,取走熔断器(管),挂上"有人作业,严禁合闸"的警示标志,并留人监护。

(3) 施工机械设备的电器部分,应由专职电工维护管理,非电气作业人员不得任意拆、卸、装、修。

6.10.3　人员培训及安全交底

对施工人员进行安全技术交底。对参加施工人员进行上岗前安全培训,考核合格后持证上岗。

人员上岗前应进行安全教育培训;不具备临边作业身体条件者不可允许作业;作业人员必须配戴安全帽,高处作业必须系安全带;高空物品码放整齐,防止坠落,严禁向下方抛洒物品,并在下方设置安全警戒线;严格按规范要求做好高空施工平台临边防护。

6.10.4 施工环保注意事项

开工前对进场职工进行文明、安全施工教育培训。利用板报、快讯宣传表扬文明施工的先进人物,提高全员文明施工的意识和自身素质。

施工现场设置垃圾收集箱和集中吸烟区,严禁生活垃圾到处乱扔。要求施工人员下班之前及时清理施工场地,做到工完料尽场地清。

7 输水洞水泥土搅拌桩施工

7.1 工程概况

驻马店市板桥水库除险加固 2020 年度工程输水洞建设内容为拆除重建进水塔原高程为 107.84 m 平台以上排架及启闭机房,更换闸门及启闭机,新建启闭机房地面高程为 120.00 m;拆除重建输水洞出口闸室、闸墩及底板。

出口闸室底板顺水流方向长 12.0 m,垂直水流方向宽 5.4 m。闸底板基础高程为 91.06 m,采用现浇 C25 钢筋混凝土结构。闸室孔口内径净尺寸为 3.0 m×1.5 m(宽×高),闸室侧墙顶部高程为 102.76～98.06 m。

现出口闸室挡土墙已拆除至高程为 93.50 m,在拆除过程中发现,上游堆石体挡土墙基础已外漏,且有轻微渗漏,若不对其进行加固,存在渗漏造成土体坍塌、挡土墙倾斜、上游堆石体滑坡等危险,根据设计加固优化,对开挖部分回填黏土,采用水泥土搅拌桩对基坑两侧进行加固,保证土体及挡土墙的结构稳定。

7.2 编制依据

(1)《建筑地基处理技术规范》(JGJ 79)。
(2)《复合地基技术规范》(GB/T 50783)。
(3)驻马店市板桥水库除险加固 2020 年度工程施工图纸。
(4)2021 年 1 月 21 日下发的设计更改通知单。

7.3 主要工程量及工期计划安排

输水洞出口段水泥搅拌桩共 260 根,桩顶高程为 96.4 m,桩底高程为 90.4 m,每根桩长度为 6 m,总长度为 1560 m。计划于 2021 年 1 月 22 日开始,2021 年 1 月 31 日结束。

7.4 施工前期准备

7.4.1 机械准备

根据设计要求,本工程选用国产深层搅拌桩机及其配套设备(表7.4.1-1)进行施工,该机具有移动灵活、成桩质量高、施工速度快、噪音低等优点,适宜本工程施工。

表7.4.1-1 国产 PH-5A 型深层搅拌桩机参数表

项目	参数	备注
桩机型号	PH-5A 型	国产
搅拌头转速(Ⅰ挡)	15 r/min	
搅拌头转速(Ⅱ挡)	26 r/min	
搅拌头转速(Ⅲ挡)	46 r/min	
搅拌头转速(Ⅳ挡)	69 r/min	
搅拌头转速(Ⅴ挡)	95 r/min	
搅拌头钻速(Ⅰ挡)	0.6 m/min	视地层
搅拌头钻速(Ⅱ挡)	0.8 m/min	视地层
搅拌头钻速(Ⅲ挡)	0.9 m/min	视地层
搅拌头钻速(Ⅳ挡)	1.2 m/min	视地层
搅拌头钻速(Ⅴ挡)	1.5 m/min	视地层
最大施工深度	20 m	
额定扭矩	22 kN·m	
额定	52 kW	前后台总计

7.4.2 施工前期准备

(1)水泥搅拌桩施工场地应事先整平,清除桩位区地上、地下一切杂物,场地低洼时应抽水清淤,并分层回填黏性土填料,予以适当压实,不得回填杂土。

(2)进场道路畅通,将施工用水、电接至施工现场。

(3)本工程使用 P·O 42.5 水泥已组织进场,进场水泥具备出厂合格证,并经监理见证,现场取样送检合格,存放场地满足现阶段搅拌桩施工需要,现场布局合理。

7.4.3 测放桩位

(1)施工前,首先使用全站仪定位出每排桩两端的桩位,采用钢卷尺进行剩余桩位的放样工作,并用全站仪进行抽检校核。

(2)测量现场地面标高,确定桩顶标高。对桩位进行编号,以利于施工管理和资料整理。

7.5 施工工艺及质量保障措施

7.5.1 水泥搅拌桩设计参数

水泥搅拌桩呈排布置，桩径 0.5 m，靠近输水洞墩墙及堆石体挡土墙为连续桩，其连续桩外侧的桩间距为 850 mm（横向）×900 mm（纵向），水泥掺入量为 15%，水泥使用 P·O 42.5 水泥，桩身 28 d 无侧限抗压强度不低于 1 500 kPa。水泥土搅拌桩设计布置图如图 7.5.1-1。

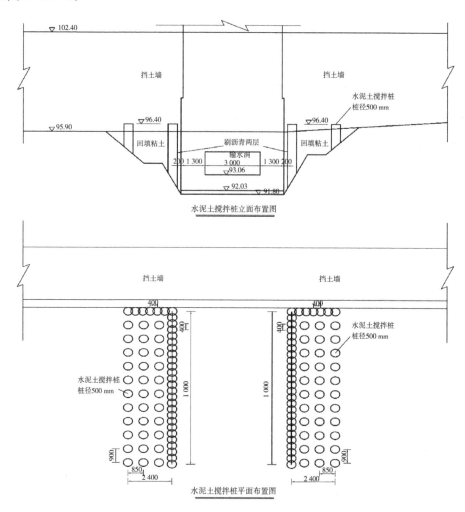

图 7.5.1-1　水泥土搅拌桩设计布置图（尺寸单位：mm）

7.5.2 施工顺序

水泥土搅拌桩机先进行右岸连续墙施工，再进行连续墙外侧桩施工，右岸完成后进行左岸。

7.5.3 施工工艺流程

（1）原材料的质量控制

① 水泥质量是关键，所用水泥品种和质量应符合设计及规范要求。水泥进场之前，必须抽样做安定性试验、测试胶砂强度等指标，经实验室检测合格后方可进场使用。进场水泥数量应能满足施工进度的要求，不合格或过期、受潮、硬化、变质的水泥拒绝进场使用。

② 施工用水应为人畜饮用水。如为自然水源应做水质分析，检验合格后才准使用。

（2）桩机就位

水泥搅拌桩桩机安装完毕后，应进行全面检查和调整。主要有以下五点：

① 钻头直径及钻杆长度是否满足设计要求。

② 输送水泥浆的导管是否漏浆或堵塞。

③ 水泥制浆罐和压力泵是否能正常工作。

④ 发电机或外接电源是否和桩机电路接通。

⑤ 粗略调整桩机机身的竖直度，步骤如下：

a. 调整机身两边的拉杆，使机身纵向竖直。

b. 调整机身下边的四个带液压装置的支撑脚，使机身横向竖直。

c. 纵横向都竖直后，钻杆上的悬锤线就会指向中心刻度并紧靠在中心度盘处。

（3）喷搅下沉

开启深层搅拌机主电机，桩机钻杆垂直下沉，下沉速度 $1.0\sim1.2$ m/min，下沉过程中，工作电流不应大于 70A，随时观察设备运行及地层变化情况。

（4）喷浆搅拌提升

深层搅拌机下沉到设计深度后，边喷浆、边旋转搅拌钻头，同时严格按设计提升速度提升水泥搅拌机。

（5）重复搅拌下沉和提升

待水泥搅拌机提升到设计加固范围的顶面标高时，集料斗的水泥浆应正好排空。为使软土与水泥浆搅拌均匀，应再次将搅拌机边旋转边沉入土中，至设计深度后或达到设计要求后再将搅拌机提升出地面。

（6）清洗

向集料斗中注入适量的水，开启灰浆泵，清洗全部管路中的残余的水泥浆，直至基本干净。并将黏附在搅拌头上的软土清除干净。

（7）移位

将深层搅拌机移位，重复上述（1）～（6）步，进行下一根桩的施工。

搅拌桩施工工艺见图 7.5.3-1。

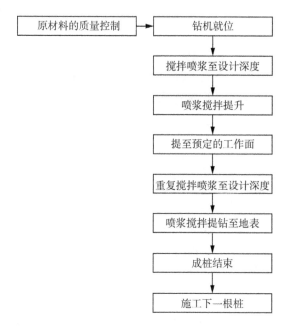

图 7.5.3-1 搅拌桩施工工艺图

7.5.4 施工质量控制

（1）保证垂直度：为使搅拌桩基本垂直于地面，要特别注意水泥搅拌桩的平整度和导向架对地面的垂直度，应控制机械的垂直度偏斜不超过 1‰，在搅拌机平台机上悬挂一吊锤，控制吊锤与钻杆上、下、左、右距离相等。

（2）保证桩位的准确度：布桩位置与设计误差不得大于 2 cm，成桩桩位偏差不应超过 5 cm。

（3）水泥应符合要求：水泥浆应严格按设计配合比制备，制备好的水泥浆不得有离析现象，停置的时间不宜过长。

（4）确保搅拌施工的均匀性：搅拌机械预搅下沉时应使土体充分搅碎；严格控制水泥浆的喷出量和搅拌提升速度；控制重复搅拌时的下沉和提升速度。

（5）施工记录应详尽完善：施工记录必须有专人负责，深度记录偏差不得大于 5 cm；时间记录误差不得大于 2 s。施工过程中发生的问题和处理情况均应如实记录。记录内容应包括：①施工桩号、施工日期、天气情况；②喷浆深度、停浆标高；③灰浆泵压力、管道压力；④钻机转速；⑤钻进速度、提升速度；⑥浆液流量；⑦每米喷浆量和外掺剂用量；⑧复搅深度。

（6）为保证水泥搅拌桩桩底、桩顶及桩身质量，第一次提钻喷浆时应在桩底部停留 30 s，搅拌头继续旋转且连续喷浆，余浆在上提过程中全部喷入桩体，且在桩顶部位进行磨桩头，停留时间为 30 s。

（7）施工时应严格控制喷浆时间和停浆时间。每根桩开钻后应连续作业，不得中断喷浆。严禁在尚未喷浆的情况下进行钻杆提升作业。储浆罐内的储浆量应不小于一根桩的用量另加 50 kg。

（8）施工中发现喷浆量不足，应进行整桩复搅，复喷的喷浆量不小于设计用量。如遇停电、机械故障原因，喷浆中断时应及时记录中断深度。在 12 h 内采取补喷处理措施，并将补喷情况填报于施工记录内。补喷重叠段应大于 100 cm，超过 12 h 应采取补桩措施。

7.5.5　质量管理措施

（1）加强质量教育，提高全员质量意识，严格按照国家及地方有关文件要求组织施工。开工前由项目总工向全体参加施工人员进行详细的技术交底，使施工人员熟悉本工程设计、质量标准和施工工艺要求。

（2）各班设专职技术人员检查施工质量，严把每道工序质量关。

（3）施工中严格遵循本方案的成桩工艺及施工程序。

（4）强化工序管理、严格工序控制。

7.5.6　桩的质量检测

桩完成后 28 d 进行无侧限抗压强度试验。

8 高压旋喷桩施工

8.1 工程概况

本工程高压喷射灌浆防渗墙在溢流坝南北两侧裹头延伸 20 m,其溢流坝与土坝连接处,南裹头渗流性态总体基本正常,桩号 K1+517.0~K1+538.0 附近基础存在局部渗流薄弱环节。北裹头渗流性态总体较差,尤其是北刺 4 墙坝段与土坝接触部位渗流性态不佳,存在渗流安全隐患,并有向不利方向发展迹象。

本次加固设计对南北裹头刺墙与土坝间采用高压喷射灌浆防渗墙进行延长渗径防渗处理,其设计如下:

南北裹头主坝坝顶上游沿 4 坝段及向南延伸 20 m 布置灌浆孔,灌浆孔桩长同主坝 K1+552.0 断面桩长;北裹头主坝坝顶上游沿北 4 坝段及向北延伸 20 m 布置灌浆孔,灌浆孔桩长同主坝 K1+272.0 断面桩长;旋喷桩采用直径 600 mm 的双排双重管旋喷桩,桩间距均为 450 mm 咬合布置,相邻桩相互搭接形成防渗墙,搭接厚度为 400 mm,旋喷桩底要求钻孔至黏土心墙。

本高压喷射灌浆防渗墙在溢流坝南北裹头。

溢流坝南北裹头为 1978—1992 年复建填筑的黏土心墙,其填筑料土质大部分为粉质黏土、少量为重粉质壤土,黏粒含量为 29%~40%,根据黏土心墙涂料击实试验,其平均最大干密度为 1.69 g/cm³;设计心墙干密度为 1.64 g/cm³,最优含水率为 19%,控制压实度为 0.97。

心墙涂料属粉质黏土,黏粒含量为 23%~43%,平均为 33%,土质均匀,抗剪强度折合为三轴试验强度,小值均值为内摩擦角 $\varphi=16.1°$,黏聚力 $c=29.3$ kPa,压实系数平均值 0.132 MPa⁻¹,渗透系数 $k_v=1.53×10^{-7}$ cm/s(大值均值)、$k_h=1.74×10^{-7}$ cm/s(平均值)。

2012 年安全鉴定勘测时对心墙填筑土取样 95 个,含水率范围值为 16.6%~30.5%,平均值为 21.8%,干密度范围值为 1.54~1.79 g/cm³,平均值为 1.65 g/cm³,相应压实度平均值为 0.98,合格率为 83.9%(北裹头 K1+250.0 断面仅为 52.3%);土料黏粒含量为 23%~38.2%,平均值为 28.9%。抗剪强度三轴试验,小值均值为内摩擦角

$\varphi=15.7°$，黏聚力$c=26.6$ kPa，压实系数平均值为 0.198 MPa^{-1}，渗透系数 $k_v=1.53\times$ 10^{-5} cm/s(大值均值)、$k_h=1.43\times10^{-5}$ cm/s(室内平均)、现场试验渗透系数平均值 $k=$ 4.43×10^{-6} cm/s。

8.2 高压旋喷桩试验

8.2.1 试验目的

(1)通过试验确定高压旋喷桩设备的组合模式及配备数量,如钻机钻头形式、高压注浆泵的类型等,为以后大面积施工进行设备选型、配置提供依据。

(2)通过试验以确定满足设计要求的施工工艺和浆液压力、浆液流量、提升速度、旋转速率、气压力、回浆密度等施工参数等。

(3)验证高压旋喷桩喷射均匀程度及成桩直径。

8.2.2 试验位置选定

为保证试验参数的准确,试验位置选定在与施工段地质情况相近处,依据地质报告情况,试验孔设在南主坝下游靠近坝顶处,试验孔桩长与施工时的桩长一致,为主坝 K1+552.0 断面桩长,孔径为 600 mm,试验桩为四根,桩芯距为 450 mm,旋喷桩底喷射至黏土心墙。

8.2.3 机械设备、材料选型

根据本工程设计给出的桩直径、深度以及灌浆材料等,计划选择 1 台履带式 JLXP-120 型钻机,钻孔孔径为 110 mm 双喷头硬合金钻头。其他配套设备见表 8.2.3-1。

表 8.2.3-1　配套设备表

序号	设备名称	型号及规格	数量/台
1	自动安平水准仪	DS05	1
2	履带钻机	JLXP-120	1
3	高速搅拌机	NJ-600	1
4	储浆桶	2×1 500	1
5	浆液过滤装置		1
6	变频高压注浆泵	GYB-60E	1
7	空压机	VF6/7	1
9	水泵	2.2 kW	1

8.2.4 主要技术参数选定

1. 高压旋喷设计参数

根据初步设计,提供的技术参数如下:压缩空气气压为 0.7 MPa,灌浆浆液压力不小于 25 MPa,从下至上可逐渐减小,但灌浆压力的具体取值需要在施工时灌浆试验中加以验证和修订。浆液比重为 1.5～1.6 kg/L,提升速度为 12～15 cm/min,旋转速度可取 5～12 r/min。

2. 高压旋喷选定参数

根据设计给出的参数,依据施工经验,我方选定表 8.2.4-1 所示参数进行试验。

表 8.2.4-1　高压旋喷灌浆试验设计参数表

名称	项目	单位	参数值	备注
压缩气	压力	MPa	0.7	
浆液	压力	MPa	28	
	比重	kg/L	1.5	
高喷灌浆	提升速度	cm/min	14	
	旋转速度	r/min	8	
配比	水灰比		1∶1	

3. 材料选定

高喷灌浆选用普通硅酸盐水泥,为确山县鑫源水泥粉磨有限公司生产的瑜龙牌标号 P·O 42.5 水泥,进场水泥具备出厂的质量合格证明书,并经复试合格;高压旋喷浆液拌和用水库水。

8.2.5　试验结果

1. 试验检查情况

本工程高压旋喷灌浆现场试验施工于 2020 年 9 月 26 日完成,根据规范要求,28 d 后,采用钻孔取芯观测桩的连续性、均匀性均满足要求,对取芯后的桩孔进行了注水试验,渗透系数为 6.25×10^{-7} cm/s,满足防渗要求。

2. 试验结论

根据检查情况,按上述确定的施工参数,满足防渗需要。最终确定的施工参数见表 8.2.5-1。

表 8.2.5-1　高压旋喷灌浆施工参数表

名称	项目	单位	参数值	备注
压缩气	压力	MPa	0.7	
浆液	压力	MPa	28	
	比重	kg/L	1.5	
高喷灌浆	提升速度	cm/min	14	
	旋转速度	r/min	8	
配比	水灰比		1∶1	比重达到 1 500 kg/L

8.3　高压旋喷桩施工

8.3.1　主要施工方法及技术参数

1. 高压旋喷设计参数

根据初步设计,提供的技术参数如下:压缩空气气压为 0.7 MPa,灌浆浆液压力不小于 25 MPa,从下至上可逐渐减小,但灌浆压力的具体取值需要在施工时灌浆试验中加以验证和修订。浆液比重为 1.5~1.6 kg/L,提升速度为 12~15 cm/min,旋转速度可取 5~12 r/min。

2. 灌浆位置及范围

具体布置为:南、北裹头 4 号刺墙并向外延伸 20 m,在主坝顶部布置旋喷桩,钻孔呈梅花形布置,采用直径为 600 mm 的双排双重管旋喷桩,桩间距均为 450 mm 咬合布置,相邻桩相互搭接形成防渗墙,搭接厚度为 400 mm,旋喷桩底要求钻孔至黏土心墙。

3. 高压旋喷原材料要求

(1) 水泥

高喷灌浆选用普遍硅酸盐水泥。水泥标号 P·O 42.5,进场水泥有出厂的质量合格证明书,并经实验室复检合格,监理部已批准使用。

(2) 水

高压旋喷浆液拌和用水库水。

8.3.2　高压旋喷施工方案

1. 施工参数的确定

为了保证高压旋喷施工质量,根据设计参数,结合我项目经理部以往的施工经验,按表 8.3.2-1 中参数进行高压旋喷灌浆试验,试验孔设置在南裹头坝顶处,其地质与灌浆孔位置地质基本一致,在该位置处做高压旋喷 4 孔,28 d 后,经取芯灌水检测,桩体渗透系数小于 4×10^{-6} cm/s,桩体抗压强度不小于 1.5 MPa,其高压旋喷灌浆防渗满足设计要求。

表 8.3.2-1　高喷灌浆施工工艺参数表

名称	项目	单位	参数值	备注
压缩气	压力	MPa	0.7	
浆液	压力	MPa	28	
	比重	kg/L	1.5	
高喷灌浆	提升速度	cm/min	14	
	旋转速度	r/min	8	

依据试验结果,施工方案的灌浆参数如表 8.3.2-1。

2. 施工工序流程

高压旋喷桩施工流程如图8.3.2-1所示。

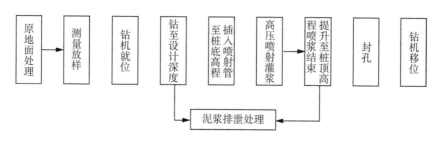

图 8.3.2-1　施工流程图

3. 施工方法

（1）施工准备

① 高压喷射灌浆前，将施工现场全面规划，开挖排浆沟和集浆池，做好回浆排放和环境保护措施。

② 修筑好设备进出场施工道路，平整施工平台。

③ 将地质钻机、高喷台车、制浆设备、高压水泵和空压机等灌浆配套设备运至施工现场组装，按二重管法进行调试检查，确保全部设备处于完好状态，输浆管、水路、气路畅通。

（2）测量布孔

按照施工图纸规定的桩位进行放样定位，测放高压旋喷灌浆孔轴线位置和起止桩号，并按0.45 m间距定出各个钻孔中心，其中心允许误差不大于5 cm，打定位木桩钉，并涂红、黄两种色漆分别标记两序孔编号，保证灌浆孔中心允许误差不得大于5 cm。定位桩要妥善保护，钻孔时再次进行校核。

（3）制浆

现场进行制浆，先以配合比1∶1进行配合，采用比重计测量，达不到1 500 kg/L时再加入水泥，直至达到比重要求，采用P·O 42.5普通硅酸盐水泥，用高速制浆机制浆。

制浆过程中要随时测量水泥浆比重，若浆液比重偏低，要随即加大水泥用量。

按照确定的浆液配比，钻孔终孔前提早一段时间配制浆液，浆液采用高速搅拌机搅拌，拌和时间不少于30 s，保证浆液搅拌均匀，不停地搅拌备用。

浆液温度控制在5～40℃之间，浆液存放时间：当环境温度在10℃以下时，不超过5 h；当环境温度在10℃以上时，不超过3 h，否则按废浆处理。

浆液经过滤后使用，防止喷管在喷射过程中堵塞。

（4）钻机就位、造孔

钻孔采用1台150型地质钻机回旋钻进，开孔为孔径 φ600 mm 双喷头硬合金钻头。

钻孔前，埋设孔口管，将钻机按测量定位桩就位、安装，将钻头对准定位桩设计钻孔中心，保证立轴或转盘与孔中心对正，先用水平尺粗略整平、垫平机座和机架；然后在钻孔轴线位置及其垂直方向上各架设一台经纬仪，检查并调整钻杆垂直度，使其钻杆垂直，再一次检查孔位是否正确，使钻尖对中误差不超过20 mm。

为保证喷射灌浆孔在灌浆后相互套接,形成完整的挡水幕墙,施工时采用 2 m 以上钻具钻进,直至设计深度。

钻孔过程中,每钻进 3~5 m 检查一次孔斜,用测斜仪测量一次孔斜,并及时调整钻杆垂直度纠偏,使钻孔垂直误差不超过 5%。

造孔过程中,若发现孔内异常现象如掉钻、卡钻等,及时采取措施处理,并做好记录,各孔以设计孔深为参考值,实际钻孔深度以设计深度为准,并保证钻入黏土心墙内不少于 1 m 为实际终孔深度。

造孔过程中,要详细完整记录钻孔深度、时间、旋转速度等。

钻孔结束,会同监理工程师进行终孔检查验收,否则不得擅自终孔。钻进停顿或终孔待灌时,孔口要加盖保护。

（5）高喷台车就位、地面试喷

钻机成孔后移位,高喷台车就位。将台车移至成孔处就位后,连接好水、气、浆管,开机在地面试喷,检查喷浆系统和各项指标是否符合要求。

（6）下喷射管

当钻孔完成后,即将旋喷管插至孔底,在插管过程中,为防止泥沙堵塞喷嘴,可边射水、边插管,水压力不超过 1 MPa,试喷检查喷浆系统运行良好后开始按旋喷或摆喷喷浆。下喷射管时,喷射管缓慢插入孔内,直到孔底部。为防止泥沙堵塞喷嘴,下管前用胶布将其包住。

（7）喷射灌浆

按施工设计的旋喷方法和确定的施工参数送高压水、压缩空气和水泥浆,待泵压、风压达到设计的规定值时,先对孔底进行原位高压旋喷 1~3 min,按试验确定的提升速度提升喷管喷射,进行自下而上、连续旋喷作业,直至达到设计旋喷体高程后,再原位旋喷 1~2 min,即可停止供水、送气和浆液,从灌浆孔中抽入喷浆管。

喷浆过程中,喷射管提升速度连续均匀,喷浆均匀,计量准确,保证水泥的掺入量不少于设计掺量。

喷射过程中,要经常检查风、水和泥浆泵的压力,浆液流量、空压机的风量、钻机的转速、提升速度,以及旋喷角度、耗浆量等,如实记录喷射灌浆的各种施工参数、浆液材料用量、异常情况及处理措施等。

（8）喷射管冲洗

每完成一个孔喷射灌浆,要及时将钻孔、灌浆系统的搅拌头、喷浆阀门、喷浆管以及各管路用清水冲洗干净。

冲洗时将浆液换成水进行连续冲洗,直到管路中出现清水为止。然后移至下一个灌浆位,台班工作结束后,用清水冲洗贮料罐、水泥浆泵、喷射装置和输浆管道,以备下个台班使用。

（9）冒浆静压回灌

高压喷射作业结束后,要连续将冒浆回灌至孔内,直到孔内浆液面不再下沉、稳定为止。

（10）封孔

冒浆静压回灌至孔口，直至浆液不再下沉时，将黏土泥团分层回填孔，直接施工平台顶部。

（11）施工注意事项

① 下管喷射时，采取换低压送气、浆液的方法，防止喷嘴堵塞。

② 喷射时，必须随时检查气、浆液压力和流量、浆液比重，发现误差超标时及时调整，特别要严密监视灌浆系统的运转情况，发现异常及时处理。

③ 接换喷管时动作要迅速，防止塌孔和堵塞。

④ 喷射过程中，接、卸、换管及事故处理后，再下管喷射时要比原停喷高度按规定下落 $0.3 \sim 1$ m。

8.3.3　质量控制措施

（1）施工过程中按"三检制"进行施工质量检查，质量责任到人，检查人员跟班作业，发现问题及时处理。

（2）施工过程中，对钻孔和喷浆过程的主要施工参数进行严格检查和控制，并详细记录。记录项目包括钻孔时间、孔位、孔距、孔深、地层情况、始喷终喷时间、提速、始喷终喷高程、返浆情况、水泥用量等。

钻孔成型后相邻两次钻进的相邻孔位中心距误差不超过 $-20 \sim 20$ mm，垂直度偏差应不超过 1%。所配制水泥浆稀稠一致、喷射装置提升速度均匀一致，喷浆量满足计量要求。记录时间误差不大于 5 s，深度记录误差不大于 5 cm。

（3）喷射过程中，按监理指示，施工完成后，待旋喷体达到一定强度，利用钻机清水钻检查孔。灌浆检查孔的数量、孔位按监理工程师的指示确定，每个单元工程至少有一个检查孔。检查孔的孔底偏差要求与灌浆孔相同。

（4）检查孔采用回旋地质钻机在已固结的旋喷体上钻孔取芯，依次做以下检查试验：

① 钻取旋喷体样品观察分析和加工，然后送试验室检查旋喷凝结体施工质量是否达到设计要求。

② 在钻孔内进行压水、注水试验，测定其渗透系数。

③ 在钻孔内进行标准贯入试验，测定其坚硬密实度。发现问题采取补救措施，直至满足要求为止。

8.3.4　安全保障措施

（1）建立健全安全生产规章制度和安全生产责任制度，贯彻"管生产必须管安全"的原则，由项目经理部副经理直接管理，要求项目经理部人员牢固树立安全第一的观念，把安全生产责任落实到人，使安全生产有章可循，有法可依，形成制度。

（2）经常组织学习有关安全生产法规和安全生产操作规程，施工前进行安全技术交底，抓好安全教育，增强安全意识。

（3）机械操作员等特殊工种人员必须取得操作证方可作业。

（4）高压旋喷桩等应严格按照机械技术操作规程进行作业，做到管理人员不违章指挥，作业人员不违章操作。

（5）施工用电实行"三相五线制"和"一机一闸一漏一保护"的制度，并符合有关施工用电的规章制度。

（6）施工时，对高压注浆泵要全面检查和清洗干净，防止泵体的残渣和铁屑存在；各密封圈应完整无泄漏，安全阀中的安全销要进行试压检验，确保能在额定最高压力时断销卸压；压力表定期检查，保证正常使用，一旦发生故障，应停泵停机排除故障。

（7）高压胶管不能超过压力范围使用，使用时屈弯不小于规定的弯曲半径，防止高压管爆裂伤人。

（8）高压喷射旋喷注浆是在高压下进行，高压射流的破坏力较强，浆液应过滤，使颗粒不大于喷嘴直径；高压泵必须有安全装置，当超过允许泵压后，应能自动停止工作；因故需较长时间中断旋喷时，应及时用清水冲洗输送浆液系统，以防硬化剂沉淀在管路内。

（9）钻机作业时，电缆应有专人负责收放；如遇停电，应将各控制器放置零位，切断电源；如遇卡钻，应立即切断电源，停止下钻，未查明原因前，不得强行启动；严禁用手清除钻杆上的泥土，发现紧固螺栓松动时，立即停机重新紧固后方可继续作业。

（10）作业后，先清除钻杆上的泥土，再将钻头接触地面，各部制动住，操纵杆放到空挡位置，切断电源，清理打扫完现场，方可离开。

（11）遇到六级以上大风，钻杆要下钻 2 m 进行加固。

（12）进入现场的所有人员必须戴好安全帽。

8.3.5 机械设备配备

施工设备见表 8.3.5-1。

表 8.3.5-1 施工设备配置计划表

序号	设备名称	型号及规格	数量/台
1	全站仪	TCR 1102	1
2	自动安平水准仪	DS 05	1
3	地质钻机	JLXP-120 型	2
4	高喷台车	GP 1800-2	1
5	高速搅拌机	NJ-600	1
6	储浆桶	2×1 500	1
7	浆液过滤装置		1
8	灌浆泵	GYB-60E	1
9	高压水泵	7.5 kW	1
10	空压机	VF6/7	1
11	水泵	2.2 kW	1
12	电焊机	10 kW	1
13	污水泵	4 kW	1

9 防汛道路施工

9.1 路基处理

破除旧路、拆除路缘石、对路基范围内的软质地基换填夯实。

（1）准备工作：路基施工前，对沿线地下管线等障碍物进行调查，同时对道路中线，纵、横断进行复测。

（2）软弱地带处理方法：将软弱土层清除后，根据实际情况下挖 80～100 cm，并用水泥稳定碎石或碎石换填压实。

（3）路基工程完工，并报监理工程师验收合格后，进行下一工序的施工。

9.2 级配碎石施工方法

操作工艺：验基→级配碎石拌合→铺填→碾压→验收。

回填前基底清至基底标高，用水将回填材料适当洒水以保持级配碎石的最佳含水量（8%～12%）。回填采用挖掘机铺摊整平（挂线间距小于 20 m），铺摊后将粒径较大的石块分开，避免集中堆放。边角处，机械铺推不到位的，采用人工铺摊到边线，保证铺摊级配均匀。

级配碎石采用 20 t 压路机碾压，静压 2 遍，振动压 4 遍。其轮距搭接不小于 50 cm，压实系数不小于 0.97。边缘和转角处应用人工补夯密实。

9.3 水泥稳定碎石施工方法

道路水泥稳定碎石采用厂拌集中拌和，自卸汽车运输，摊铺机施工。

1. 材料

（1）碎石

碎石由质地坚硬、耐久的干净砾石轧制而成，具有足够的强度和耐磨性。其颗粒具有棱角，近似立方体，无杂质。石料压碎值不大于 35%。

集料中有机质含量不超过 2%,硫酸盐含量不超过 0.25%。

（2）水泥

水泥采用型号 P·O 42.5 普通硅酸盐水泥。

2. 施工要求

（1）底基层的准备

在铺筑水泥稳定基层之前,将封层上的所有浮土、杂物全部清除,使其符合相关规范和图纸规定。

（2）拌和与运输

① 水泥碎石混合料的拌和采用厂拌,拌和设备采用带有自动称量的强制式拌和设备。

② 混合料的运输采用 15 t 自卸汽车,运输时装载高度均匀以防止离析,拌和好的混合料尽快摊铺。

（3）摊铺和整形

① 摊铺采用沥青摊铺机进行,使混合料按要求的松铺厚度均匀地摊铺在要求的宽度上。

② 在摊铺机后设专人消除集料离析现象,特别是铲除局部粗集料窝,并用新拌混合料填补。

③ 摊铺时混合料的含水量高于最佳含水量 0.5%～1.0%,以补偿摊铺及碾压过程中的水分损失。

（4）碾压

① 混合料经摊铺和整形后,应立即在全宽范围内进行碾压。直线段由两侧向中心碾压,超高段由内侧向外侧碾压。每道碾压应与上道碾压范围相重叠,使每层整个厚度和宽度完全均匀地压实到规定的密实度为止。压实后表面应平整无轮迹或隆起,且断面正确,路拱符合要求。

② 碾压过程中,水泥稳定碎石的表面始终保持潮湿。如表面水蒸发得快,及时补洒少量的水。

③ 严禁压路机在已完成的或正在碾压的路段上"调头"和急刹车,以保证水泥稳定碎石(沙砾)层表面不受破坏。

④ 施工中,从加水拌和到碾压终了的时间不超过 2～3 h。

⑤ 任何混合料离析处均在碾压前挖除,用合格的材料替换,含水量过大或过小的混合料均不得进行摊铺碾压。

⑥ 水泥稳定碎石先用 6～8 t 轻型压路机碾压整形,再用 18～21 t 振动压路机进行碾压密实,碾压在规定的时间内达到要求的密实度为止。

（5）接缝和"调头"处理

① 用摊铺机摊铺混合料时,中间不得中断。如因故中断时间超过 2 h,应设置横向接缝,摊铺机应驶离混合料末端。

② 人工将末端混合料弄整齐,紧靠混合料放两根方木,方木的高度与混合料的压实

厚度相同;整平紧靠方木的混合料。

③ 方木的另一侧用碎石回填约 3 m 长,其高度应高出方木几厘米。

④ 将混合料碾压密实。

⑤ 在重新开始摊铺混合料之前,将沙砾或碎石和方木除去,并将下承层顶面清扫干净。

摊铺机返回到已压实层的末端,重新开始摊铺混合料。

(6)养生

碾压完成后立即进行养生。养生时间不少于 7 d。采用洒水的养生方法,养生期间封闭交通。养生完毕后尽早铺筑路面结构层,在未铺面层前,除施工车辆外禁止一切车辆通行。

3. 质量要求

(1)基本要求

① 粒料符合设计和本规范要求。

② 水泥用量按配合比要求控制准确。

③ 混合料拌和均匀,无粗细颗粒离析现象。

④ 碾压应达到要求的压实度。

⑤ 养生应符合规范要求。

(2)检查项目

水泥稳定碎石基层检查项目见表 9.3-1。

表 9.3-1　水泥稳定碎石基层检查项目

检查项目	规定值或允许偏差	检查方法(每隔车道)
压实度/%	97	按 JTJ 071—94 附录 B 检查,每 200 m 测 4 处
平整度/mm	15	3 m 直尺:每 200 m 2 处×10 尺
纵断高程/mm	±5	水准仪:每 200 m 4 处
宽度/mm	与原路面一致	
横坡/%	±0.5	水准仪:每 200 m 4 断面

(3)外观鉴定

① 表面平整密实、无坑洼。

② 施工接缝平整、稳定。

9.4　沥青混凝土路面施工方法

沥青混凝土采用厂拌设备集中拌和,自卸汽车运输,摊铺机摊铺施工。

透层的施工:

(1)透层沥青紧接着基层施工完毕后浇洒。洒布透层前,路面清扫干净,采取防止污染路缘石及人工构造物的措施。

（2）洒布的透层沥青渗透入基层 5 mm 以上，不应在表面流淌，并不得形成油膜，渗透深度通过试洒确认。

（3）如遇大风或即将降雨时不得浇洒透层沥青。

（4）气温低于 10℃时，不宜浇洒透层沥青。

（5）应按设计的沥青用量一次浇洒均匀，当有遗漏时，应用人工补洒。

（6）浇洒透层沥青后，严禁车辆、行人通过。

（7）在铺筑下封层前，当局部地方有多余的透层沥青未渗入基层时，应予清除。

（8）透层洒布后应尽早铺筑沥青面层。当用稀释沥青作透层时，洒布后应待其充分渗透后方可铺筑下封层，其时间间隔不宜少于 24 h 以上。

（9）浇洒透层沥青应首先选择试验段进行试洒，确定稀释沥青质量、稠度、用量、渗透性满足技术要求，确认沥青洒布车行走速度、喷型号、喷洒高度、喷雾工艺工况适宜后方可正式开工。

9.5　沥青混合料施工

1. 试验路段

（1）在铺筑试验路段之前 28 d，安装好与本工程有关的全部试验仪器和设备，配备足够数量的熟练技术人员，并报监理工程师审查批准。

（2）按照要求，在沥青混凝土摊铺层开工之前 14 d，在由监理工程师选定的试验路段现场备齐投入工程正常生产的全部施工设备，路段长度为 100 m。

（3）修筑试验路段的目的是证明混合料的稳定性，以及拌和，摊铺和压实设备的效率和施工方法，施工组织等的适应性，根据试验路段的结果对设备或操作进行合理的改进。

（4）每种试验，均从摊铺 2 h 以后的压实材料中取样，并按检测频率检测结构层厚度，密实度，沥青含量和集料级配的试验。

2. 施工设备

（1）运料设备

① 运送沥青混合料使用车厢封闭严密的自卸汽车，并采取措施防止混合料与车厢黏结。

② 运送沥青混合料的汽车采取必要的保温，防雨措施，以保证沥青混合料运至现场后满足摊铺时所必须具备的条件。

（2）摊铺和压实设备

① 沥青混合料摊铺机选用一次可摊铺路面全辐（单向行车道）的进口自动摊铺设备，并能够对沥青混凝土进行初步夯实。

② 摊铺混合料时，控制摊铺机能按照与满意地摊铺混合料相协调的前进速度运行。

③ 摊铺时，每条主线行驶车道的两个外缘设置参考线以进行垂直控制

④ 压实机械选用钢轮，和振动压路机配套联合使用，按合理的压实工艺进行组合压实，并配备振动夯板，人工热夯等小型机具，以用于压路机不便进行压实的地方。

　　3. 混合料的运送

　　(1) 运输能力比拌和能力和摊铺速度略有富余,开始摊铺时在施工现场等候卸料的运输车不少于 5 辆。

　　(2) 已经离析或结成团块,以及低于规定的铺筑温度或被雨水淋湿的混合料都予以废弃。

　　4. 混合料的摊铺与修整

　　(1) 摊铺混合料之前,对下层进行检查,并取得监理工程师的批准。

　　(2) 沥青混合料的摊铺厚度的压实系数通过试验路段确定。

　　(3) 采用全路幅摊铺以消除纵向施工缝。

　　(4) 连续稳定的摊铺是提高新铺路面平整度的重要措施,摊铺机的摊铺速度根据拌和机产量、施工机械配套情况及摊铺层厚度、宽度进行调整选择,做到缓慢,均匀,不间断地摊铺。摊铺过程中不随意变换速度,避免中途停顿,防止铺筑厚度、温度发生变化,影响摊铺质量。

　　(5) 在机械不能摊铺和修整的地方,用手动的工具来摊铺和整修。

　　5. 混合料的压实

　　(1) 当沥青混合料摊铺、整平并对不规则表面修整后,对其进行全面的均匀的压实。

　　(2) 当混合料处于合适状态时,碾压不会引起过分位移、开裂或推移。

　　(3) 根据为使混合料在良好工作状态时达到要求的压实度的要求,确定碾压顺序和压路机的型号。

　　(4) 碾压从一边或一侧开始,并在纵向平行于道中线进行,根据机械型号确定重叠宽度。

　　(5) 沥青混合料开始碾压的温度,正常施工不低于 110℃、不超过 165℃。低温施工不低于120℃、不超过 175℃。碾压终了温度为 70℃。

　　(6) 路面成形后未冷却之前,禁止车辆通行,防止杂物落在新铺路面上。

　　(7) 保持车轮与沥青路面之间湿润,防止黏结。

　　(8) 机械压实不到的局部用手动机械夯等小型机械压实。

　　(9) 对有缺陷的沥青混合料予以清除更换。

9.6　安装路缘石

　　(1) 施工前先准确测量道路路缘石的标高。

　　(2) 块料进场前按要求进行检验、试验,确保其从质量到外观均为合格,对检验不合格的块料不予使用。

　　(3) 安装路缘石时,直线段以拉线确定标高参考线和保证直顺,曲线段加密桩点,保证曲线圆弧的尺寸和圆顺。考虑各出入口的接口接顺,特别是无障碍通道的设置。

10 安全监测施工及数据分析

10.1 安全监测工程施工方法

10.1.1 仪器设备的检查和交货验收

大坝工程对监测仪器能够长期、稳定运行的基本要求,决定了用于大坝安全监测的仪器的检测是必须的。所以,应严格按设计图纸和文件选用基康渗压计,根据生产厂家的产品说明书对业主提供的全部仪器设备进行测试、校正和率定,并将包括仪器设备的检验测试报告提交项目监理。

10.1.2 仪器进场的检查

(1) 检验仪器工作的稳定性,以确保仪器性能长期稳定

对厂家提供的产品,首先要求生产厂家在安全监测仪器设备出厂前,检验全部的仪器设备和附件,并提供检验合格证和厂家的率定资料;其次,仪器设备运至现场后,进行外观型式检验,要求仪器外表无损伤、裂纹、锈斑,引出电缆无破损及其他可能影响使用的残障,查验仪器标志牌标明的型号、规格、出厂编号、量程、绝缘电阻、制造年月、生产厂家等。

(2) 校核仪器出厂参数的可靠性

按相关标准、规范或仪器校验方法,对厂家提供的仪器进行率定、检测校验,检验仪器精度、分辨率、重复性、线性度、滞后等技术性能指标是否满足厂标或国标的要求。

(3) 检验仪器在搬运、运输过程中是否损坏

进场检验按设计要求会同监理与业主共同完成的,应及时联系监理与业主完成检验和验收,经验收合格,监理、业主签字后方可使用。监测仪器设备按设计要求经过测试、率定后,在埋设安装前 28 d 将测试报告报送项目监理审查。

为保证安全监测的施工质量,除有正确的仪器安装埋设方法外,还做好现场设施的保护防护工作,并且加强巡视检查确保仪器运行正常,检查现场能更直观的发现问题,以便及时地采取应对措施。

10.1.3 设备的安装施工

1. 测压管埋设安装

(1) 测压管材质采用 DN 50 镀锌钢管,由透水管和导管组成。透水管段面积开孔率 10%(呈梅花形状分布,排列均匀,内壁无毛刺),外部包扎无纺土工织物。管底封闭,不留沉淀管段。

(2) 直径采用 110 mm,在 50 m 深度内的钻孔倾斜度不大于 3°,未使用泥浆护壁。观测记录初见水位及稳定水位,描述各土(岩)层岩性,绘制出钻孔岩芯柱状图。

(3) 先在孔底填约 20 cm 厚的反滤料,然后将测压管逐根对接下入孔内。待测压管全部下入孔内后,在测压管与孔壁间回填反滤料至设计高程。对黏壤土或沙壤土用细砂作反滤料;对沙砾石层用细砂粗砂的混合料。反滤层以上用膨胀土泥球封孔,泥球应由直径 5~10 mm 的不同粒径组成。封孔深度不小于 4 m。

(4) 岩体内钻孔埋设测压管,花管周围用粗砂或细砾料做反滤料,导管段用水泥砂浆或水泥膨润土浆封孔回填,反滤料与封孔料之间可用 20 cm 厚细砂过渡。

(5) 测压管封孔回填完成后,向孔内注水进行灵敏度试验,在地下水位较为稳定时进行。试验前先测定管中水位,然后向管内注水。进水段周围为壤土料时,注水量相当于每米测压管容积的 3~5 倍;为沙砾料,则为 5~10 倍。注入后不断观测水位,直至恢复到或接近注水前的水位。对于黏壤土,注入水位在 120 h 内降至原水位为合格;对于沙壤土,24 h 内降至原水位为合格;对于砂粒土,1~2 h 降至原水位或注水后升高不到 3~5 m 为合格。检验合格后,安设管口保护装置。

测压管结构示意图见图 10.1.3-1,测压管安装埋没示意图见图 10.1.3-2。

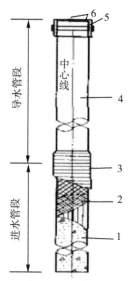

1—进水孔;2—土工织物过滤层;3—外缠铅丝;4—金属管或硬工程塑料管;5—管盖;6—电缆出线及通气孔。

图 10.1.3-1 测压管结构示意图

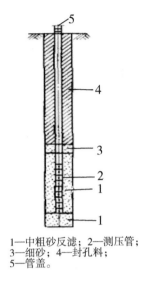

1—中粗砂反滤; 2—测压管;
3—细砂; 4—封孔料;
5—管盖。

图 10.1.3-2　测压管安装埋设示意图

2.渗压计安装

(1)埋设前将渗压计饱水 24 h 后,提至水面,测零压状态下的读数。

(2)采用不锈钢钢丝绳悬吊,将其放至管内设计高程,在管口固定钢丝绳,管口留有通气孔。仪器测量结果与实测水压差值小于渗压计的准确度。

3.电缆

(1)所供电缆护套材料与仪器本身所带的电缆材料一致,芯线间绝缘材料为聚氨酯。

(2)电缆牵引按设计过程中要求的方向实施,尽可能减少电缆接头。电缆牵引路线与上、下游坝面的距离不得小于 0.5 m,靠近上游面的电缆分散牵引,必要时采取止水措施。电缆水平牵引时挖槽埋入混凝土内,垂直牵引时用钢管保护,保护钢管的直径大于电缆束的 1.5~2.0 倍。跨缝时,采取措施使电缆有伸缩的余地。

(3)电缆在埋设牵引过程中电缆接头进行密封防潮处理,严禁电缆头裸露或浸泡水中,电缆在牵引过程中及穿仓过缝或暴露在外时进行保护,电缆过缝时采取过缝措施,并有不小于 10 cm 的弯曲长度。

10.1.4　仪器设备埋设安装质量的检查

仪器设备埋设安装完毕后,承包人会同项目监理立即对仪器设备的埋设安装质量进行检查和验收,经项目监理确认其质量合格后,方能进行下道工序的施工。

10.1.5　完工验收及移交

在合同期满时,按合同的有关规定,申请对观测项目进行完工验收,并按相关规定向项目监理大坝安全监测资料分析报告提交完工资料。我单位负责本工程移交前的照看、维护工作,工程移交时将业主提供的仪器及二次仪表移交给业主或业主指定的其他接受人。

10.2 安全监测分析报告

10.2.1 分析依据和方法

10.2.1.1 分析依据

(1)《土石坝安全监测技术规范》(SL 551)。

(2)《混凝土坝安全监测技术规范》(SL 601)。

(3)设计文件、技术要求、图纸以及合同要求。

10.2.1.2 分析方法和要求

资料分析主要采用比较法、作图法、特征值统计法等多种方法。其要求如下:

(1)建立统一的原始监测资料数据库,并对不同格式的资料进行转换及计算。

(2)复核、鉴别和检查各项监测数据,首先检查现场监测及自动化采集的方法是否合乎规定;对测量中存在的各种误差进行分析研究,以判断数值的精度、合理性、可靠性;对粗差采用物理判别及统计判别法,并依据一定准则,在分析与评价的基础上,对监测数据适当加以处理。

(3)绘制监测量的过程线图、相关图、分布图,了解测值变化的幅度、周期性、滞后性和变化趋势,考察监测量和环境量之间的关系以及监测量的变化规律,初步判断监测量变化是否正常,并找出其主要影响因素,为进一步做定量分析提供基础。

(4)统计监测量在各月和在分析时段的最大值、最小值(包括出现时间)、月变幅、月平均值等,考察监测量之间在数量变化方面的一致性和合理性,并对各监测项目进行适当的评价。

(5)按监测技术要求编写监测资料分析报告。通过多种方法分析,探求大坝及其他水工建筑物渗流等的变化规律,对一些有异于常规的现象,做出合理的物理成因解释,从监测角度综合评价大坝的安全运行工作状况,以得出水工建筑物运行性态的结论,并对监测工作提出合理的建议。

10.2.2 监测资料分析

10.2.2.1 仪器安装情况

监测仪器安装情况见表 10.2.2-1。

表 10.2.2-1 仪器安装统计表

序号	设计编号	仪器编号	桩号	高程/m	轴距/m	安装时间	备注
1	CR4-1	12172235448	K1+521.0	100.40	下游 4.0	2021-11-13	
2	CR4-2	12172235337	K1+521.0	74.50	下游 30.0	2021-11-7	

序号	设计编号	仪器编号	桩号	高程/m	轴距/m	安装时间	备注
3	CR4-3	12172235332	K1+521.0	74.50	下游51.0	2021-11-13	
4	CR3-1	12172235404	K1+537.0	93.50	下游4.0	2021-10-31	
5	CR3-2	12172235460	K1+537.0	93.50	下游30.0	2021-11-7	
6	CR3-3	12172235503	K1+537.0	93.50	下游51.0	2021-11-13	
7	CR2-1	12172235513	K1+557.0	93.50	上游1.0	2021-12-12	
8	CR2-2	12172235435	K1+557.0	93.50	下游10.0	2021-10-31	
9	CR2-3	12172235367	K1+557.0	93.50	下游30.0	2021-11-7	
10	CR2-4	12172235421	K1+557.0	93.50	下游51.0	2021-11-7	
11	CR1-1	12172235377	K1+575.0	93.50	上游10.0	2021-11-7	
12	CR1-2	12172235403	K1+575.0	93.50	上游1.0	2021-10-31	
13	CR1-3	12172235309	K1+575.0	93.50	下游10.0	2021-10-31	
14	CR1-4	12172235412	K1+575.0	93.50	下游30.0	2021-11-7	
15	CR1-5	12172235422	K1+575.0	93.50	下游51.0	2021-11-7	
16	C6-1	12172235361	K1+610.0	93.50	上游10.0	2021-11-3	
17	C6-2	12172235360	K1+610.0	93.50	上游1.0	2021-11-13	
18	C6-3	12172235506	K1+610.0	93.50	下游10.0	2021-10-31	
19	C6-4	12172235498	K1+610.0	93.50	下游20.0	2021-10-31	
20	C6-5	12172235385	K1+610.0	93.50	下游51.0	2021-11-7	
21	C7-1	12172235463	K1+710.0	93.50	上游10.0	2021-11-3	
22	C7-2	12172235392	K1+710.0	93.50	上游1.0	2021-11-13	
23	C7-3	12172235366	K1+710.0	93.50	下游10.0	2021-10-27	
24	C7-4	12172235503	K1+710.0	93.50	下游20.0	2021-10-27	
25	C7-5	12172235461	K1+710.0	93.50	下游51.0	2021-11-7	
26	C8-1	12172235408	K1+810.0	93.50	上游10.0	2021-11-3	
27	C8-2	12172235378	K1+810.0	93.50	上游1.0	2021-11-3	
28	C8-3	12172235508	K1+810.0	93.50	下游10.0	2021-10-16	
29	C8-4	12172235386	K1+810.0	93.50	下游20.0	2021-10-27	
30	C8-5	12172235509	K1+810.0	93.50	下游51.0	2021-11-7	
31	UP6-1	12172235499	K1+605.0	90.50	上游10.0	2021-11-3	
32	UP6-2	12172235395	K1+605.0	90.50	上游1.0	2021-11-13	
33	UP6-3	12172235471	K1+605.0	90.50	下游10.0	2021-10-27	
34	UP6-4	12172235497	K1+605.0	90.50	下游25.5	2021-10-31	
35	UP7-1	12172235344	K1+705.0	90.50	上游10.0	2021-11-3	
36	UP7-2	12172235350	K1+705.0	90.50	上游1.0	2021-11-13	
37	UP7-3	12172235400	K1+705.0	90.50	下游10.0	2021-10-27	

序号	设计编号	仪器编号	桩号	高程/m	轴距/m	安装时间	备注
38	UP7-4	12172235510	K1+705.0	90.50	下游 25.5	2021-10-27	
39	UP8-1	12172235312	K1+805.0	90.50	上游 10.0	2021-11-3	
40	UP8-2	12172235314	K1+805.0	90.50	上游 1.0	2021-11-13	
41	UP8-3	12172235394	K1+805.0	90.50	下游 10.0	2021-10-16	
42	UP8-4	12172235338	K1+805.0	90.50	下游 25.5	2021-10-27	

10.2.2.2 主坝上游水位

1. 设计水位

板桥水库设计洪水位 117.50 m,校核洪水位 119.15 m,正常蓄水位 111.50 m,水库设计汛期限制水位 110.00 m,设计死水位 101.04 m。

2. 实测水位

库水位采用日平均水位,资料从 2021 年 10 月 16 日至 2022 年 3 月 29 日,上游水位过程线见图 10.2.2-1。由图可见:

(1) 上游水位最高为 111.09 m(2021 年 10 月 22 日),低于水库正常蓄水位 0.41 m;最低为 110.48 m(2022 年 3 月 20 日),高于汛限水位 0.48 m。

(2) 水库在正常蓄水位(111.50 m)和死水位(101.40 m)之间运行。

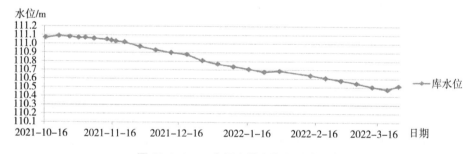

图 10.2.2-1 主坝上游水位实测过程线

10.2.2.3 测压管分析

通过桩号 K1+521.0、K1+537.0、K1+557.0、K1+575.0、K1+610.0、K1+710.0、K1+810.0 断面测压管水位变化过程线(图 10.2.2-2)及数据分析可知:

(1) 各测压管内水位变化趋势稳定。

(2) 坝顶上游测压管与上游水位呈正相关,即上游水位升高,管内水位上升,上游水位降低,管内水位降低,存在滞后性;坝顶下游测压管与库水位相关性不大,主要受下游水位及降雨影响,符合坝体水位变化的一般规律。

(3) 测压管水位变化分布明显,坝顶上游 10 m 位置测压管水位高于坝顶上游 1 m 位置测压管水位,下游测压管水位依次降低,呈阶梯式分布。

（4）通过上述分析，坝基渗流稳定。

桩号K1+521.0断面测压管水位变化过程线

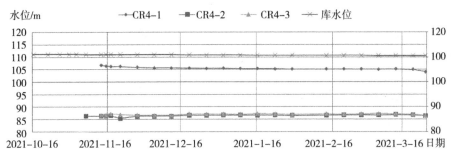

桩号K1+537.0断面测压管水位变化过程线

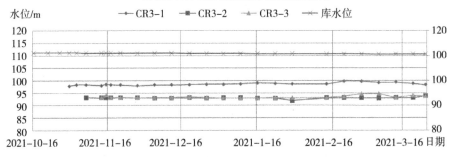

桩号K1+557.0断面测压管水位变化过程线

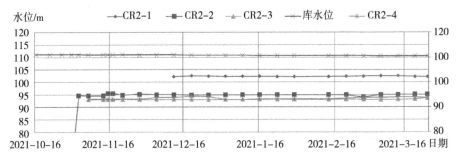

桩号K1+575.0断面测压管水位变化过程线

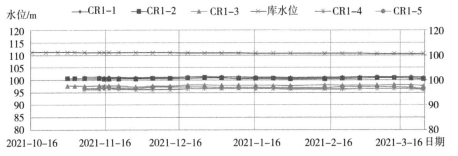

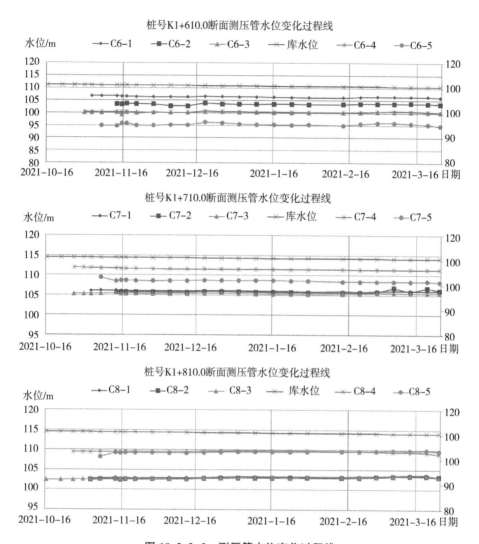

图 10.2.2-2 测压管水位变化过程线

10.2.2.4 浸润线管分析

通过桩号 K1+605.0、K1+705.0、K1+805.0 断面浸润线管水位变化过程线(图 10.2.2-3)及数据分析可知:

(1)各浸润线管管内水位变化趋势稳定。

(2)坝顶上游浸润线管与上游水位呈正相关,即上游水位升高,管内水位上升,上游水位降低,管内水位降低,存在滞后性;坝顶下游测压管与库水位相关性不大,主要受下游水位及降雨影响,符合坝体水位变化的一般规律。

(3)测压管水位变化分布明显,坝顶上游 10 m 位置测压管水位高于坝顶上游 1 m 位置测压管水位,下游测压管水位依次降低,呈阶梯式分布。

(4)通过上述分析,坝体渗流稳定。

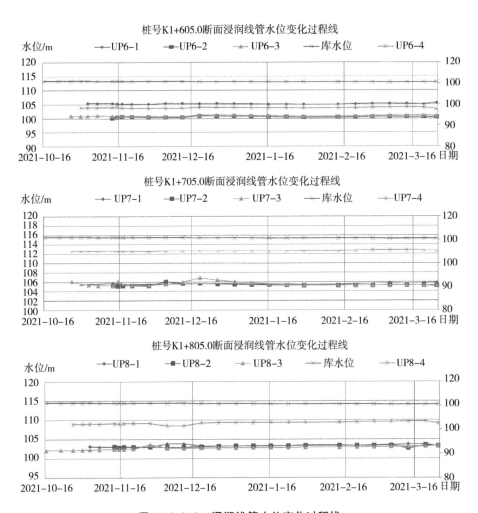

图 10.2.2-3 浸润线管水位变化过程线

10.2.2.5 变形监测

大坝表面变形测点于 2021 年 11 月份取得基准值,按照观测频次 1 次/月进行观测,通过表面变形观测成果及过程线分析(图 10.2.2-4)可知:

(1)坝体表面变形整体平稳,与库水位相关性不大,2021 年 11 月至 2022 年 4 月库水位变化较小。

(2)坝体表面变形趋势目前趋于稳定状态。

(3)X 向累计最大位移量-6.6 mm,向右岸位移,发生在桩号 K1+600.0 断面下游测点 W13-3 处;Y 累计最大位移量 6.1 mm,向下游位移,发生在桩号 K1+700.0 断面下游测点 W14-3 处;累计最大沉降量 6.7 mm,发生在桩号 K1+800.0 断面 W15-1 处(坝顶)。

(4)测量时受气温、风速影响,从测量数据来看,X、Y、Z 位移虽有变化,其变化规律在基点左右偏移及数值不成规律变化,可能是测量误差造成的,由于时间短,不能完全表现出其整体变化规律;从测量分析结果来看,总体变形量较小,均在规范允许范围以内。

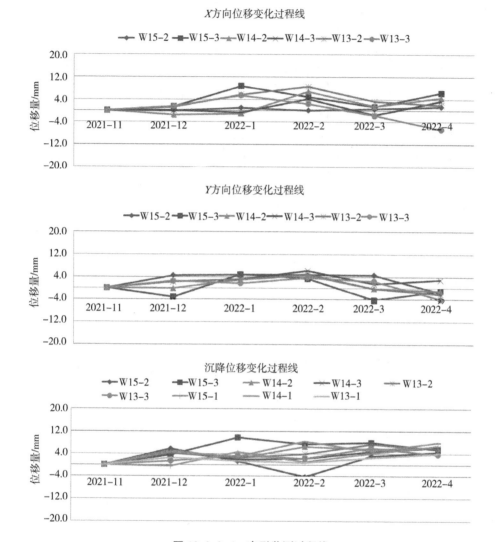

图 10.2.2-4 变形监测过程线

10.2.2.6 结论

通过上游水位、坝体及坝基渗流过程线及变形过程线可以得出:

上游水位变化平稳,在死水位与正常蓄水位之间变化,坝体坝基渗流总体分布明显,上游水位较高(低于库水位),向下游呈递减趋势,下游出逸点较低,均在下游排水体下,坝体坝基渗流稳定。

坝体整体变形稳定,变量较小,趋势符合坝体变形一般规律。

渗压计埋设记录表见表 10.2.2-2,渗压管考证表见表 10.2.2-3,渗压计考证表见表 10.2.2-4,主坝表面变形点考证表见表 10.2.2-5。

表 10.2.2-2　渗压计埋设记录表

序号	设计编号	出厂编号	埋设日期	桩号	轴距	高程	埋设前模数	温度	埋设后模数	温度	直线系数 G	温度系数 K
1	CP1-1	12172025142	2020-09-15	K0+210.0	上10	93.5	9 126.5	13.8	7 723.1	17.3	-0.106 853 3	0.022 439
2	CP1-2	12172024680	2020-09-15	K0+210.0	上1	93.5	8 449.0	10.9	7 434.4	16.9	-0.135 698 2	-0.036 411
3	CP1-3	12172025131	2020-09-15	K0+210.0	下10	93.5	7 619.0	5.0	6 806.3	17.4	-0.108 288 2	0.120 200
4	CP1-4	12172025141	2020-09-15	K0+210.0	下25.5	93.5	8 573.8	8.0	8 002.2	17.3	-0.112 223 3	0.105 49
5	CP1-5	12172025132	2020-09-15	K0+210.0	下55.6	93.5	9 027.7	9.0	7 480.2	17.4	-0.106 969 2	0.034 230
6	CP1-6	12172025103	2020-09-15	K0+210.0	排下8	93.5	8 877.5	5.2	8 297.1	17.6	-0.096 794 5	0.071 628
7	CP2-1	12172025149	2020-09-16	K0+410.0	上10	93.5	7 819.1	9.3	6 655.7	17.0	-0.127 865 4	0.135 537
8	CP2-2	12172025139	2020-09-16	K0+410.0	上1	93.5	9 083.2	2.5	7 884.0	16.6	-0.101 090 3	0.016 174
9	CP2-3	12172024640	2020-09-16	K0+410.0	下10	93.5	7 974.1	10.4	7 472.4	17.4	-0.102 365 4	0.167 724
10	CP2-4	12172024639	2020-09-16	K0+410.0	下25.5	93.5	8 320.8	11.1	7 935.1	17.8	-0.131 822 8	-0.204 869
11	CP2-5	12172025096	2020-09-16	K0+410.0	下55.6	93.5	7 723.6	3.9	7 287.6	19.7	-0.101 246 3	0.218 692
12	CP2-6	12172025027	2020-09-16	K0+410.0	排下8	93.5	7 646.9	4.6	7 307.2	18.0	-0.139 101 1	0.077 897
13	CP3-1	12172024638	2020-09-16	K0+614.0	上10	93.5	8 721.1	9.7	7 392.2	17.0	-0.113 273 2	-0.030 080
14	CP3-2	12172024648	2020-09-16	K0+614.0	上1	93.5	9 044.1	7.3	8 004.9	17.9	-0.116 360 8	-0.036 173
15	CP3-3	12172024690	2020-09-16	K0+614.0	下10	93.5	7 556.3	3.8	6 915.9	17.2	-0.135 836 6	-0.040 990
16	CP3-4	12172024684	2020-09-16	K0+614.0	下25.5	93.5	8 729.0	5.4	8 388.7	17.4	-0.138 923 8	-0.159 736
17	CP3-5	12172024646	2020-09-16	K0+614.0	下55.6	93.5	7 696.3	9.9	7 353.2	18.1	-0.128 758 0	-0.037 046
18	CP3-6	12172025050	2020-09-16	K0+614.0	排下8	93.5	7 353.2	5.3	6 993.5	18.9	-0.104 502 1	0.253 940
19	CP4-1	12172025134	2020-09-17	K0+810.0	上10	93.5	7 936.0	8.0	6 484.8	16.2	-0.099 530 3	0.086 591
20	CP4-2	12172025034	2020-09-17	K0+810.0	上1	93.5	9 077.3	8.0	7 754.4	16.5	-0.094 174 4	0.107 359
21	CP4-3	12172024625	2020-09-17	K0+810.0	下10	93.5	7 959.1	12.3	7 551.9	17.1	-0.113 485 0	0.013 791
22	CP4-4	12172024679	2020-09-17	K0+810.0	下25.5	93.5	8 575.2	3.1	8 075.5	17.3	-0.091 331 5	-0.177 457
23	CP4-5	12172024683	2020-09-17	K0+810.0	下55.6	93.5	7 764.6	8.1	7 414.4	17.7	-0.122 384 4	-0.055 427

续表

序号	设计编号	出厂编号	埋设日期	桩号	轴距	高程	埋设前模数	温度	埋设后模数	温度	直线系数 G	温度系数 K
24	CP4－6	12172025049	2020－09－17	K0+810.0	排下8	93.5	8 755.9	4.8	8 441.1	17.2	-0.120 881 3	0.152 310
25	CP5－1	12172025088	2020－09－18	K1+010.0	上10	93.5	7 414.5	5.4	6 270.7	17.0	-0.121 144 9	0.174 449
26	CP5－2	12172025144	2020－09－18	K1+010.0	上1	93.5	7 584.5	9.6	6 434.5	17.4	-0.115 608 4	-0.015 029
27	CP5－3	12172024632	2020－09－18	K1+010.0	下10	93.5	8 566.2	2.2	8 320.1	17.2	-0.130 103 1	-0.054 586
28	CP5－4	12172024676	2020－09－18	K1+010.0	下25.5	93.5	8 637.3	2.4	8 425.2	17.3	-0.124 301 2	0.095 586
29	CP5－5	12172024675	2020－09－18	K1+010.0	下55.6	93.5	8 240.3	10.4	8 002.7	18.4	-0.129 233 0	0.056 095
30	CP5－6	12172025136	2020－09－18	K1+010.0	排下8	93.5	8 265.2	5.1	8 067.5	18.7	-0.117 458 6	0.125 681
31	CLP1－1	12172025067	2020－09－18	K1+230.0	上10	93.5	9 476.4	11.8	8 115.3	14.0	-0.103 9417	0.016 631
32	CLP1－2	12172025054	2020－09－18	K1+230.0	上1	93.5	7 715.8	12.0	6 620.9	13.5	-0.111 245 1	0.191 342
33	CLP1－3	12172024689	2020－09－18	K1+230.0	下10	93.5	8 354.4	6.4	7 768.5	13.9	-0.103 732 6	-0.047 130
34	CLP1－4	12172024674	2020－09－18	K1+230.0	下25.5	93.5	8 094.5	6.0	8 015.9	15.3	-0.127 296 3	0.017 038
35	CLP1－5	12172025146	2020－09－18	K1+230.0	下55.6	93.5	6 982.5	6.2	6 884.1	17.2	-0.112 693 6	0.094 663
36	CLP2－1	12172025035	2020－09－18	K1+263	上1	93.5	8 032.6	6.0			-0.096 077 6	0.231 547
37	CLP2－2	12172025036	2020－09－18	K1+263.0	下10	93.5	8 028.5	4.0	7 635.0	15.2	-0.112 160 3	0.041 499
38	CLP2－3	12172025090	2020－09－18	K1+263	下25.5	93.5	8 357.6	3.4	8 160.3	15.8	-0.098 030 4	0.170 573
39	CLP2－4	12172025031	2020－09－18	K1+263.0	下55.6	93.5	7 821.5	3.4	7 834.2	17.4	-0.106 221 9	0.159 333
40	CLP3－1	12172024694	2020－09－18	K1+290.0	下4	100.4	8 752.4	8.7	7 759.9	15.9	-0.098 584 4	-0.100 024
41	CLP3－2	12172025032	2020－09－18	K1+290.0	下24	74.5	9 300.6	8.9	8 052.2	14.8	-0.128 713 9	0.047 624
42	CLP3－3	12172025095	2020－09－18	K1+290.0	下57.6	74.5	7 046.9	6.1	5 678.7	15.0	-0.107 478 9	0.121 451
43	CLP4－1	12172024692	2020－09－18	K1+294.0	下4	100.4	8 594.6	11.5	7 792.2	15.9	-0.103 661 3	-0.085 838
44	CLP4－2	12172025148	2020－09－18	K1+294.0	下24	74.5	8 305.3	8.6	7 022.9	14.4	-0.110 382 2	0.149 016
45	CLP4－3	12172025033	2020－09－18	K1+263.0	排下8	93.5	7 606.6	4.7	7 489.1	18.0	-0.103 981 8	0.076 947
46	LP1	12172025126	2020－09－19	K0+004.0	上37	93.5	9 476.8	13.5	7 961.2	17.8	-0.107 352 6	0.121 309

续表

序号	设计编号	出厂编号	埋设日期	桩号	轴距	高程	埋设前模数	温度	埋设后模数	温度	直线系数 G	温度系数 K
47	LP2	12172025086	2020-09-19	K0+027.0	下11	93.5	7 084.3	10.1	5 994.6	17.8	-0.110 383 7	2.493 569
48	LP3	12172025089	2020-09-19	K0+030.0	下29	93.5	7 783.5	10.6	6 424.7	17.3	-0.112 039 2	0.079 548
49	LP4	12172025073	2020-09-19	K0+054.0	下42	93.5	8 385.3	11.7	7 519.7	17.6	-0.113 505 7	0.131 667
50	LP5	12172025123	2020-09-19	K0+080.0	下60	93.5	9 453.9	11.7	8 726.4	17.1	-0.117 708 1	0.024 719
51	LP6	12172025128	2020-09-19	K0+022.0	上18	93.5	7 943.8	11.4	6 372.5	17.6	-0.104 467 9	0.004 179
52	LP7	12172025040	2020-09-19	K0+038.0	下12	93.5	8 692.6	11.4	7 150.2	17.3	-0.104 789	0.158 232
53	LP8	12172025053	2020-09-19	K0+062.0	下26	93.5	8 869.2	12.3	7 958.0	17.6	-0.102 722 1	0.132 512
54	LP9	12172025041	2020-09-19	K0+075.0	下45	93.5	9 381.0	11.0	9 365.2	17.4	-0.124 983	0.082 489
55	LP10	12172025074	2020-09-19	K0+093.0	下66	93.5	9 522.3	11.7	9 057.7	17.7	-0.110 734 8	0.014 396
56	UP1-1	12172025093	2020-09-15	K0+205.0	上10	90.50	8 978.6	13.8	7 326.6	16.9	-0.104 042 8	0.125 892
57	UP1-2	12172024670	2020-09-15	K0+205.0	上1	90.50	7 659.6	10.7	6 237.4	17.1	-0.117 289 7	0.049 965
58	UP1-3	12172024669	2020-09-15	K0+205.0	下10	90.50	9 042.2	3.4	8 330.9	17.6	-0.108 555 8	0.177 834
59	UP1-4	12172025097	2020-09-15	K0+205.0	下25.5	90.50	7 011.3	8.3	6 170.2	17.3	-0.111 969 3	0.110 850
60	UP1-5	12172025080	2020-09-15	K0+205.0	下55.6	90.50	8 010.5	9.2	8 211.6	17.1	-0.112 776 1	0.153 376
61	UP2-1	12172025133	2020-09-15	K0+405.0	上10	90.50	9 287.8	9.1	7 943.2	16.9	-0.127 995 6	0.293 11
62	UP2-2	12172025047	2020-09-15	K0+405.0	上1	90.50	8 441.3	3.2	6 986.6	17.0	-0.106 578 7	0.039 434
63	UP2-3	12172024626	2020-09-15	K0+405.0	下10	90.50	8 092.9	11.8	7 828.5	17.7	-0.107 227 4	-0.079 145
64	UP2-4	12172024631	2020-09-15	K0+405.0	下25.5	90.50	7 708.6	11.0	6 906.7	17.2	-0.124 377 4	-0.045 110
65	UP2-5	12172025044	2020-09-15	K0+405.0	下55.6	90.50	9 741.3	3.1	8 941.1	17.1	-0.104 980 5	0.055 64
66	UP3-1	12172024643	2020-09-16	K0+609.0	上10	90.50	8 011.9	8.4	6 510.4	16.9	-0.124 324 9	-0.055 758
67	UP3-2	12172024677	2020-09-16	K0+609.0	上1	90.50	7 787.8	4.2	6 408.2	16.9	-0.111 412 5	-0.004 067
68	UP3-3	12172024688	2020-09-16	K0+609.0	下10	90.50	7 814.7	4.5	7 073.8	17.2	-0.126 346 7	-0.063 206
69	UP3-4	12172 024696	2020-09-16	K0+609.0	下25.5	90.50	8 943.2	4.5	8 089.0	17.3	-0.135 749 5	-0.052 881

续表

序号	设计编号	出厂编号	埋设日期	桩号	轴距	高程	埋设前模数	温度	埋设后模数	温度	直线系数 G	温度系数 K
70	UP3-5	12172024630	2020-09-16	K0+609.0	下55.6	90.50	7 214.2	10.1	6 244.3	17.4	-0.118 121 4	0.005 343
71	UP4-1	12172025127	2020-09-17	K0+805.0	上10	90.50	7 862.3	8.4	6 216.0	16.5	-0.103 361 9	-0.002 067
72	UP4-2	12172025048	2020-09-17	K0+805.0	上1	90.50	8 927.0	8.2	7 577.8	16.5	-0.105 441 4	0.145 509
73	UP4-3	12172024693	2020-09-17	K0+805.0	下10	90.50	8 706.4	11.6	8 191.6	16.7	-0.136 211 1	0.125 297
74	UP4-4	12172024634	2020-09-17	K0+805.0	下25.5	90.50	8 915.4	2.8	8 351.3	17.0	-0.128 197 9	-0.067 298
75	UP4-5	12172024695	2020-09-17	K0+805.0	下55.6	90.50	9 466.9	8.0	8 959.0	16.9	-0.138 661 6	-0.165 992
76	UP5-1	12172025099	2020-09-17	K1+005.0	上10	90.50	8 668.9	5.9	7 150.2	17.0	-0.112 481 2	0.089 985
77	UP5-2	12172025038	2020-09-17	K1+005.0	上1	90.50	8 040.6	8.6	6 817.2	17.0	-0.102 778 9	0.128 474
78	UP5-3	12172025030	2020-09-17	K1+005.0	下10	90.50	8 109.8	3.2	7 141.2	17.2	-0.096 564 1	0.088 839
79	UP5-4	12172024650	2020-09-17	K1+005.0	下25.5	90.50	8 018.8	2.1	7 534.0	17.4	-0.123 170 4	-0.023 487
80	UP5-5	12172024671	2020-09-17	K1+005.0	下55.6	90.50	8 088.1	10.6	7 456.3	17.2	-0.128 486 4	0.036 426

表 10.2.2-3　测压管考证表

编号	埋设日期	内径/cm	管长/m	管口高程/m	管底高程/m	透水管长/m	沉淀管长/m	距坝轴线距离/m	备注
C6-1	2021-10-30	5.0	23.15	116.15	93.0	0.8	0.1	主坝 K1+610.0 上	
C6-2	2021-11-04	5.0	26.55	119.7	93.0	0.8	0.1	主坝 K1+610.0 上	
C6-3	2021-10-24	5.0	21.55	114.55	93.0	0.8	0.1	主坝 K1+610.0 下	
C6-4	2021-10-24	5.0	16.9	109.9	93.0	0.8	0.1	主坝 K1+610.0 下	
C6-5	2021-11-02	5.0	5.8	98.8	93.0	0.8	0.1	主坝 K1+610.0 下	
C7-1	2021-10-27	5.0	22.90	115.9	93.0	0.8	0.1	主坝 K1+710.0 上	
C7-2	2021-11-06	5.0	26.2	119.2	93.0	0.8	0.1	主坝 K1+710.0 上	
C7-3	2021-10-21	5.0	22.35	115.35	93.0	0.8	0.1	主坝 K1+710.0 下	
C7-4	2021-10-22	5.0	17.65	110.65	93.0	0.8	0.1	主坝 K1+710.0 下	
C7-5	2021-11-03	5.0	13.65	106.65	93.0	0.8	0.1	主坝 K1+710.0 下	
C8-1	2021-10-29	5.0	24.3	117.3	93.0	0.8	0.1	主坝 K1+810.0 上	
C8-2	2021-11-06	5.0	26.4	119.4	93.0	0.8	0.1	主坝 K1+810.0 上	
C8-3	2021-10-11	5.0	23.35	116.35	93.0	0.8	0.1	主坝 K1+810.0 下	
C8-4	2021-10-21	5.0	18.1	111.1	93.0	0.8	0.1	主坝 K1+810.0 下	
C8-5	2021-11-03	5.0	13.3	106.3	93.0	0.8	0.1	主坝 K1+810.0 下	
CR1-1	2021-10-30	5.0	22.85	115.85	93.0	0.8	0.1	主坝 K1+575.0 上	
CR1-2	2021-10-27	5.0	26.65	119.65	93.0	0.8	0.1	主坝 K1+575.0 上	
CR1-3	2021-10-26	5.0	22.5	115.5	93.0	0.8	0.1	主坝 K1+575.0 下	
CR1-4	2021-11-01	5.0	16.2	109.2	93.0	0.8	0.1	主坝 K1+575.0 下	
CR1-5	2021-11-01	5.0	8.60	101.6	93.0	0.8	0.1	主坝 K1+575.0 下	
CR2-1	2021-12-07	5.0	26.85	119.85	93.0	0.8	0.1	主坝 K1+575.0 上	
CR2-2	2021-10-27	5.0	23.0	116.0	93.0	0.8	0.1	主坝 K1+557.0 下	
CR2-3	2021-11-01	5.0	16.15	109.15	93.0	0.8	0.1	主坝 K1+557.0 下	

续表

编号	埋设日期	内径/cm	管长/m	管口高程/m	管底高程/m	透水管长/m	沉淀管长/m	距坝轴线距离/m	备注
CR2－4	2021－11－01	5.0	7.7	100.7	93.0	0.8	0.1	主坝 K1＋557.0 下	
CR3－1	2021－10－27	5.0	24.95	117.95	93.0	0.8	0.1	主坝 K1＋537.0 下	
CR3－2	2021－11－02	5.0	16.35	109.35	93.0	0.8	0.1	主坝 K1＋537.0 下	
CR3－3	2021－11－01	5.0	8.95	101.95	93.0	0.8	0.1	主坝 K1＋537.0 下	
CR4－1	2021－10－31	5.0	12.85	112.75	99.9	0.8	0.1	主坝 K1＋521.0 下	
CR4－2	2021－11－02	5.0	35.25	109.25	74.0	0.8	0.1	主坝 K1＋521.0 下	
CR4－3	2021－11－09	5.0	18.61	92.61	74.0	0.8	0.1	主坝 K1＋521.0 下	
UP6－1	2021－10－30	5.0	26.55	116.55	90.0	0.8	0.1	主坝 K1＋605.0 上	
UP6－2	2021－11－04	5.0	29.35	119.35	90.0	0.8	0.1	主坝 K1＋605.0 上	
UP6－3	2021－10－23	5.0	25.05	115.05	90.0	0.8	0.1	主坝 K1＋605.0 下	
UP6－4	2021－10－26	5.0	18.25	108.25	90.0	0.8	0.1	主坝 K1＋605.0 下	
UP7－1	2021－10－29	5.0	25.25	115.25	90.0	0.8	0.1	主坝 K1＋705.0 上	
UP7－2	2021－11－08	5.0	29.35	119.35	90.0	0.8	0.1	主坝 K1＋705.0 上	
UP7－3	2021－10－20	5.0	25.85	115.85	90.0	0.8	0.1	主坝 K1＋705.0 下	
UP7－4	2021－10－23	5.0	20.7	110.7	90.0	0.8	0.1	主坝 K1＋705.0 下	
UP8－1	2021－10－28	5.0	27.35	117.35	90.0	0.8	0.1	主坝 K1＋805.0 上	
UP8－2	2021－11－05	5.0	29.35	119.35	90	0.8	0.1	主坝 K1＋805.0 上	
UP8－3	2021－10－12	5.0	26.35	116.35	90	0.8	0.1	主坝 K1＋805.0 下	
UP8－4	2021－10－21	5.0	20.35	110.35	90.0	0.8	0.1	主坝 K1＋805.0 下	

表10.2.2-4　渗压计考证表

设计编号	出厂编号	埋设日期			埋设位置			埋设前频率/Hz	温度/℃	埋设后频率/Hz	温度/℃	率定系数K	温度系数b
		年	月	日	桩号	轴距	高程						
CP6-1	12172235361	2022	3	25	K1+610.0	上10	93.5	7 690.4	20.6	6 539.7	16.4	-0.110 4	0.197 161
CP6-2	12172235360	2022	3	25	K1+610.0	上1	93.5	9 179.2	19.4	8 296.7	16.6	-0.113 5	0.226 3
CP7-1	12172235463	2022	3	24	K1+710.0	上10	93.5	7 686.6	19.1	6 612.2	17.3	-0.116 1	0.247 828
CP7-2	12172235392	2022	3	25	K1+710.0	上1	93.5	8 426.5	19.4	7 397.5	17.3	-0.123 7	0.265 852
CP8-1	12172235408	2022	3	25	K1+810.0	上10	93.5	9 079.4	18.2	8 301.3	17.3	-0.121 5	0.146 021
CP8-2	12172235378	2022	3	24	K1+810.0	上1	93.5	8 181.5	19.5	7 166.5	17.4	-0.096 5	0.208 151
CRP1-1	12172235377	2022	3	24	K1+575.0	上10	93.5	8 182.4	19.7	7 532.3	14.8	-0.117 0	0.262 4
CRP1-2	12172235403	2022	3	25	K1+575.0	上1	93.5	8 321.6	19.1	7 756.4	14.9	-0.123 4	0.268 1
CRP2-1	12172235513	2022	3	25	K1+557.0	上1	93.5	8 598.3	18.9	7 818.2	14.3	-0.110 1	0.178 8
UP6-1	12172235499	2022	3	25	K1+605.0	上10	90.5	7 825.7	19.6	6 550.3	16.2	-0.110 4	0.197 161
UP6-2	12172235395	2022	3	25	K1+605.0	上1	90.5	8 249.1	19.7	7 440.5	16.3	-0.113 5	0.226 3
UP7-1	12172235344	2022	3	25	K1+705.0	上10	90.5	8 341.5	19.5	6 932.2	17.1	-0.109 4	0.183 085
UP7-2	12172235350	2022	3	25	K1+705.0	上1	90.5	9 280.4	18.9	8 023.1	19.2	-0.116 0	0.141 642
UP8-1	12172235312	2022	3	25	K1+805.0	上10	90.5	7 632.7	20.3	6 457.3	17.4	-0.107 3	0.169 8
UP8-2	12172235314	2022	3	25	K1+805.0	上1	90.5	9 562.6	20.4	8 836.8	17.7	-0.133 9	0.173 433
CP6-3	12172235506	2022	3	25	K1+610.0	下10	93.5	7 423.6	18.4	6 814.7	16.2	-0.108 6	0.230 042
CP6-4	12172235498	2022	3	25	K1+610.0	下20	93.5	7 651.4	18.4	7 002.8	16.4	-0.103 4	0.094 82
CP6-5	12172235385	2022	3	24	K1+710.0	下51	93.5	7 944.8	19.4	7 834.0	9.3	-0.117 8	0.177 248
CP7-3	12172235366	2022	3	25	K1+710.0	下10	93.5	8 258.4	19.2	7 184.9	17.6	-0.111 3	0.137 560
CP7-4	12172235503	2022	3	25	K1+710.0	下22	93.5	8 488.3	19.9	7 369.7	17.3	-0.111 2	0.131 798
CP7-5	12172235461	2022	3	24	K1+710.0	下54	93.5	8 460.4	19.4	7 794.7	17.7	-0.115 9	0.202 084
CP8-3	12172235508	2022	3	25	K1+810.0	下10	93.5	8 892.2	19.9	7 961.2	17.6	-0.103 2	0.181 128

续表

| 设计编号 | 出厂编号 | 埋设日期 | | | 桩号 | 埋设位置/m | | 埋设前频率/Hz | 温度/℃ | 埋设后频率/Hz | 温度/℃ | 率定系数K | 温度系数b |
		年	月	日		轴距	高程						
CP8-4	12172235386	2022	3	25	K1+810.0	下26	93.5	9765.3	19.9	8922.1	17.6	-0.1052	0.196683
CP8-5	12172235509	2022	3	24	K1+810.0	下54	93.5	8742.3	19.7	7934.9	17.4	-0.1245	0.180946
CRP1-3	12172235309	2022	3	25	K1+575.0	下10	93.5	9048.1	20.2	8678.8	15.6	-0.11164	0.16112
CRP1-4	12172235412	2022	3	24	K1+575.0	下30	93.5	8092.5	17.1	7870.8	14.3	-0.1172	0.2026
CRP1-5	12172235422	2022	3	24	K1+575.0	下51	93.5	7559.5	20.2	7279.2	17.5	-0.1043	0.1366
CRP2-2	12172235435	2022	3	25	K1+557.0	下10	93.5	7905.2	19.8	7828.0	15.7	-0.1137	0.0840
CRP2-3	12172235367	2022	3	25	K1+557.0	下30	93.5	8852.3	18.5	8847.1	16.6	-0.1036	0.1306
CRP2-4	12172235421	2022	3	25	K1+557.0	下51	93.5	8609.7	20.6	8589.7	17.5	-0.1161	0.1973
CRP3-1	12172235404	2022	3	25	K1+537.0	下4	93.5	8796.6	14.7	8383.3	15.1	-0.1128	0.1072
CRP3-2	12172235460	2022	3	25	K1+537.0	下30	93.5	8523.6	20.1	8511.6	16.7	-0.1076	0.0761
CRP3-3	12172235503	2022	3	25	K1+537.0	下51	93.5	8971.1	19.7	8957.7	18.4	-0.1179	0.1634
CRP4-1	1172235448	2022	3	25	K1+521.0	下4	100.4	8271.4	19.1	7963.5	16.2	-0.1161	0.1529
CRP4-2	12172235337	2022	3	25	K1+521.0	下30	74.5	9016.4	19.6	7983.7	15.4	-0.0984	0.1344
CRP4-3	12172235332	2022	3	24	K1+521.0	下51	74.5	9559.3	20.6	8590.4	16.7	-0.1235	0.2163
UP6-3	12172235471	2022	3	25	K1+605.0	下10	93.5	8281.2	18.9	7401.1	16.3	-0.1171	0.167096
UP6-4	12172235497	2022	3	25	K1+605.0	下25.5	93.5	8982.5	19.1	8337.8	16.5	-0.1210	0.118641
UP7-3	12172235400	2022	3	25	K1+705.0	下10	90.5	8198.8	19.4	6587.9	19.7	-0.0925	0.143132
UP7-4	12172235510	2022	3	25	K1+705.0	下25.5	90.5	8637.1	19.8	7224.4	20.1	-0.1067	0.144485
UP8-3	12172235394	2022	3	25	K1+805.0	下10	90.5	8218.2	20.3	6867.7	17.6	-0.0959	0.178427 2
UP8-4	12172235338	2022	3	25	K1+805.0	下25.5	90.5	8596.4	19.5	7441.1	17.8	-0.1042	0.080476

表 10.2.2-5 主坝表面变形考证表

部位	编号	桩号	基础情况	测定日期	测定高程/m	引据基点	引据高程/m	北坐标 X	东坐标 Y	备注
主坝	W15-1	K1+800.0	原状土	2022-04-05	120.3592	BM6#	121.513			
	W15-2	K1+800.0	原状土	2022-04-05	119.501	BM6#	121.513	3 650 535.616	464 765.417	
	W15-3	K1+800.0	原状土	2022-04-05	109.813 1	BM6#	121.513	3 650 533.466	464 788.681	
	W14-1	K1+700.0	原状土	2022-04-05	120.368	BM6#	121.513			
	W14-2	K1+700.0	原状土	2022-04-05	119.193 3	BM6#	121.513	3 650 637.226	464 774.381	
	W14-3	K1+700.0	原状土	2022-04-05	110.0658	BM6#	121.513	3 650 636.687	464 792.820	
	W13-1	K1+600.0	原状土	2022-04-05	120.359 6	BM6#	121.513			
	W13-2	K1+600.0	原状土	2022-04-05	119.2687	BM6#	121.513	3 650 735.443	464 783.190	
	W13-3	K1+600.0	原状土	2022-04-05	109.727 4	BM6#	121.513	3 650 734.092	464 801.780	

附录一　板桥水库大坝安全鉴定报告书

大坝安全鉴定报告书

水 库 名 称：　驻马店市板桥水库

鉴定审定部门：　河南省水利厅

鉴 定 时 间：　2012 年 8 月 16 日

填 表 说 明

一、工程概况：应填明水库建设时间、规模及功能，续建、加固情况，现状工程规模、防洪标准及特征水位，枢纽主要建筑物组成及其特征参数，运行中的主要问题及水库大坝对下游的影响等情况。

二、现场安全检查：填明现场安全检查的主要结果，指出严重的运行异常表现，反映工程存在的主要安全问题。

三、工程质量评价：填明施工质量是否达到设计要求，总体施工质量的评价，运行中暴露出的质量问题。反映施工及历年探查试验的质量结果，反映补充探查和试验的主要结果。

四、运行管理评价：反映主要运行及管理情况，历史最高蓄水时的大坝运行情况，历年出现的主要工程问题及处理情况，水情及工程监测、交通通讯等管理条件。

五、防洪标准复核：应填明本次鉴定中采用的水文资料系列和洪水复核方法，主要调洪计算原则及坝顶超高复核结果，指出水库大坝现状实际抗御洪水能力，及与标准的比较。

六、结构安全评价：根据本次对大坝等主要建筑物的结构安全评价结果，填明大坝是否存在危及安全的变形，大坝抗滑是否满足规范要求，近坝库岸是否稳定，混凝土建筑物及其他泄水、输水建筑物的强度安全是否满足规范要求等。

七、渗流安全评价：根据本次鉴定中对大坝进行渗流稳定性分析评价结果，填明大坝运行中有无渗流异常，各种岩土材料中的渗透稳定是否满足安全运行要求，坝基扬压力是否满足设计要求等。

八、抗震安全复核：根据《全国地震动参数区划图》或专门研究确定的基本地震参数及设计烈度，土石坝的抗滑稳定、坝体及地基的液化可能性；重力坝的应力、强度及整体抗滑稳定性；拱坝的应力、强度及拱座的抗滑稳定性；以及其它输、泄水建筑物及压力水管等的抗震安全复核结果。

九、金属结构安全评价：是否做了检测，填明金属结构锈蚀程度，复核的强度、刚度及稳定性是否满足规范要求，闸门启闭能力是否满足要求，紧急情况下能否保证闸门开启。

十、工程存在的主要问题：根据现场安全检查及大坝安全评价结果，归纳水库大坝存在的主要安全问题。

十一、安全鉴定结论：应根据现场安全检查和大坝安全分析评价结果，结合专家判断作出安全鉴定结论。包括防洪标准、结构安全、渗流安全、抗震安全、金属结构安全是否满足规范要求，指出水库大坝存在的主要安全问题，结论要明确。

十一、大坝安全类别评定：根据大坝安全鉴定结论，对照本办法的大坝安全分类原则及《水库大坝安全评价导则》中的大坝安全分类标准，评定大坝安全类别。

水库名称	驻马店市板桥水库	所在地点	河南省驻马店市驿城区
所在河流	淮河支流汝河上游	总库容	6.75 亿 m³
水库管理单位	驻马店市板桥水库管理局	鉴定组织单位	驻马店市水利局
鉴定承担单位	南京水利科学研究院	鉴定审定部门	河南省水利厅

　　工程概况： 板桥水库位于淮河支流汝河上游，坝址于河南省驻马店市西 35km 的驿城区板桥镇境内，是一座以防洪、灌溉为主，结合发电和养殖等综合利用的大（2）型水利枢纽工程。工程始建于 1951 年，是新中国成立后最早兴建的大型水库之一。由于坝体纵向裂缝，1956 年进行扩建加固，扩建后水库总库容 4.92 亿 m³。1975 年 8 月 5 日，汝河上游普降特大暴雨，水库附近暴雨中心的林庄 3d 降雨量达 1605mm，入库洪峰流量13000m³/s，3d 洪量 6.92 亿 m³。由于水库防洪标准偏低，泄水建筑物规模偏小，水库于 8 月 8 日凌晨漫坝失事，给下游人民生命财产造成了严重损失。

　　1975 年 10 月，由水电部十一工程局设计院（天津院）承担板桥水库复建工程的勘测设计工作，复建工程于 1978 年第三季度开工，1981 年停工缓建，1986 年 4 月国家计委以计农（1986）513 号文批准水库复建，1991 年 12 月主体工程基本竣工，1993 年 6 月 5 日通过国家竣工验收，并交付管理单位投入运行。

　　复建后的板桥水库按 100 年一遇洪水设计，可能最大洪水校核。水库控制流域面积768km2，多年平均径流量 2.8 亿 m³，总库容 6.75 亿 m³。水库死水位 101.04m，汛限水位汛期 110.00m，兴利水位 111.50m，100 年一遇设计洪水位 117.50m，可能最大洪水位119.35m，坝顶高程 120.00m，防浪墙高 1.5m。建筑物包括北主坝、南主坝、北副坝、南副坝、南岸原副溢洪道堵坝、秣马沟副坝、混凝土溢流坝及输水洞等，大坝全长 3720m，其中主坝 2300m，副坝 1420m。南、北主坝为粘土心墙砂壳坝，坝顶宽度 8.0m，副坝均为均质壤土坝。溢流坝段有 8 个表孔和 1 个底孔坝段，全长 150.0m。最大坝高 50.5m，坝型为斜缝实体重力坝，共有 14m×14m 表孔弧形钢闸门 8 扇和 14m×8m 的平板检修门 1 扇、6m×6m 的底孔弧形钢闸门和 6m×7.34m 的平板检修门各 1 扇。灌溉发电引水建筑物（即输水洞）为原水库失事后目前唯一保存并加以改建后仍利用的建筑物，位于土坝南主坝段，主要有进口取水塔和长 53.66m、直径 3.2m 的隧洞及出口弧门闸室组成。

　　水库防洪保护面积 431km²，保护下游驻马店市区、遂平、汝南两座县城及石武高铁、京广铁路、107 国道、京港澳高速公路和宿鸭湖水库等重要基础设施。水电站装机4×800kW，设计灌溉面积 45 万亩，城市供水 1.5m³/s，养殖水面 3.3 万亩。

大坝现场安全检查		1、土石坝上游干砌石护坡块石粒径小、表面凸凹不平，出现多次淘刷破坏；下游草皮护腐殖土流失，干旱时草枯坡裸；坡脚排水沟损毁严重；防浪墙、坝肩、踏步较完整，南主坝浆砌石防浪墙存在裂缝。 2、溢流坝段混凝土存在不平整、蜂窝、空洞、露石等缺陷，上游面、闸墩及启闭机房等裂缝严重；防浪墙和坝顶存在贯穿性裂缝；低温时坝体渗漏严重，廊道内局部存在射流现象、析出物多；溢流坝右边墩与南刺墙接缝处低温渗水明显，出逸点较高。 3、输水洞工作闸门及事故检修闸门严重腐蚀，老化、卡阻、漏水，闸门启闭设施陈旧，电气线路老化；溢流坝金属结构局部严重锈蚀，底孔闸门止水破损，漏水严重，启闭机制动器老化；坝顶门机腐蚀，启闭机设备陈旧，供电及电气线路老化。 4、水文遥测及洪水预报调度系统落后；部分测压管和内观仪器失效，观测手段落后；管理设施陈旧老化、不完备。
大坝安全分析评价	工程质量评价	大坝坝基开挖与处理基本满足设计要求。混凝土溢流坝存在蜂窝、麻面、裂缝等局部缺陷，温度较低时坝体渗漏量大于设计值，廊道析出物多，防浪墙和坝顶贯穿性裂缝。土石坝填筑总体基本满足设计要求，局部反滤料不满足规范要求；上游护坡局部块石粒径不满足设计要求，水毁严重；北裹头填筑料干密度合格率偏低。
	运行管理评价	工程管理机构齐全，规章制度基本健全，能严格按照有关规程、规范进行大坝及附属建筑物的检查和观测，严格执行上级防汛部门批准的洪水调度计划，正确操作和维护启备设施，管理运行较好。但水文遥测及洪水预报调度系统落后，部分观测仪器失效，观测手段落后，部分工程设施老化，管理设施不完备。综合评价水库大坝运行管理为"较好"。
	防洪标准复核	板桥水库为大（2）型水库，属Ⅱ等工程，其主要建筑物级别为2级。原设计采用的洪水安全标准为设计洪水为100年一遇，可能最大洪水校核。依据规范，本次复核洪水标准采用100年一遇洪水设计，5000年一遇洪水校核，可能最大洪水采用原设计成果。经调洪演算，100年一遇洪水位117.58m，最大泄量2000m³/s；5000年一遇洪水位118.83m，最大泄量13450m³/s；可能最大洪水位119.49m，最大泄量14200m³/s。经坝顶超高复核，大坝坝顶高程及土坝土质防渗体顶高程均满足规范要求。水库防洪安全性为"A"级。
	渗流性态评价	各坝段坝基扬压力系数均小于设计允许值，但坝体裂缝、渗流严重，虽经多次处理，近年渗漏量又逐渐增加，超设计允许值，且廊道内局部存在射流现象。受基础破碎夹层影响，底孔坝段基础透水性有向不利方向发展的趋势。溢流坝与土坝连接处，南裹头渗流性态总体基本正常，基础可能存在局部渗流薄弱环节，南刺1坝段下游渗流存在较高出逸点，漏水严重；北裹头渗流性态总体较差，尤其是北刺4墙坝段与土坝接触部位渗流性态不佳，存在严重渗流安全隐患；南、北刺墙与表孔边墙分缝渗水。土石坝渗流状态基本正常，下游坡脚排水沟损毁严重。综合评定板桥水库大坝渗流安全性为"C"级。

大坝安全分析评价	结构安全评价	大坝变形基本稳定。混凝土溢流坝典型坝段强度和稳定满足规范要求，各种不同频率下的下游水深均在最大界限水深和最小界限水深范围内，属典型堰流态，各典型部位不会发生空化水流及空蚀；泄流能力和消能满足设计要求。土坝坝坡结构稳定性满足规范要求。但溢流坝混凝土存在质量缺陷，上游面、闸墩及启闭机房等裂缝严重，廊道内析出物较多；土坝上游护坡块石粒径不满足设计要求，风浪淘刷严重；土坝存在白蚁危害；输水洞进口启闭机层高程不足；南主坝浆砌石防浪墙存在裂缝。综合评定板桥水库大坝结构安全性为"B"级。
	抗震安全复核	根据《中国地震动参数区划图》（GB18306-2001），工程区地震动峰值加速度0.05g，相应地震基本烈度Ⅵ度，根据规范要求，可不进行抗震复核。
	金属结构安全评价	输水洞为"75.8"前遗留工程，进口启闭机房机电层底板高程117.84m，低于校核水位119.35m，出口工作闸门年代久远，腐蚀严重，老化、卡阻，事故检修闸门局部漏水，闸门启闭设施陈旧，电气线路老化；溢流坝金属结构局部严重锈蚀，底孔顶止水橡皮破损，漏水严重，启闭机制动器老化；坝顶门机腐蚀，启闭机设备陈旧，供电及电气线路老化。综合评价金属结构安全性为"C"级。

工程存在的主要问题：

1、混凝土溢流坝坝体裂缝、渗漏严重，廊道内局部存在射流现象，析出物较多。

2、溢流坝右边墩与南刺墙接缝处低温渗水明显，出逸点较高；北刺4坝段与上坝接触渗流存在严重安全隐患。

3、土石坝上游护坡块石粒径不满足设计要求，风浪淘刷严重；下游坡脚排水沟损毁严重；南主坝浆砌石防浪墙存在裂缝；北裹头填筑干密度合格率偏低；土坝存在白蚁危害。

4、输水洞进口启闭机房机电层底板高程严重不足（低于校核水位），工作闸门和启闭设施严重老化；溢流坝金属结构局部严重锈蚀，底孔闸门止水破损，漏水严重，启闭机制动器老化；坝顶门机腐蚀，启闭机设备陈旧，供电及电气线路老化。

5、水文遥测及洪水预报调度系统落后，监测设施不完善，管理设施陈旧老化、不完备。

大坝安全类别评定：三类坝

对运行管理或除险加固的意见和建议：

1、建议尽快对工程存在的病险问题进行除险加固，并完善工程安全监测、水雨情遥测预报和管理设施。

2、除险加固前应加强安全监测和巡查，密切注意大坝渗流性态，及时分析观测资料，确保工程安全运行。

安全鉴定结论：

1、板桥水库位于淮河支流汝河上游，保护下游驻马店市区、遂平、汝南两座县城及石武高铁、京广铁路、107国道、京港澳高速公路和宿鸭湖水库等重要基础设施。地理位置十分重要。

2、经复核，大坝坝顶高程及土坝土质防渗体顶高程均满足规范要求。水库防洪安全性为A级。

3、混凝土溢流坝蜂窝、麻面、裂缝，低温时坝体渗漏严重，廊道析出物多，防浪墙和坝顶存在贯穿性裂缝。土坝填筑质量总体基本满足设计要求，上游护坡块石粒径不满足设计要求，北裹头填筑干密度合格率偏低。

4、混凝土溢流坝坝基扬压力系数小于设计值，但坝体裂缝、渗漏严重，虽经多次处理，近年渗漏量又逐渐增加，超设计允许值，且廊道内局部存在射流现象；底孔坝段基础透水性有向不利方向发展趋势；溢流坝右边墩与南刺墙接缝处低温渗水明显，出逸点较高；北刺4坝段与土坝接触渗流存在严重安全隐患；土坝渗流状态基本正常，下游坡脚排水沟损毁严重。渗流安全性为C级。

5、大坝变形基本稳定，混凝土溢流坝强度和稳定满足规范要求，泄流能力和消能防冲满足设计要求，土坝坝坡抗滑稳定性满足规范要求。但溢流坝混凝土存在质量缺陷，上游面、闸墩及启闭机房等裂缝严重，廊道内析出物多；土坝上游护坡块石粒径不满足设计要求，风浪淘刷严重；土坝存在白蚁危害；进口启闭机房机电层底板高程严重不足；南土坝浆砌石防浪墙存在裂缝。结构安全性为B级。

6、根据《中国地震动参数区划图》（GB18306-2001），工程区地震动峰值加速度0.05g，相应地震基本烈度Ⅵ度，根据规范要求，可不进行抗震复核。

7、输水洞工作闸门严重腐蚀，老化、卡阻，事故检修闸门局部漏水，闸门启闭设施陈旧，电气线路老化；溢流坝金属结构局部严重锈蚀，底孔闸门止水破损，漏水严重，启闭机制动器老化；坝顶门机腐蚀，启闭机设备陈旧，供电及电气线路老化。金属结构安全性为C级。

8、水文遥测及洪水预报调度系统落后，监测设施不完善，管理设施陈旧老化、不完备。

综上所述，板桥水库存在严重病险与安全隐患，综合评定为"三类坝"。

专家组组长（签名）：申季绵

板桥水库安全鉴定评审会专家组名单

序号	姓名	专家组职务	职务、职称	工作单位	从事专业	签名
1	申季维	组长	总工	河南省水利厅	技术管理	
2	冯林松	副组长	专员、高工	河南省水利厅	水库管理	
3	刘国平	成员	高工	淮河水利委员会	水工	
4	任 葵	成员	高工	淮河水利委员会	水库管理	
5	赵南松	成员	教高	河南省水利厅	水工、规划	
6	焦振峰	成员	高工	河南省水利厅	水工、规划	
7	孙广平	成员	教高	河南省水利勘测设计研究有限公司	水文	
8	李宗坤	成员	副院长、教高	郑州大学环水学院	坝工设计	
9	闫汝华	成员	教高	河南省水利勘测设计研究有限公司	工程地质	
10	茹新宇	成员	高工	河南省防汛办	水库管理	
11	王中超	成员	高工	河南省防汛办	工程管理	
12	王 伟	成员	高工	驻马店市水利局	水库管理	

鉴定组织单位意见:

安全鉴定评审符合有关程序

负责人(签名): 王伟   单位(印章):   2012年8月27日

鉴定审定部门意见:

同意上报

负责人(签名): 王伟博   单位(印章):   年8月28日

水利部大坝安全管理中心

坝函〔2013〕119号

关于板桥水库和青天河水库三类坝
安全鉴定成果的核查意见

河南省水利厅：

　　你厅报来的板桥水库和青天河水库三类坝安全鉴定成果，已由水利部大坝安全管理中心核查完毕，核查意见见附件。

　　附件：三类坝安全鉴定成果核查意见表

水利部大坝安全管理中心
2013年1月8日

抄送：水利部建设与管理司　水利部规划计划司。

水利部大坝安全管理中心　　　　　　　2013 年 1 月 8 日印发

三类坝鉴定成果核查意见表

水库名称：板桥水库	所在地点：河南省驻马店市驿城区	总库容：6.75 亿 m³
主坝坝型：土石坝、混凝土重力坝	最大坝高：50.5m	鉴定时间：2012 年 8 月 16 日
申报单位：河南省水利厅	鉴定材料收到日期：2012 年 12 月 2 日	

水库重要性： 水库是以防洪、城市供水、灌溉为主，结合发电和养殖等综合利用的大（2）型工程，防洪保护面积 431km²，保护下游驻马店市区、遂平、汝南两座县城及石武高铁、京广铁路、107 国道、京港澳高速公路和宿鸭湖水库等重要基础设施。

鉴定程序：
鉴定组织单位为驻马店市水利局，审定部门为河南省水利厅，符合鉴定办法要求。

鉴定单位资质：
鉴定单位为南京水利科学研究院，资质符合鉴定办法要求。

鉴定专家资格：
专家组专业基本齐全，职称均为高级工程师以上，符合鉴定办法要求。

鉴定报告书：
鉴定报告书填写完整规范，鉴定组织单位和审定单位负责人签字和盖章，符合鉴定办法要求。

书面核查意见：
水库主要存在的病险为：混凝土溢流坝坝体、闸墩及启闭机房裂缝严重，廊道内局部射流，析出物较多；溢流坝右边墩与南刺墙接缝处低温渗水明显，北刺 4 坝段与土坝接触渗流存在严重安全隐患，部分坝段地质条件差；土石坝浆砌石防浪墙存在裂缝，上游坡块石粒径不满足设计要求，风浪淘刷严重，下游坡不平整，坡脚排水沟损毁严重，北裹头填筑干密度合格率偏低，土坝存在白蚁危害；输水洞进口启闭机平台高程不足，工作闸门严重腐蚀，金属结构局部锈蚀严重，供电及电气线路老化；下游河道泄洪不畅；水文遥测及大坝安全监测设施不完善，管理设施陈旧老化、不完备，坝下防汛道路不贯通等影响安全问题。鉴于上述病险，同意其为"三类坝"的鉴定意见。

现场核查意见：
根据专家组对现场检查核查，溢流坝表面蜂窝、麻面、裂缝严重，土石坝上游护坡块石粒径小，防浪墙裂缝，下游坝坡不平、坡脚排水沟损毁严重；溢流坝部分坝段地质条件差，坝体渗漏严重，溢流坝与刺墙段接缝处渗水出逸点较高；金属结构及电气设施老化锈蚀严重；土坝存在白蚁危害，坝下防汛道路不贯通，管理设施缺失、陈旧落后，大坝安全监测设施损毁严重和缺失。安全鉴定的主要结论符合工程实际情况，鉴定和核查指出的工程问题存在，"三类坝"的结论正确。

核查单位意见：
根据专家组书面与现场核查结果认为：该水库存在的主要病险为混凝土溢流坝裂缝、渗漏严重；混凝土坝与土坝接触渗流存在严重安全隐患；土石坝上下游坡不平整，上游护坡块石粒径小；溢流坝闸墩及启闭机房裂缝严重，金属结构及电气设施老化锈蚀严重；安全监测和管理设施缺失、陈旧老化。上述安全隐患和其他安全隐患，影响水库安全正常运行，同意"三类坝"鉴定结论和建议。

水利部大坝安全管理中心
2013 年 1 月 8 日

核查单位：水利部大坝安全管理中心　　　　核查编号：1—2013—A—1

参考文献

［1］ 李炜. 水力计算手册［M］. 2 版. 北京：中国水利水电出版社，2006.

［2］ 中国地震局地球物理研究所，中国地震灾害防御中心，中国地震局工程力学研究所，等. 中国地震动参数区划图：GB 18306—2015［S］. 北京：中国标准出版社，2015.

［3］ 陈龙剑. 桥梁工程机械技术性能手册［M］. 北京：中国铁道出版社，2012

［4］ 中水北方勘测设计研究有限责任公司. 溢洪道设计规范：SL 253—2018［S］. 北京：中国水利水电出版社，2018.

［5］ 水利部水利水电规划设计总院，长江勘测规划设计研究有限责任公司. 水利水电工程等级划分及洪水标准：SL 252—2017［S］. 北京：中国水利水电出版社，2017.

［6］ 黄河勘测规划设计研究院有限公司. 碾压式土石坝设计规范：SL 274—2020［S］. 北京：中国水利水电出版社，2020.

［7］ 中国建筑科学研究院. 建筑地基处理技术规范：JGJ 79—2012［S］. 北京：中国建筑工业出版社，2012.

［8］ 浙江省住房和城乡建设厅. 复合地基技术规范：GB/T 50783—2012［S］. 北京：中国计划出版社，2012.

［9］ 水利部长江水利委员会长江勘测规划设计研究院. 混凝土重力坝设计规范：SL 319—2018［S］. 北京：中国水利水电出版社，2018.

［10］ 中水东北勘测设计研究有限责任公司. 水工建筑物荷载设计规范：SL 744—2016［S］. 北京：中国水利水电出版社，2016.

［11］ 中水东北勘测设计研究有限责任公司. 水工隧洞设计规范：SL 279—2016［S］. 北京：中国水利水电出版社，2016.

［12］ 江苏省水利勘测设计研究院有限公司. 水闸设计规范：SL 265—2016［S］. 北京：中国水利水电出版社，2016.

［13］ 水利部大坝安全管理中心. 土石坝安全监测资料整编规程：SL 169—96［S］. 北京：中国水利水电出版社，1996.

［14］ 中国水利水电科学研究院. 土石坝安全监测技术规范：SL 551—2012［S］. 北京：中国水利水电出版社，2012.

［15］ 水利部大坝安全管理中心. 混凝土坝安全监测技术规范：SL 601—2013［S］. 北京：中国水利水电出版社，2013.